细支卷烟品类创新及关键技术

XIZHI JUANYAN PINLEI CHUANGXIN JI GUANJIAN JISHU

主　编　陈晶波　朱怀远　曹　毅
副主编　郝喜良　徐如彦　吴　洋
孔　臻　孙海平

華中科技大學出版社
http://www.hustp.com
中国·武汉

内容简介

近年来，细支卷烟在国内市场逐渐被消费者所接受，市场占有率不断提高，已成为中式卷烟品类构建和创新的重要组成部分。设计和开发出彰显中式卷烟品牌特色的细支卷烟产品逐渐成为烟草行业的重要研究方向之一。

本书以细支卷烟品类创新及关键技术为主题，从细支卷烟品类特征的构建和开发、烟叶原料、配方设计、质量控制、工艺生产、个性化设计和应用实例等方面进行了系统阐述。

本书可供烟草以及相关领域的科技开发人员参考。

图书在版编目(CIP)数据

细支卷烟品类创新及关键技术/陈晶波，朱怀远，曹毅主编.—武汉：华中科技大学出版社，2020.7

ISBN 978-7-5680-6376-0

Ⅰ.①细… Ⅱ.①陈… ②朱… ③曹… Ⅲ.①卷烟-生产工艺 Ⅳ.①TS452

中国版本图书馆 CIP 数据核字(2020)第 132403 号

细支卷烟品类创新及关键技术 陈晶波 朱怀远 曹 毅 主编

Xizhi Juanyan Pinlei Chuangxin ji Guanjian Jishu

策划编辑：曾 光
责任编辑：刘 竣
封面设计：孢 子
责任校对：李 弋
责任监印：徐 露
出版发行：华中科技大学出版社(中国·武汉) 电话：(027)81321913
武汉市东湖新技术开发区华工科技园 邮编：430223
录 排：华中科技大学惠友文印中心
印 刷：广东虎彩云印刷有限公司
开 本：710mm×1000mm 1/16
印 张：18.5
字 数：369 千字
版 次：2020 年 7 月第 1 版第 1 次印刷
定 价：79.00 元

本书若有印装质量问题，请向出版社营销中心调换
全国免费服务热线：400-6679-118 竭诚为您服务

《细支卷烟品类创新及关键技术》编写人员

主　编	陈晶波	朱怀远	曹　毅		
副主编	郝喜良	徐如彦	吴　洋	孔　臻	孙海平
编　委	盛培秀	张　华	朱龙杰	顾永圣	朱成文
	胡宗玉	张天兵	潘高伟	张兰晓	李少鹏
	徐　晔	王明辉	张　媛	赵国梁	李建英

前　言

2003 年，国家烟草专卖局颁布实施了《中国卷烟科技发展纲要》，提出了中式卷烟概念，随后组织召开了中式卷烟品类构建与创新研讨会，明确了“有支撑、成体系、能感知”的品类构建要求。十多年来，经过全行业的共同努力，构建了一系列以香型为主导的中式卷烟品类，极大地丰富了中式卷烟产品的风格特色，破解了卷烟品牌同质化的难题，促进了卷烟重点品牌的持续发展。

2006 年，江苏中烟工业有限责任公司（简称江苏中烟）将细支卷烟品类构建与创新作为品牌价值升级的重要路径和切入点，率先推出了梦都（烤烟型）和梦都（薄荷型）两款细支卷烟，实现了国产细支卷烟从无到有的突破。但在发展初期，受限于消费认知尚未形成、细支卷烟技术创新滞后等不利因素，细支卷烟的市场竞争力较弱。

“荒林春雨足，新笋迸龙雏。”江苏中烟充分汲取中式卷烟发展、壮大的经验，经过多年的积累与沉淀，设计、开发出了能够彰显中式卷烟品牌特色、达到常规卷烟生理满足程度的细支卷烟产品。江苏中烟以中式卷烟风格为立足点，形成了烤烟型、薄荷型、甜香型等多种不同香型风格的细支产品，从香韵、香气、口感等方面多维度促进细支卷烟感官品系的发展；以展现传统文化内涵为出发点，形成了具有九五、红学、沉香等不同文化内涵的细支产品，通过色彩选择、元素设计、结构创新等多层次应用，打造了外在丰满、内涵丰富的中式细支卷烟文化品系。截至目前，江苏中烟已经形成了以南京（炫赫门）、南京（雨花石）、南京（十二钗系列）、南京（细支九五）等为代表的十多种细支卷烟产品规格，为苏产卷烟品牌注入了新活力，提升了品牌的鲜活感。

为进一步促进行业细支卷烟的持续、健康发展，本书结合江苏中烟在细支卷烟技术研发和品牌培育方面的研究成果，系统介绍了中式卷烟细支烟品类的构建和创新，以及支撑细支卷烟品类发展的关键技术。

全书共分为 8 章。第 1 章主要概述了国内外细支卷烟的发展历程及现状，从消费趋势和研究现状介绍细支卷烟品牌发展面临的机遇和挑战。第 2～4 章详细介绍了细支卷烟品类特征的构建和开发方法，并以此为基础阐述了细支卷烟滤棒加工关键技术、烟叶原料的精选品控和加工以及配方模块化定向设计理念的应用等内容。第 5～7 章重点阐述了细支卷烟质量稳定性控制技术、生产制造技术和个性化技术的开发与应用。第 8 章以江苏中烟细支卷烟产品研发为实例，介绍了细支卷烟集成应用在品系发展中的作用。

本书在编撰过程中虽然力求完美，但限于学识水平与编写能力，书中难免存在不妥或错误之处，敬请读者批评指正，以求进一步完善和提高。

编　者

2020 年 1 月

目 录

第1章 细支卷烟的相关研究

细支卷烟，一般是指卷烟烟支直径小于常规卷烟，体型较为纤细修长的卷烟细分产品，以圆周 17.0 mm、长度 97 mm 为其代表规格。近年来，由于细支卷烟在减害降焦、节能环保和降本增效等领域具有明显的优势，其配方设计、卷烟材料设计及加工工艺技术研究逐渐成为烟草行业研究的热点。从 2005 年开始，国内卷烟生产企业纷纷推出细支卷烟品牌，经过十多年的发展，无论是规格、销量还是销售额，均呈现出强劲的发展势头。

尽管中式细支卷烟近年来呈现出突飞猛进的发展态势，但是与国际先进水平相比，中式细支卷烟在产品设计技术、生产制造技术、装备配套等方面尚存在亟待突破的瓶颈问题，明显制约了细支卷烟结构持续提升、低焦高端优势有效发挥、品牌规模的持续发展。2016 年国家烟草专卖局启动了细支卷烟重大专项，并明确提出将中式细支卷烟打造成为国际性标杆产品，构建中式卷烟新品类，推动细支卷烟成为中式卷烟发展新的增长极，支持行业持续健康发展。

1.1 细支卷烟的发展历程

细支卷烟于 20 世纪 80 年代起源于美国，如美国的卡碧（CAPRI）公司的“Capri（卡碧）”牌卷烟以及菲利普·莫里斯（Philip Morris）公司的“Virginia Slims（维珍妮）”牌卷烟，均在欧美、东南亚、韩国等地建立了稳定的品牌和市场。在 2005 年之前，国内的细支卷烟市场大部分为国外品牌所占据，如韩国烟草与人参公司（KT&G）的“ESSE（爱喜）”、原英国加莱赫烟草公司（Gallaher Ltd.）的“SOBRANIE（寿百年）”、美国雷诺烟草（R. J. Reynolds）的“More（摩尔）”等国外品牌流行于国内细支卷烟市场，并在消费者心目中建立起了一定的知名度和美誉度。近年来受韩国文化的影响，市场零售价在 10 元左右的“ESSE（爱喜）”发展迅速，成为国内细支卷烟市场的主要代表品牌。

细支卷烟一般具有低焦低害、低生理强度、时尚个性、小众消费、女性化等特点。初期，部分烟草企业将细支卷烟定位为“女士烟”，其目标消费者为追求时尚、前卫生活的都市女性卷烟消费者。如发展较为成功的韩国“ESSE(爱喜)”品牌，其名称就源于意大利语“女性”一词，它是以女性消费者为目标市场而推出的低焦油混合型细支卷烟代表品牌。而江苏中烟工业有限责任公司(以下简称“江苏中烟”)于2006年研制推出的“梦都(烤烟型)”和“梦都(薄荷型)”，也是受此影响而推出的两款女性化色彩较浓的中式细支卷烟早期产品。

细支卷烟发展初期的女性化定位，在一定程度上为其打开市场突破口、取得小众群体的接受提供了便利，但是同时也限制了向大众消费的拓展。实际上，细支卷烟的定位并不应局限于女士烟，对国外细支卷烟消费者的调查报告显示，男性消费群体要比女性消费群体大得多，如2014年“爱喜”细支卷烟在韩国卷烟市场的占有率约为35%，在海外细支卷烟市场的占有率超过30%，消费群体中男性占到大多数。

国外卷烟品牌与中式卷烟品牌最大的区别是：国外卷烟以混合型为主，中式卷烟以烤烟型为主[1]。国内烟民经过多年国产卷烟对其吸食口味的培养，早已养成中式卷烟的消费偏好。细支卷烟虽然在外形上异于传统卷烟，但在其配方和原料的选择上，仍应以坚持中式烤烟为主体发展思路，在中式烤烟的框架内做文章，立足国内卷烟消费市场，形成自己的特色和核心竞争力，带领中式细支卷烟在对抗韩式、日式、美式等细支卷烟的竞争中占得上风。

以中式卷烟风格为立足点，江苏中烟紧跟时代发展步伐，强化中式香韵特征，坚定风格自信，从香韵、香气量、浓度、口感等方面多维度促进中式细支卷烟感官品系发展。从2005年推出第一款国产细支卷烟“梦都”，到2009年推出第二款“南京(炫赫门)”，江苏中烟不断地扩充和完善自产细支卷烟的品类。其后推出的“南京(雨花石)”获得“2015—2017年年度行业十大优秀卷烟新产品”第一名的荣誉称号，2019年销量达到9.45万箱；“南京(细支九五)”更是中式细支卷烟的巅峰作品，在2017年年度行业细支卷烟专项抽检中，该产品的感官得分位列全部抽检产品的首位。目前，江苏中烟已形成中式烤烟型、中式外香型、中式薄荷型、中式混合型、中式甜香型等五种不同香型风格的中式细支卷烟新品类，以适应不同卷烟消费群体的需求。

在江苏中烟细支卷烟蓬勃发展的引领下，国内其他卷烟企业也逐渐开始试水细支卷烟开发。上海烟草集团北京卷烟厂、红云红河集团、湖北中烟、河南中烟等企业相继推出细支卷烟产品，由此拉开了中式细支卷烟跨越式发展的大幕。经过十多年的发展，国内细支卷烟产品规模显著增长，江苏中烟逐步形成了以“南京”系列细支卷烟为代表的“大品牌、大企业”格局，进一步巩固和拓展了中式卷烟的市场地位和占有率，为中式卷烟的发展做出了巨大的贡献。

1.2　卷烟的消费趋势

1.2.1　消费需求分析

随着人们生活水平的不断提高，卷烟市场上的品种也越来越丰富，为消费者提供了更多的选择，细支卷烟就是其中的典型。细支卷烟的焦油量一般比普通卷烟要低，吸味也较淡，比较符合特定消费者的需求，尤其受到了追求时尚、优雅、前卫生活的都市女性消费一族的特别青睐。但随着健康理念的深入人心，越来越多的男性消费者在追求满足感的同时，也开始尝试焦油量较低的细支卷烟。此外，喜好冒险、敢于尝试新品的年轻消费者也成为细支卷烟的消费群体。

一项针对细支卷烟消费群体的市场调研结果显示(图1.1～图1.4)，细支卷烟已经从早期"女士烟"的小众消费发展到现在的追求前卫时尚、关注吸烟与健康以及具有实现自我价值消费心态的不同年龄、不同性别的大众消费，同时回归卷烟消费的自然属性——消费感性需求，立足消费感受的品牌价值定位，消费者更加注重健康安全诉求和口味需求。

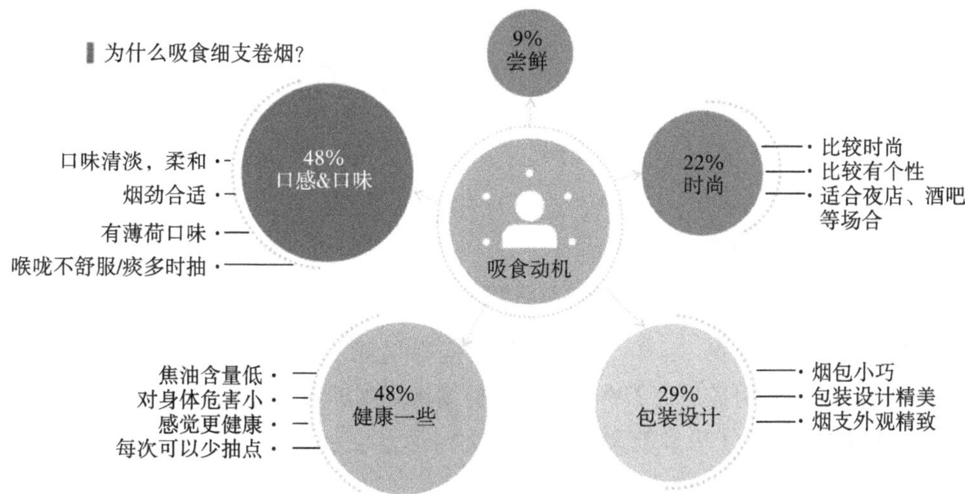

图1.1　细支卷烟消费者的吸食动机统计

由于满足感相对普通卷烟明显不足，国外细支卷烟多通过添加香精或爆珠等形式提升口感、增加变化。爆珠被广泛用于提高细支卷烟口味，韩国烟草公司的细支卷烟中有6%为爆珠烟，目前新开发的产品基本上都添加爆珠，双爆珠也比较多

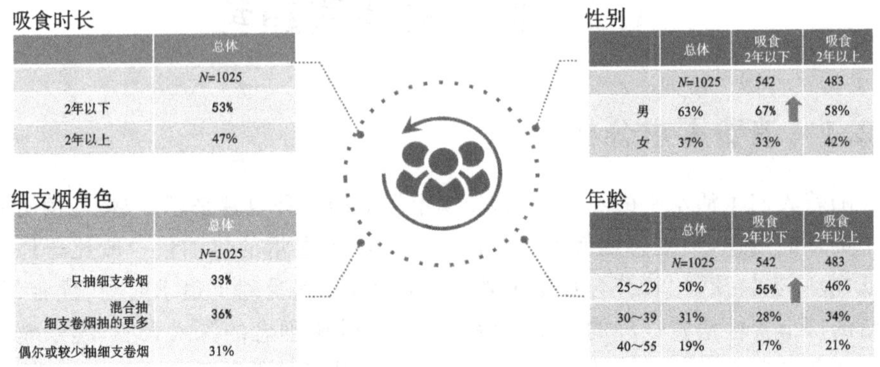

图 1.2　细支卷烟消费人群分布统计

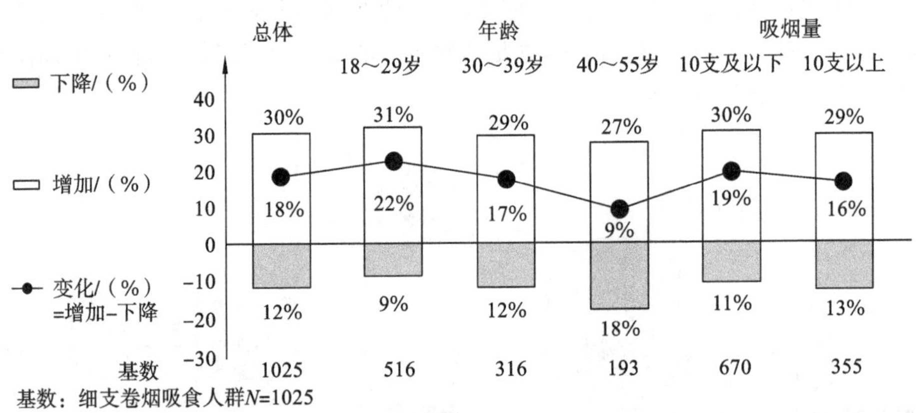

图 1.3　细支卷烟消费者吸食量人群分布统计

见，菲莫国际新推出的 Marlboro 细支规格同样搭载了爆珠。据韩国烟草公司调查，爆珠烟的出现明显加快了常规消费者向细支卷烟的转换速度，越来越多的20～30 岁的消费者加入了吸食细支卷烟的行列。

1.2.2　安全健康需求

国外细支卷烟产品大多是以低焦油、超低焦油为主，随着健康意识的不断增强，越来越多的消费者出于健康考虑由常规卷烟转向细支卷烟。韩国烟草公司顺应国内消费者的这一转变，以低焦油、超低焦油作为细支卷烟营销重点，对细支卷烟快速发展起到了关键作用。在韩国，40～49 岁的消费者选择细支卷烟的比例最

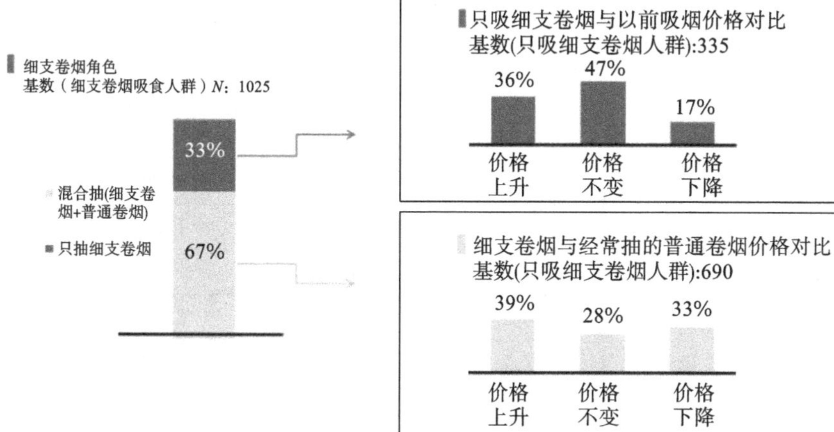

图 1.4　细支卷烟消费结构统计

高，其次为 50 岁以上、30～39 岁、19～29 岁。一般 5～6 mg 产品的主要消费对象为年轻人，3 mg 产品为 30 岁左右消费者，1 mg 以下产品为 40 岁以上消费者。1 mg 以下细支卷烟销量占比不断增加，由 2008 年的 52.6%增加到 2015 年的 66.8%，同时 2～5 mg 细支卷烟销量占比从 45.2%下降到了 31.8%，6 mg 以上由 2.1%下降到了 1.4%。

降焦的主要措施包括增加梗丝、薄片及膨胀烟丝的用量，调整吸阻和提高过滤效率，以及加大滤嘴通风稀释等，这些技术手段与常规卷烟基本无差异。

1.2.3　降本增效压力

为了行业的可持续、健康发展，烟草行业内部挖掘潜力、降本增效的压力愈来愈突出。与常规卷烟相比，细支卷烟的规格发生了较大变化，卷烟体积减小，所以烟丝填充量以及卷烟辅材的用量也随之减小，在降本增效领域具有较大潜力。表 1.1 是常规卷烟与细支卷烟的原辅料消耗对比，每生产一箱细支卷烟，可节约烟叶 12.55 kg，纸张（盘纸、水松纸、商标、条盒）2.55 kg。

以年生产细支卷烟 100 万箱为基准，节约的资源数据如下。

根据单箱消耗的统计数字，常规烟叶的单箱消耗是 33.95 kg，细支卷烟的单箱消耗是 21.4 kg，每箱消耗下降 12.55 kg。生产 100 万箱细支卷烟可节约烟叶 1255 万 kg。从全国抽样调查的数据看，烟叶的产量平均为 170 kg/亩，节约 1255 万 kg 烟叶可节约土地约 7 万亩。

表 1.1 常规卷烟与细支卷烟的原辅料消耗对比

对比项目	常规卷烟	细支卷烟	变化量	变化幅度
规格/mm	24.5×(64+20)	17.0×(67+30)	—	—
空烟管体积/cm^3	3.06	1.54	−1.52	−49.67%
单支烟丝/g	0.68	0.36	−0.32	−47.06%
单箱耗叶/kg	33.95	21.4	−12.55	−36.97%
盘纸规格/mm^2	64×27	67×19	−455	−26.33%
理论单箱盘纸面积/m^2	86.4	63.65	−22.75	−26.33%
理论单箱盘纸重量/kg	2.25	1.65	−0.6	−26.67%
水松纸规格/mm^2	28×27	35×19	−91	−12.04%
理论单箱水松纸面积/m^2	37.8	33.25	−4.55	−12.04%
理论单箱水松纸重量/kg	1.21	1.06	−0.15	−12.40%
每张商标重量/g	5.2	4.6	−0.6	−11.54%
单箱商标重量/kg	13	11.5	−1.5	−11.54%
每张条盒重量/g	22.4	21.2	−1.2	−5.36%
单箱条盒重量/kg	5.60	5.30	−0.30	−5.36%
单支嘴棒含丝束量/g	0.86	0.54	−0.32	−37.21%
理论单箱用嘴棒量/kg	7.17	6.75	−0.42	−5.86%

每生产一箱细支卷烟较常规卷烟可节约纸张 2.55 kg(盘纸 0.6 kg、水松纸 0.15 kg、商标 1.5 kg、条盒 0.3 kg)。生产 100 万箱细支卷烟则可节约 2550 吨纸张。根据调查,每生产一吨纸张需耗用 766 kg 木浆、70 吨水、1680 度电,节约 2550 吨纸张相当于节约了 1953 吨木浆、18 万吨水、400 余万度电。

从简单的数据测算结果可以看出,细支卷烟在产业链上节能、降耗、减排的作用十分明显,大力开发细支卷烟可以成为行业经济新的增长点,对于推动行业的持续、健康、稳定发展具有较为显著的推动作用。

1.3 细支卷烟研究现状

1.3.1 烟气成分释放量研究

细支卷烟体积较小、烟丝含量少、焦油释放量低。同等情况下,焦油量 6 mg/

支的烤烟型细支卷烟，经过恰当的技术处理，其满足感要明显优于焦油量6 mg/支的常规卷烟，部分品牌的细支卷烟规格的感官品质甚至不逊于高焦油规格。细支卷烟已成为引导低焦油卷烟消费的先锋力量，是实现中式卷烟低焦化发展的重要支撑。葛畅等[2]以叶组相同的细支和常规卷烟为研究对象，从单支卷烟和单位焦油的角度考察了两种规格卷烟常规烟气指标及总粒相物中中性致香成分的差异。结果表明：对于单支卷烟烟气成分释放量而言，细支卷烟TPM、烟碱、焦油、CO、水分、单口烟碱、单口焦油以及各中性致香成分的分析结果均低于常规卷烟。边照阳等[3]对细支卷烟主流烟气有害成分释放量进行分析，以不同盒标焦油量（1～7 mg/支）的细支卷烟为对象，研究了在国际标准化组织（ISO）抽吸模式下和深度（HCI）抽吸模式下主流烟气中15种有害成分的释放量规律。对于单位毫克焦油释放量，在HCI抽吸模式下，CO、HCN、甲醛、巴豆醛4种成分高于ISO抽吸模式，而其余9种成分均不同程度地低于ISO抽吸模式，且单位毫克焦油释放量比值（HCI/ISO）与单位毫克烟碱释放量比值（HCI/ISO）相比，整体上更低一些。李海锋等[4]研究了卷烟纸特性对细支卷烟主流烟气指标的影响，通过对不同透气度、定量、助燃剂含量的卷烟纸对细支卷烟主流烟气指标的影响研究发现，在实验设计的水平范围内，卷烟纸助燃剂含量（以柠檬酸根计）、透气度与细支卷烟主流烟气焦油量、烟碱量、CO量具有显著的负相关性；卷烟纸定量与细支卷烟主流烟气CO量具有显著的正相关性，与细支卷烟主流烟气焦油量、烟碱量分别具有非显著及显著的负相关性。廖晓祥等[5]研究了不同梗丝形态对细支卷烟焦油的成分释放量的影响；田忠等[6]研究了制丝关键工序对细支卷烟焦油等主流烟气成分的影响。

1.3.2 感官质量研究

卷烟是一种嗜好类的快速消费品，其内在感官质量的好坏是决定一个产品是否被消费者接受并成为忠实客户群体的关键。消费者的感官评判标准并不会因为细支卷烟的特殊性而降低要求。同时，细支卷烟消费者一般为高知群体、时尚人士，他们对于“满足感、轻松感、舒适感”要求更高。因此，细支卷烟必须达到与常规卷烟品质“三感”等同的吸食效应，才能有效扩大消费群体、提升消费忠诚度。孙东亮等[7]探索了消费者感知的细支卷烟轻松感、满足感关系，通过开展不同品牌的消费者自由品吸评价试验、主流烟气检测和专家模拟消费者评吸，分析了吸烟过程的抽吸压力形成原理，探讨了消费者抽吸行为特点，归纳了与轻松感形成有关的重要因素，并提出以消费者感知为导向的细支卷烟设计理念。江苏中烟以常规卷烟为“三感”标杆，在认真分析和排查成熟技术的同时，针对目标产品风格、特色原料、卷烟配方、特色工艺、增香保润、降焦减害等多个方面进行技术攻关，不断开拓创新思维、创新性引入了味觉行为技术，通过应用海洋生物活性提取物、天然特色香原料开发，有效解决吸阻、香气和劲头的协调统一问题，实现细支卷烟品质“三感”与常规卷烟的无缝对接，颠覆了消费者对细支卷烟吸食感受的传统认知，提高了细支卷烟的市场影响力。河南中烟工业有限责任公司以实现“黄金叶”细支系列的“低吸阻、高满足”定位为目标，提升细支卷烟的三纸一棒设计能力，设计开发“高单旦，低总旦”特殊醋纤丝束规格，并成型为国内首款低压降超细支滤棒，显著降低了滤棒压降，有助于克服细支卷烟存在的满足感差、吸阻较高等问题，显著增强“黄金叶”细支产品的浓香特色，提升产品“三感”。

1.3.3 原料品质研究

在打叶复烤叶片结构调控方面，袁行思[8]研究了打叶时水分与叶片合格率的关系，发现适宜的叶片水分和温度是减少打叶造碎、提高叶片合格率的重要条件，在一定范围内随着水分的增加，叶片合格率明显增加。刘其聪等[9]在研究中发现，不同烟叶的耐机械加工性达到最高时的含水率不同，高档烟叶的含水率为17.5%左右时，其耐机械加工的性能最好，而低档烟叶的含水率在20%左右较适宜；在一定范围内，烟叶的耐机械加工强度随含水率的增加而增加，但含水率过高，其耐加工强度反而降低。刘利锋等[10]研究了框栏尺寸、打辊转速的强度、打叶曲线和斜率对打叶质量的影响，表明3.0英寸（1英寸＝2.54 cm）的框栏比3.5英寸的框栏更有利于改善打叶风分后的烟片结构，大中片率、中片率、长梗率均略有提高，碎片率有所降低；打叶机的打辊转速强度有利于提高打叶风分后烟片的中片率和长梗率，并能降低叶中含梗率。经过多年的探索，烟草行业对打叶风分技术的探索，为烟草行业合理控制叶片结构提供了宝贵经验，然而，细支卷烟需要什么样的叶片结构仍需要进一步研究。

在打叶复烤均质化方面，利用化学成分评价烟叶质量均匀性是行业内研究的热点。程森等[11]利用总糖、烟碱指标对初配方打叶复烤后混合均匀性进行分析。王毅等[12]研究了叶组中总糖、烟碱和糖碱比值的变异系数，研究表明糖碱比值更能表达原料组分的不均匀状况。新版打叶复烤工艺行业标准，增加了配方打叶烟碱波动程度评价，引入了烟碱波动性的评价方法，明确要求贮叶配叶后片烟产品烟碱变异系数值小于10%。烟草化学成分的均匀是卷烟感官质量稳定的基础，提升卷烟质量稳定性水平，是卷烟生产企业永恒的追求。建立烟草混合均匀性评价方法，为行业提升均质化控制技术拓展了研究空间。针对细支卷烟烟丝用量少，稳焦控焦难度大，从源头控制打叶复烤均质化十分必要。

在烟叶分切方面，科研人员根据单片烟叶质量差异，提出了“三段式”分切方法[13~18]并应用于打叶复烤加工中。颜克亮、武怡、曾晓鹰[19]研究了“三段式”分切烟叶醇化品质差异性，结果表明：叶中部分糖含量最高，总氮及叶绿素含量最低；叶基部分致香成分相对最高；总体上叶中部分品质最好，叶尖次之，叶基最差。针对细支卷烟品类“双高”、“双低”的特色需求，深入开展烟叶分切技术研究，对于提高打叶复烤质量和烟叶综合利用具有十分重要的意义。

1.3.4　配方技术研究

叶组配方设计决定着产品的基本风格和质量特征，并对整个产品的成本产生重大影响。在烟叶原料应用方面，相对于国外卷烟，中式卷烟具有独特的香气风格和口味特征，这与中式卷烟配方思路有关。中式卷烟以国内烟叶为主体原料，具有明显的中国烤烟烟叶香气特征，在香气风格和口味特征上与英式、美式、日式等卷烟不同，具有明显的浓郁的中国烟叶烟气风格。通过对比国内外部分卷烟的一些常规成分发现，国产烤烟型卷烟烟丝和混合型卷烟烟丝的还原糖含量均明显高于进口卷烟烟丝；总氮含量均低于进口卷烟烟丝，游离烟碱占总烟碱的比例也低于进口卷烟烟丝；而且无论是烤烟型还是混合型，进口卷烟烟丝和烟气的 pH 值都比国产的高，进口卷烟烟气游离烟碱占烟气烟碱的比例也明显高于国产卷烟。

在配方调配方面，目前烟草行业主要有三级配方设计、模块化配方设计和小比例、多等级配方设计等。其中，三级配方设计通过建立标准烟叶的研究、标准烟丝的研究及标准产品的研究进行配方调配，有效改善了产品的稳定性，简化了加工工艺，改善了烟丝的内在品质，提高了产品生产的灵活性。模块化配方设计则是通过功能性加工研究设定工艺路线，形成以分组集成为主要特点的加工工艺技术。而小比例、多等级配方设计则是本地不种植烟叶的工业企业所常采用的模式。

无论是采用三级配方设计，模块化配方设计，还是小比例、多等级配方设计，行业内配方设计人员均能依据《中式卷烟原料风格特征评价方法》，挖掘原料潜质、发挥原料特质、提升原料价值，开发出各具特色的卷烟。但在设计细支卷烟配方方面，设计人员产生一些困惑，如细支卷烟每口烟气量约为常规卷烟的 50%，如何提升烟气满足感？细支卷烟直径比传统卷烟小，三丝能否使用？经剖析发现，国外细支卷烟不仅应用梗丝、膨胀丝，而且还有大比例的再造烟丝。比如韩国的“ESSE（爱喜）”细支卷烟掺兑了比例较大的梗丝，掺兑比例为 15%～30%，另外还掺配了利用喷丝技术生产的再造烟丝。因此国内卷烟生产企业在创新细支卷烟配方设计技术、提升消费感知力、突破三丝应用技术瓶颈、提高原料使用价值、实现降本增效等方面依然有大量的研究工作需要开展。

1.3.5　调香技术研究

多年来，国内烟草行业在增香保润，特别是在香精香料方面开展了大量研究、应用和推广工作，取得了明显成效。国家烟草专卖局重点项目《中式卷烟香精香料核心技术研究》制定了香料功能性评价方法，并用该方法对 100 种中式卷烟常用香料在卷烟中的作用进行了评价，对代表性合成香料的转移行为进行了探索，对中式低焦油烤烟型卷烟香味补偿共性技术进行了研究。此外，还开展了一些重要香料的裂解行为研究、潜香物质的定向合成及其有效成分、烟气转移行为探索等烟用香料的基础研究工作。郑州烟草研究院承担的国家烟草专卖局重大专项课题《300 种单体香料的感官评价》，主要筛选了 300 余种国内外常用的天然香料，评价其在卷烟中的感官作用、常规用量等，形成一套完备的评价资料。通过《香精香料品控技术体系研究》项目建立了烟用香精和香料主要成分指纹图谱分析方法。

国内一些卷烟企业利用丰富的天然资源，开发了一些具有特色香味或在卷烟中具有显著增香效果的特色香料和效果明显的新型保润剂，并取得了良好的效果。国家烟草专卖局重点招标攻关项目《卷烟保润机理及应用技术研究》通过系统分析影响卷烟吸食舒适度的关键因素，如烟叶原料和烟气化学成分、烟叶原料和烟气物理性状、卷烟加工工艺、辅材设计参数等，探索卷烟的保润机理，通过技术攻关，研究提高卷烟吸食舒适度的关键技术并应用于产品。

武怡、刘建福等承担的《中式卷烟风格感官评价方法研究》项目首次建立了一套拥有核心技术、适合中式卷烟风格的感官评价方法技术体系；首次筛选出包括烤烟烟香、晾晒烟烟香、清香、果香、辛香、木香、青滋香、花香、药草香、豆香、可可香、奶香、膏香、烘焙香、甜香等 15 种可对中式卷烟感官风格进行系统表征的代表性香型/香韵；首次将中式卷烟风格感官评价方法应用于卷烟品牌的产品维护与开发设计过程中，丰富了卷烟配方技术体系，提高了原料使用价值及利用率，强化了卷烟产品风格特征，促进了卷烟工业企业对核心调香技术的掌握。

田书霞等[20]利用调香技术，调配出适合低焦油混合型卷烟使用的薄荷添加剂，可赋予卷烟薄荷香；通过添加绿茶酊、叶醇等单体香原料设计功能性表香，赋予卷烟清新的绿茶香气，形成了低焦油混合型薄荷/茶香的卷烟风格。

徐若飞等[21]以天然菌类香菇为原料，采用常规提取法、酶解法和梅拉德反应法开发新型烟用香料，进行了卷烟加香实验。结果表明：常规提取法所得香料使烟香增加，余味改善；酶解法所得香料使卷烟有特殊香韵、保润、提高烟气舒适度的作用；梅拉德反应法所得香料使烟香明显增加，柔和烟气，增加甜润感和细腻性。

目前国内基于细支卷烟的调香技术研究尚处于起步阶段。为传承常规卷烟调香技术，彰显中式细支卷烟风格特征，我国烟草企业有必要针对细支卷烟的设计特性，开展调香技术研究，建立一套评价、阐释和调控细支卷烟气味觉特征的关键技术。

1.3.6 材料技术研究

卷烟产品的三纸一棒是决定卷烟感官品质和烟气指标的重要辅材。卷烟纸直接参与燃烧从而影响卷烟吸味。滤棒作为卷烟吸食过程中的过滤材料，对烟气的递送截留起到主要作用。特种滤棒及功能性卷烟纸在国内常规卷烟产品中已经广泛应用，比如沟槽滤棒、纸质复合滤棒、空腔滤棒、香线滤棒、旋转滤棒、烟草色卷烟纸、印刷卷烟纸等。

在卷烟纸透气度对主流烟气释放量影响方面，国内外开展了大量的基础研究工作。胡群等[22]探讨了卷烟纸透气度对卷烟物理性能及烟气量的影响情况。结果表明，卷烟纸透气度对卷烟物理指标如烟支质量、圆周、开放吸阻和闭式吸阻影响不大，但对卷烟稀释率和烟支段稀释率有影响，分别与两者呈线性关系；卷烟的抽吸口数随卷烟纸透气度的增加而减少，但当卷烟纸透气度超过 70 CU 时，卷烟的抽吸口数减少已不明显；卷烟的阴燃速率随卷烟纸透气度的增加而呈上升趋势，但增加幅度随卷烟纸透气度的增加而减少；卷烟烟气中总粒相物、焦油、烟碱、CO 释放量随卷烟纸透气度的增加逐渐减少。沈静等[23,24]综述了卷烟纸透气度、助燃剂含量、纤维填料比例、填料粒径、催化剂种类及含量等对卷烟主流烟气 CO 释放量的影响规律。谢定海等[25]采用红外热像测温平台对不同透气度卷烟纸的卷烟进行全过程燃烧温度测定，探讨了卷烟纸透气度的变化对烟支燃温的影响，并进一步分析常规烟气的变化情况。结果表明，随着卷烟纸透气度的增加，卷烟燃烧的平均温度呈线性减小的趋势，且卷烟抽吸口数、CO 释放量与焦油的释放量呈下降趋势。

在卷烟纸助燃剂方面，龚安达等[26]研究了含柠檬酸钾、柠檬酸钠、柠檬酸镁和锌盐的卷烟纸，发现在降低卷烟主流烟气 CO 释放量方面，柠檬酸钾和柠檬酸钠效果更为明显。适当增加卷烟纸助燃剂含量可增加烟支的燃烧速度，减少抽吸口数，使卷烟中焦油和 CO 的释放量降低[27]。助燃剂含量过高使卷烟纸的燃烧速度过快，导致燃烧锥内部缺氧，易造成烟丝不完全燃烧，主流烟气中有害成分含量升高。助燃剂含量过低，卷烟纸的阴燃速率小于烟丝的阴燃速率，则烟头会缩进卷烟纸内，因缺乏氧气而造成卷烟熄火[28]。卷烟纸助燃剂中 K 与 Na 的含量比也会影响卷烟主流烟气 CO 释放量和卷烟吸味。郭吉兆等[29]研究了卷烟纸助燃剂对 7 种有害成分的影响，发现提高 K 与 Na 的含量比可使得卷烟主流烟气中有害成分的释放量降低。

在卷烟纸包灰方面，国内外于 20 世纪 50 年代就开始了对改善卷烟纸包灰技术的研究，并公布了多项专利。摩迪公司获得一项美国发明专利授权——改善包灰特性的碳纤维卷烟纸，即在卷烟纸中加入占纤维总量 60%、平均长度小于 1.91 cm 的碳纤维可明显改善卷烟纸的包灰能力。日本烟草公司获得一项美国发明专利授权——抑制烟灰分散的卷烟纸，该卷烟纸无需在增加助剂总量的情况下即可明显抑制烟灰的分裂[30]。而在 20 世纪初，国内就有采用双层卷烟纸的方式来阻止烟灰飞散的研究，双层卷烟纸的内层采用可燃透气的卷烟纸，外层采用不可燃透气卷烟纸，这样内层的卷烟纸在随烟丝灰化后，由外层来形成包覆。此外，晶须类材料在卷烟纸上的应用能够在卷烟灰化后保持灰片之间的连接，故而能形成较好的包灰效果[31,32]。梅志恒等[33]开发了一种卷烟纸改良添加剂，主要由高氯酸盐和碱式乳酸铝混合而成，用水溶解后喷涂在现有卷烟纸上，卷烟纸燃烧后纸灰成片状定向弯曲，不易散落，同时可有效改善吸烟者的区域环境。但是随着国家烟草专卖局对烟草添加剂安全性要求的加强以及 YC/T409—2011 标准的公布，如何使用安全的卷烟助剂来提高卷烟的包灰能力成为一个亟待解决的问题。

在丝束与滤棒成型研究方面，国外烟用醋纤丝束的生产核心技术一直被美国塞拉尼斯公司、美国伊士曼公司、德国罗地亚公司(2011 年被比利时索尔维集团收购)、日本大赛璐化学工业株式会社(2012 年与三菱丽阳株式会社成立了烟用醋纤丝束合资公司，三菱丽阳剥离了该项业务)等少数几家公司垄断。寡头垄断的市场格局导致了相关研究文献多以商业秘密的形式在各自公司内部留存，常规的数据库难以检索。20 世纪 50 年代，烟用醋纤丝束开始逐步应用于卷烟生产，但是细支卷烟(特指卷烟圆周 16.50～17.50 mm)用醋纤丝束生产的历史要短得多。据美国 Brown&Williamson 烟草公司(2004 年被美国雷诺烟草公司收购)解密的一份《Capri Technology》资料显示，1986 年当 Brown&Williamson 烟草公司试制圆周为 17.00 mm、长度为 97.00 mm 的细支 Capri 卷烟时，市场上并没有合适的醋纤丝束可供选择，他们甚至使用了电加热切割丝束的方式，将常规丝束一分为二，然后用于 Capri 细支卷烟滤嘴试制。Brown&Williamson 烟草公司随后与美国塞拉尼斯公司、美国伊士曼公司签署了相关开发协议，并顺利试制和配套使用了 5.0Y17000细支卷烟用醋纤丝束。德国罗地亚公司为了适应亚太地区、东欧地区稳定的市场需求，从 20 世纪 80 年代末开始向上述市场供应细支卷烟用醋纤丝束。

在卷烟材料组合设计方面，魏玉玲等[34]采用正交实验方法考察了卷烟纸、成型纸、接装纸组合搭配对卷烟滤嘴通风率、总通风率的影响规律。颜水明等[35]测量了不同抽吸模式下卷烟材料物性参数对卷烟总通风率的影响，结果表明卷烟总通风率随卷烟纸透气度的增加而增加。陈昆燕等[36]采用均匀实验的方法，确定了卷烟材料不同组合对卷烟通风率的影响，卷烟通风率采用了二次多项式逐步回归模型，并对模型进行了因素主效应分析、单因素效应分析和因素效应分析。

目前，国内外关于常规卷烟材料对主流烟气成分与特征致香成分的影响，以及对卷烟燃烧性能的影响研究较多，为常规卷烟材料选型及材料组合设计提供了较强的技术支撑，但关于细支卷烟所用材料的相关基础研究仍然较少。行业内在进行细支卷烟材料设计时，普遍存在吸阻偏大、燃烧锥易脱落、掉头掉灰等问题，针对上述问题的解决方法，本书将在后续章节进行介绍。

1.3.7 工艺技术研究

在烟丝形态结构控制方面，烟丝结构特征及加工工艺在近些年的工艺发展中得到较大的关注[37~40]。罗登山[40]提出，近年来烟草工艺技术和水平得到快速发展和提高，但基础研究相对薄弱，打叶复烤（烟叶—叶片）、制丝（叶片—烟丝）和卷制（烟丝—卷烟）贯穿了从烟叶原料到卷烟产品的整个过程，加工工艺的整体性是烟草工艺研究的核心和基础。夏营威[41]、申晓锋[42]、李善莲[43]等先后利用筛分方法、机器视觉方法研究建立了烟丝结构、烟丝尺寸分布、烟丝宽度及分布等测试方法。陶芳[44]、刘博[45]等通过检测与表征方法的建立，研究了烟丝结构对卷烟卷制质量的影响规律和片烟尺寸分布对烟丝结构的影响规律。朱文魁等[46]研究了片烟成丝模式对烟丝结构与卷制质量的影响，对比了传统切丝与定长切丝不同片烟成丝模式对烟丝结构、产品卷制质量及原料消耗的影响。结果表明：①与传统切丝方式相比，采用 40 mm 定长切丝方式，烟丝结构中大于 3.35 mm 长丝比例降低，3.35 mm以下各区间烟丝比例增加，长丝与中短丝比例均匀性得到改善；②定长切丝方式显著提升了卷烟物理质量稳定性，单支质量超标缺陷率由 5.2%降至 2.2%，单支质量标准偏差降低 12%以上，烟支吸阻、硬度标准偏差也有所降低；③与传统切丝方式相比，定长切丝方式下单箱耗丝量较低，而单箱耗叶量有所增加。

在梗丝形态对卷烟质量稳定性影响方面，行业内做了大量研究。陈景云等[47]研究结果表明，梗丝规格为 3～7 mm 时其形态最稳定，且该规格梗丝占全部梗丝的 80%以上时，成品烟支中的梗丝掺配均匀度最好。许衡等[48]的研究结果显示，丝状梗丝的有效利用率、卷烟的卷制质量和稳定性得到提高，卷烟的烟气质量稳定性也得到提高，梗丝形态的改变对卷烟感官质量的提升起到了积极的作用。苏瑶等[49]研究结果显示，丝状梗丝结构均匀性优于片状梗丝，且掺配丝状梗丝的烟支密度标偏优于掺配片状梗丝的烟支。汪涛等[50]研究了不同形态（丝状与片状）的梗丝对成品卷烟物理指标、烟气成分及感官质量的影响，结果显示，掺配相同比例、不同形态梗丝的卷烟硬度和焦油均值存在显著性差异；随着丝状梗丝掺配比例的增加，烟支密度波动有降低趋势，卷烟吸阻、硬度及焦油均值差异性显著；适当提高丝状梗丝掺配比例对卷烟感官质量有一定的提升。

在切丝宽度对卷烟感官品质和理化指标影响方面，由于细支卷烟的烟丝结构特性特殊，且细支卷烟多为低焦油卷烟，所以给稳焦控焦技术带来新的课题。通过对国外英美烟草公司和韩国烟草与人参公司细支卷烟产品的烟丝分析，国外公司更加关注盒标焦油和实测焦油的一致性。采取较细切丝宽度也是出于这种考虑。有实验证明：叶丝宽度在 0.6～1.1 mm 之间变动时，卷烟烟气焦油量最多相差 2 mg。对于烤烟来讲，焦油量最低点出现在叶丝宽度 0.7～0.9 mm 之间。韦文等[51]提出了降低叶丝宽度的方法，以提高烟丝分布均匀性，减少竹节烟发生率，改善烟支稳定性。但叶丝宽度的降低易带来出丝率大幅降低、单箱耗丝量增大等不足，因此国内切丝宽度多为 0.9～1.0 mm 之间。而韩国“爱喜（ESSE）”细支卷烟的切丝宽度约为 0.8 mm，这种处理方式可以使烟支的烟丝密度分布更为均匀，烟支填充值有所上升，烟支单重标准偏差减少。

多年来，我国在加香加料工艺技术研究方面对加香加料机已进行了大量改进和创新，对于如何提高加料均匀性和料液有效利用率也有大量研究。同时，多点喷射加香加料系统[52]、向物料均匀喷洒料液的方法及装置、烟叶负压加料工艺和设备、塔式加料机、一种烟草物料加工方法及设备、倒锥形立式加料滚筒等多项专利技术的应用，取得了一定的使用效果。国外对于加料工艺技术的研究主要集中在烟叶加料装置与控制系统方面，Damianov[53]研究了烟草加料控制系统，为加料设备控制系统的设计和改进提供了依据。熊安言等[54]为解决传统滚筒加料系统加料均匀性差、料液有效利用率低等问题，研制了薄层物料双面喷射式加料系统。采用薄层物料双面喷射式加料系统，加料精度为 0.08%，加料均匀系数提高 1.69%，料液有效利用率提高 13.7%。

综上所述，关于梗丝的形态结构、叶丝的形态结构配伍技术及加工工艺、梗丝掺配比例对烟气特性及燃烧温度的分布研究在常规卷烟产品开发及稳质提质方面发挥了重要作用。因此，对比研究不同工艺加工方法、不同形态梗丝在细支卷烟中的应用效果，开发适用于细支卷烟特性的梗丝产品，实现梗丝在细支卷烟产品中的应用，对于细支卷烟减害降焦、降本增效具有十分重要的作用。

参考文献

[1] 王斌.国产细支卷烟发展思路探讨——以江苏中烟为例[J].现代商贸工业，2015，(2)：4-5.

[2] 葛畅，赵明月，胡有持，等.细支与常规卷烟主流烟气常规指标及中性致香成分对比分析[J].烟草科技，2017，50(4)：43-50.

[3] 边照阳，王颖，李中皓，等.细支卷烟主流烟气有害成分释放量的分析[J].中国烟草学报，2016，22(5)：33-40.

[4] 李海锋，杨皓，宣润泉，等.卷烟纸特性对细支烟主流烟气指标的影响[J].中国造纸，2017，(6)：38-42.

[5] 廖晓祥，赵云川，邹泉，等.梗丝形态对细支卷烟品质稳定性的影响[J].烟草科技，2016，49(10)：74-80.

[6] 田忠，陈闯，许宗保，等.制丝关键工序对细支卷烟燃烧温度及主流烟气成分的影响[J].中国烟草学报，2015，21(6)：19-26.

[7]　孙东亮，赵华民. 基于消费者感知的细支卷烟轻松感、满足感设计思路[J]. 中国烟草学报，2017，23(2)：42-49.

[8]　袁行思. 楚雄卷烟厂打叶复烤工业性实验总结[J]. 烟草科技，1987，(1)：12-18.

[9]　刘其聪，夏正林，罗登山. 影响打叶质量的因素分析与降低烟叶损耗[J]. 烟草科技，1998，(3)：3-5.

[10]　刘利锋，王花俊，朱晓牛，等. 不同打叶参数对打叶质量的影响[J]. 安徽农业科学，2009，37(24)：11519-11520，11531.

[11]　程森，杜咏梅，张骏，等. 烤烟不同生物碱含量特征及其与烟叶内在质量关系研究初报[J]. 中国烟草科学，2009，30(6)：1-4.

[12]　王毅，李胜群，胡立中，等. 烟草混合均匀度评价方法的研究[C]. 中国烟草学会工业专业委员会烟草工艺学术研讨会论文集，郑州，2006，77-79.

[13]　陈伟，张峻松，杨永锋，等. 一种以石油醚提取物含量为评价指标的浓香型烟叶的分切方法[P]. 中国，CN103689783A. 2014-4-2.

[14]　刘江豫，杜阅光，武广鹏，等. 基于烟叶分级标准的烟叶分切方法[P]. 中国，CN104138025A. 2014-11-12.

[15]　龙明海，资文华，华一崑，等. 主成分分析结合 Fisher 最优分割法在烟叶分切中的应用[J]. 烟草科技，2016，49(8)：83-88.

[16]　杨晨龙，汤建国，袁大林，等. 基于近红外光谱的烟叶纵向分切方法[J]. 光谱实验室，2013，30(4)：1936-1941.

[17]　胡巍耀，徐安传，李俊谷，等. 一种烟叶分切的判定方法[P]. 中国，CN102279246A. 2011-12-14.

[18]　曾晓鹰，袁逢春，何邦华，等. 一种烟叶分段打叶复烤的分切方法[P]. 中国，CN102640983A. 2012-08-22.

[19]　颜克亮，武怡，曾晓鹰，等. “三段式”分切烟叶醇化品质差异性比较与分析[J]. 中国烟草科学，2011，32(4)：23-27.

[20]　田书霞，白若石，杨振民，等. 薄荷-茶香型卷烟香气风格的应用研究[J]. 香料香精化妆品，2015，(1)：23-27.

[21]　徐若飞，邓国宾，李祖红，等. 天然菌类香菇烟用香原料的开发及应用[J]. 精细化工，2006，23(11)：1089-1093.

[22]　胡群，顾波，马静，等. 卷烟纸自然透气度对卷烟物理性能及烟气量的影响[J]. 烟草科技，2002，(8)：7-10.

[23]　Shen J，Li J S，Qian X R，et al. A review on engineering of cellulosic paper to reduce carbon monoxide delivery of cigarettes[J]. Carbohydrate Polymers，2014，101：769-775.

[24] Shen J, Song Z Q, Qian X R, et al. A review on use of fillers in cellulosic paper for functional applications[J]. Industrial & Engineering Chemistry Research, 2011, 50: 661-666.

[25] 谢定海,黄宪忠,单婧,等.卷烟纸透气度对卷烟燃烧温度及烟气指标的影响[J].纸和造纸,2013,32:45-49.

[26] 龚安达,李桂珍,杨绍文,等.助燃剂对卷烟纸及卷烟烟气的影响研究[J].应用化工,2011,40:453-456.

[27] 刘志华,崔凌,缪明明,等.柠檬酸钾钠混合盐助燃剂对卷烟主流烟气的影响[J].烟草科技,2008,(12):10-13.

[28] 杨占军.卷烟纸燃烧性能的影响因素[J].湖北造纸,2005,(4):11-12.

[29] 郭吉兆,郑赛晶,颜权平,等.卷烟纸助燃剂对主流烟气7种有害成分释放量的影响[J].烟草科技,2012,(7):43-45.

[30] Yasuo T, Atsushi N. Cigarette wrapper paper with suppressed scattering ash[P]. US, 6830053. 2004-12-14.

[31] 金勇,范红梅,杜文,等.一种低侧流烟气卷烟纸[P].中国,CN102094355A. 2011-06-15.

[32] 曾晓鹰,张天栋,李赓,等.一种包灰卷烟纸的制备方法[P].中国,CN102154921A. 2011-08-17.

[33] 梅志恒,王宏雁.卷烟纸添加剂及其制备方法[P].中国,CN1757826A. 2006-04-12.

[34] 魏玉玲,徐金和,胡群,等.卷烟材料组合搭配对主流烟气量及过滤效率的影响[J].数学的实践与认识,2008,38(23):91-100.

[35] 颜水明,李斌,谢国勇,等.卷烟设计参数对钟形抽吸曲线下烟气稀释作用的影响[J].烟草科技,2015,48(9):62-68.

[36] 陈昆燕,周学政,杨文敏,等.七种卷烟材料对卷烟通风率的效应分析[J].西南师范大学学报(自然科学版),2014,39(12):129-136.

[37] DeBardeleben M Z, Claflin W E, Gannon W F. Role of cigarette physical characteristics on smoke composition[J]. Recent Advance in Tobacco Science, 1978,(4):85-111.

[38] 余娜,申晓锋,徐大勇,等.基于分形理论的烟丝尺寸分布表征方法[J].烟草科技,2012,(4):5-8.

[39] 余娜.片烟结构与叶丝结构关系研究[D].郑州烟草研究院,2012.

[40] 罗登山,曾静,刘栋,等.叶片结构对卷烟质量影响的研究进展[J].郑州轻工业学院学报(自然科学版),2010,25(2):13-17.

[41] 夏营威,冯茜,赵砚棠,等.基于计算机视觉的烟丝宽度测量方法[J].烟草科技,2014,(9):10-14.

[42] 申晓锋,李华杰,李善莲,等. 烟丝结构表征方法研究[J]. 中国烟草学报,2010,16(2):20-25.

[43] 李善莲,申晓锋,李华杰,等. 烟丝结构对卷烟端部落丝量的影响[J]. 烟草科技,2010,(2):5-7,10.

[44] 陶芳,汤旭东. 均匀性检验方法在卷烟加工工艺评价中的应用[J]. 安徽农学通报,2010,16(20):147-148.

[45] 刘博,于录. 分组加工烟丝混合均匀性的研究[J]. 科协论坛,2010,(11):85-86.

[46] 朱文魁,张永川,向光,等. 片烟成丝模式对烟丝结构与卷制质量的影响[J]. 烟草科技,2012,(5):10-12.

[47] 陈景云,李东亮,夏莺莺,等. 梗丝分布形态对其掺配均匀度的影响[J]. 烟草科技,2004,(8):8-10.

[48] 许衡,姚二民. 丝状梗丝在卷烟中的应用效果研究[J]. 轻工科技,2016,(5):119-121.

[49] 苏瑶,杜雅琴. 不同形态梗丝对卷烟物理质量的影响[J]. 中国科技财富,2012,(6):445.

[50] 汪涛,张灵辉,叶宏音. 不同形态梗丝对卷烟在制品及成品质量的影响[J]. 安徽农业科学,2013,41(32):12724-12726.

[51] 韦文,刘政,刘远涛. 细支卷烟制丝工艺参数优化[J]. 中外食品工业,2015,(2):7-8.

[52] 蒲强,邓勇,徐源宏,等. 多点喷射型加料加香装置[P]. 中国,CN03266773.6. 2004-08-11.

[53] Damianov G. Vapor casing chamber and boiler automatic control system [J]. TA,1975(1):135.

[54] 熊安言,彭桂新,姚光明,等. 薄层物料双面喷射式加料系统的研制与应用[J]. 烟草科技,2015,48(9):81-87.

第2章　细支卷烟品类特征

2003年，国家烟草专卖局明确提出了中国卷烟的战略发展方向，即以市场为导向，保持和发展中国卷烟的特色，大力发展中式卷烟。这一战略决策的制定，确立了中式卷烟在国内市场的主导地位。随后，经过全行业十多年的共同努力，中式卷烟的内涵和外延被不断地丰富和拓展，并以其鲜明的风格定位确立了中国卷烟在世界卷烟领域的位置。2008年，国家烟草专卖局召开了中式卷烟品类构建与创新研讨会，首次提出了中式卷烟品类构建的概念，指出品类构建与创新是品牌创新和技术创新的重要途径和切入点，中国烟草行业要努力构建符合“有支撑、成体系、能感知”总体要求的、较为完善的中式卷烟品类体系，真正满足消费者的需求。

中式卷烟品类构建的概念提出后，在随后的几年取得了长足发展。各卷烟企业以香型品类构建为主导，在特色工艺、特色香料、特色原料、特色配方等技术领域不断探索，创新了品牌核心技术，强化了品牌风格特色，从多角度形成了支撑中式卷烟品类构建的技术。如“芙蓉王”品牌“轻稳精细”特色工艺技术支撑了“自然烟香”品类构建，“黄鹤楼”品牌特色香原料开发支撑了“淡雅香”品类构建，“云烟”品牌四级调香技术支撑了“清甜香”品类构建，皖南“焦甜香”特色优质烟叶开发支撑了“黄山”“焦甜香”品类构建，“黄金叶”原料精选、三烤三润支撑了“醇香”品类构建等。以香型为主导的中式卷烟品类构建，极大地丰富了中式卷烟产品的风格特色，破解了卷烟品牌同质化的难题，也促进了重点品牌的持续发展。

从卷烟品类构建的本质特点来讲，就是要从满足消费者的角度去开发培育新品类，引导消费、创造需求、体现需求，使“能感知”真正体现在品牌中。然而，消费者的需求是永无止境的，未被认知和潜在的市场是巨大的，这是行业发展的潜力所在，也是品类构建的内生动力之所在。

从消费者的需求角度出发，品类构建需要烟草行业不断寻找新的突破口，逐渐从重点构建香型品类向差异化品类及文化品类过渡，拓展品类构建的广度，使中式卷烟品类构建呈现多元化的发展态势。此时，以细支卷烟、短支烟为代表的差异化品类及文化品类的产品相继出现，实现了卷烟产品的特色区隔、技术表达、形象塑造和价值传递，促使重点品牌从同质化环境中不断突围，推动了中式卷烟品牌差异化竞争格局的加快形成。

近年来，江苏中烟认真贯彻落实国家烟草专卖局关于中式卷烟品类构建的总体要求，按照“总体设计、系统谋划、扎实推进、引领市场”的工作方针，着力打造了具有较强感知力的中式细支卷烟新品类，进一步充实了中式卷烟品类内涵，也取得了显著的经济效益和社会效益。本章从细支卷烟的物理、烟气、感官等特性的角度出发，系统介绍细支卷烟与常规卷烟的差异，构建细支卷烟的品类特征，为细支卷烟的精准研发、质量控制提供依据。

2.1　细支卷烟的物理特性

卷烟的物理指标包括卷烟质量、圆周、长度、硬度、吸阻、通风率等。其中，圆周是一个重要参数，直接影响卷烟的燃烧特性，进而对卷烟烟气释放量、感官质量产生直接影响。根据细支卷烟的直径或者圆周，Moodie 等[1]将细支卷烟分为细支(Slim)、超细(Superslim)、半细(Demislim)和微细(Microslim)4 个规格；McAdam 等[2]将细支卷烟分为细支(Slim，圆周 21～23 mm)、半细(Demislim，圆周 19～21 mm)和超细(Superslim，圆周 14～19 mm)。对于细支卷烟的圆周来说，国外通常认为 22～24 mm 为细支，19～22 mm 为半细，14～19 mm 为超细；对于细支卷烟的长度来说，通常有 80～85 mm、90～100 mm 和 120 mm 三种规格的长度设计[2,3]。

通过收集国内外代表性的细支卷烟、常规卷烟、中支卷烟和短支卷烟等样品，我们从烟丝宽度、长度、保润性等烟支的物理指标以及燃烧特性方面进行分析，探寻细支卷烟与常规卷烟在物理特性方面的差异。

2.1.1　物理指标

按照表 2.1 给定的测试标准，采用综合测试台分别进行测定[4]。测定结果如表 2.2、表 2.3 所示。

表 2.1　卷烟物理性能指标测试方法及标准

测试指标	方法及标准
长度	GB/T 22838.2—2009 卷烟及滤棒物理性能的测定 第 2 部分
圆周	GB/T 22838.3—2009 卷烟及滤棒物理性能的测定 第 3 部分
质量	GB/T 22838.4—2009 卷烟及滤棒物理性能的测定 第 4 部分
吸阻	GB/T 22838.5—2009 卷烟及滤棒物理性能的测定 第 5 部分

续表

测试指标	方法及标准
硬度	GB/T 22838.6—2009 卷烟及滤棒物理性能的测定 第6部分
通风率	GB/T 22838.7—2009 卷烟及滤棒物理性能的测定 第7部分

表 2.2 国内细支卷烟物理指标测试结果

品牌序号	长度/mm	圆周/mm	重量/g	开放吸阻/Pa	封闭吸阻/Pa	硬度/(%)	滤嘴通风率/(%)	总通风率/(%)
1	96.9	17.07	0.581	1555	1968	55.9	20.4	38.4
2	97.3	16.96	0.552	1036	1974	57.5	54.0	62.6
3	97.0	17.12	0.603	1519	1871	62.8	17.7	37.0
4	96.8	16.89	0.532	1745	2030	54.2	16.6	31.5
5	90.1	17.17	0.525	1256	2150	63.9	45.6	53.3
6	96.9	16.99	0.537	1139	1835	57.2	41.2	50.1
7	97.0	17.10	0.546	1160	1857	57.1	42.9	51.7
8	97.0	17.12	0.547	1187	1843	57.4	41.0	53.3
9	97.0	17.10	0.547	1111	1757	58.6	43.5	54.1
10	97.1	17.04	0.536	1236	1859	58.4	38.2	51.5
11	89.8	17.14	0.517	1857	1991	57.4	8.1	23.1
12	84.0	16.70	0.478	1943	2151	57.0	11.2	30.7
13	90.1	17.18	0.529	1911	2053	54.5	9.5	26.1
14	89.9	17.24	0.526	1698	1983	49.5	20.1	31.7
15	96.8	16.93	0.522	1868	1885	51.8	—	12.3
16	96.9	17.11	0.542	1671	2175	58.0	25.6	36.1
17	97.1	17.06	0.516	1269	1943	52.7	40.9	51.0
18	96.8	17.01	0.528	1480	2251	61.5	39.6	51.7
19	97.1	17.03	0.530	1205	2127	55.6	50.6	59.0
20	96.8	17.04	0.594	1041	2038	54.3	52.9	60.0
21	97.1	17.04	0.518	1025	2088	60.5	61.2	68.3
22	97.0	16.98	0.519	1647	1997	54.1	18.7	29.8
23	97.0	16.94	0.547	1383	2322	63.0	47.2	57.8

续表

品牌序号	长度/mm	圆周/mm	重量/g	开放吸阻/Pa	封闭吸阻/Pa	硬度/(%)	滤嘴通风率/(%)	总通风率/(%)
24	97.1	17.04	0.531	1341	2096	55.5	45.0	54.1
25	97.1	17.02	0.542	1365	2188	61.0	45.1	55.3
26	97.3	17.12	0.523	1205	2118	62.7	50.4	55.4
27	97.2	16.90	0.511	1630	2102	59.9	26.8	40.0
28	84.1	17.06	0.459	1908	1906	58.6	—	15.1
29	97.1	17.06	0.538	1328	1889	58.8	36.1	46.4
30	97.2	17.03	0.530	1569	2063	62.6	27.5	41.2
31	97.1	17.09	0.518	1333	2321	66.5	54.3	62.7
32	99.8	17.01	0.559	1417	2061	58.1	36.1	46.0
33	100.1	17.06	0.594	1699	2462	65.9	33.5	53.2
34	99.8	17.14	0.561	1402	1959	55.9	34.0	44.5
35	84.5	17.11	0.467	1604	2196	58.8	30.8	40.9
36	97.1	17.02	0.543	1165	1973	59.3	44.8	53.6
37	96.9	17.05	0.563	2121	2122	63.5	—	22.0

表 2.3　国外细支卷烟物理指标测试结果

序号	品　　牌	长度/mm	圆周/mm	重量/g	开放吸阻/Pa	封闭吸阻/Pa	硬度/(%)	滤嘴通风率/(%)	总通风率/(%)
1	大卫杜夫(雅白)	99.4	17.06	0.536	823	2965	69.3	86.4	90.5
2	大卫杜夫(雅紫)	99.4	17.08	0.523	1936	3133	68.9	41.0	53.0
3	爱喜(薄荷)	100.1	17.09	0.536	1264	2635	67.8	64.8	70.2
4	爱喜(幻变)	100.2	17.08	0.562	1079	3131	63.9	74.6	80.1
5	爱喜(银松)	99.9	17.08	0.564	1126	3142	69.8	74.9	79.4
6	爱喜(蓝)	100.1	17.11	0.535	1354	2746	69.7	62.3	68.5
7	爱喜(金)	100.0	17.14	0.549	1115	3000	71.6	72.9	78.2
8	爱喜(1 mg)	100.1	17.10	0.513	876	2861	67.5	86.7	88.6
9	爱喜(6 mg)	100.0	17.11	0.528	1560	2711	67.6	51.5	58.9

续表

序号	品　　牌	长度/mm	圆周/mm	重量/g	开放吸阻/Pa	封闭吸阻/Pa	硬度/(%)	滤嘴通风率/(%)	总通风率/(%)
10	健牌皓白	83.0	17.12	0.517	850	2951	68.2	87.9	89.0
11	健牌炫银	83.1	17.17	0.517	1164	2629	70.1	62.3	65.1

根据测试的结果进行数据统计后可以看出，国内外细支卷烟的重量、圆周和长度的平均值相同，但是国内细支卷烟的重量、圆周和长度的分布范围以及变异系数均略大于国外细支卷烟。与常规卷烟相比，细支卷烟的重量和圆周的变异系数也稍大，长度变异系数相当。

国外细支卷烟的开放吸阻平均值低于国内细支卷烟，分布范围大体相同，国内常规卷烟的开放吸阻低于国内细支卷烟。国外细支卷烟的封闭吸阻平均值高于国内细支卷烟，分布范围大体相同。国外细支卷烟的卷烟封闭吸阻变异系数与国内细支卷烟相同，分布范围大体相同，表明国内外细支卷烟的封闭吸阻稳定性没有明显差异。

国外细支卷烟的滤嘴通风率、总通风率和硬度明显高于国内细支卷烟，但是分布范围小于国内细支卷烟。与常规卷烟相比，细支卷烟的总通风率较大，国内常规卷烟的硬度与国外细支卷烟相同，但高于国内细支卷烟。

与常规、中支、短支等其他类型卷烟的物理指标相比，细支卷烟更为明显的变化是在重量、圆周等方面。表 2.4 所示为细支卷烟与其他类型卷烟物理指标对比分析。

表 2.4　细支卷烟与其他类型卷烟物理指标对比分析

类别	烟支总长/mm	烟支长度/mm	滤嘴长度/mm	烟支周长/mm	直径/mm	长径比值	含丝量/mg	烟丝占比/(%)
常规卷烟	84	64	20	24.4	7.8	10.81	697.7	76.87
	84	62	22	24.4	7.8	10.81	675.9	75.44
	84	60	24	24.4	7.8	10.81	654.1	73.16
	84	54	30	24.4	7.8	10.81	588.7	69.37
	84	60	24	24.4	7.8	10.81	654.1	71.56
	84	60	24	24.4	7.8	10.81	654.1	71.56
	84	60	24	24.4	7.8	10.81	654.1	71.56
	84	60	24	24.4	7.8	10.81	654.1	71.56

续表

类别	烟支总长/mm	烟支长度/mm	滤嘴长度/mm	烟支周长/mm	直径/mm	长径比值	含丝量/mg	烟丝占比/(%)
平均值	**84**	**60**	**24**	**24.4**	**7.8**	**10.81**	**654.1**	**72.64**
中支卷烟	94	69	25	22.6	7.197	13.06	645.4	71.28
	94	69	25	22.6	7.197	13.06	645.4	71.28
	84	54	30	23.0	7.197	13.06	645.4	71.28
	96	66	30	20.0	7.325	11.47	523.1	66.80
	88	58	30	22.5	6.369	15.07	483.4	65.03
	94	64	30	22.5	7.166	12.28	537.7	67.41
	86	56	30	22.0	7.166	13.12	593.3	69.53
	83	56	27	22.0	7.006	12.28	496.3	65.62
平均值	**89.875**	**61.5**	**28.38**	**22.2**	**7.078**	**12.93**	**571.3**	**68.53**
短支卷烟	75	51	24	24.4	7.771	9.65	556.0	69.50
	75	51	24	24.4	7.771	9.65	592.3	71.36
	75	50	25	24.4	7.771	9.65	557.0	69.62
平均值	**75**	**50.67**	**24.33**	**24.4**	**7.771**	**9.65**	**568.4**	**70.16**
细支卷烟	97	67	30	17.0	5.414	17.92	362.3	58.22
	97	67	30	17.0	5.414	17.92	362.3	58.22
	97	67	30	17.0	5.414	17.92	362.3	58.22
	97	67	30	17.0	5.414	17.92	362.3	58.22
	97	67	30	17.0	5.414	17.92	362.3	58.22
	97	67	30	17.0	5.414	17.92	362.3	58.22
	100	67	30	17.0	5.414	18.47	362.3	58.22
	100	67	30	17.0	5.414	18.47	362.3	58.22
平均值	**97.75**	**67**	**30**	**17.0**	**5.414**	**18.06**	**362.3**	**58.22**

统计结果可以看出，细支卷烟的长度一般在 97 mm 以上，圆周较小，长度与直径的比值(长径比值)比较大，一般在 17 以上，而常规卷烟的长径比值仅为10.8左右。同时，细支卷烟单支卷烟的含丝量较少，在 0.36 g 左右，与烟支总重量的比值(烟丝占比)仅为 58%，而常规卷烟的烟丝占比在 70%以上。

2.1.2 烟丝结构

剖开烟支，取出烟丝，随机挑选 30 根烟丝，运用 CWT200 烟丝宽度测量仪进行烟丝宽度测量，得出 30 根烟丝平均宽度。

表 2.5 给出了国外代表性细支卷烟的烟丝宽度及配方组分检测结果。结果表明，国外细支卷烟的切丝宽度设计值在 0.90～1.00 mm 之间，其中品牌 1 和品牌 3 的设计值可能是 1.00 mm，品牌 2 和品牌 4 的设计值可能是 0.90 mm。在剖开的烟丝中发现四个品牌细支卷烟中均掺配了再造烟叶，三个品牌均发现掺配了梗丝。

表 2.5 国外代表性细支卷烟的烟丝宽度及配方组分检测结果

品牌序号	切丝宽度设计值	烟丝宽度检测值/mm	配方组分
1	—	0.97	叶丝、梗丝、薄片丝
2	—	0.88	叶丝、梗丝、薄片丝
3	—	1.04	叶丝、薄片丝
4	—	0.90	叶丝、梗丝、薄片丝

通过收集国外代表性细支卷烟样品，采用同样的分析方法分析后可以发现，烟丝宽度的平均值为 0.68 mm，最大值为 0.80 mm，最小值为 0.49 mm；国内细支卷烟的烟丝宽度平均值为 0.78 mm，最大值为 1.01 mm，最小值为 0.64 mm。国内细支卷烟的烟丝宽度平均比国外细支卷烟的宽 0.10 mm。

国外细支卷烟中烟丝平均特征尺寸为 1.43 mm，国内细支卷烟中烟丝平均特征尺寸为 1.79 mm，国内常规卷烟中烟丝平均特征尺寸为 2.34 mm。国内细支卷烟中烟丝平均特征尺寸比国外细支卷烟平均特征尺寸多 0.36 mm，且国内细支卷烟中烟丝平均特征尺寸比国内常规卷烟平均特征尺寸少 0.55 mm；国内细支卷烟的均匀性系数高于国外细支卷烟，即烟丝分布均匀性较好。

2.1.3 烟丝保润性

每个规格取 20 支卷烟，剖开烟支取出烟丝检测。首先称出烟丝净重，放在恒温恒湿箱内，每隔一小时取出称重一次，根据重量变化计算吸收或散失水分重量。第一轮进行吸收水分试验，设置温度 20 ℃，相对湿度 80%；第二轮进行散失水分试验，设置温度 20 ℃，相对湿度 40%，十万分之一感量的电子天平称重采样。烟丝吸湿性、保润性检测结果分别见表 2.6、表 2.7。

表 2.6　烟丝吸湿性检测结果　(单位:%)

品牌序号	初始水分	1 h	3 h	5 h	7 h	24 h
1	8.42	16.07	19.46	21.58	22.07	25.56
2	9.43	15.02	19.53	21.13	22.04	25.90
3	10.63	16.68	20.70	22.34	22.59	26.44
4	11.28	16.71	20.67	22.75	23.26	26.86

表 2.7　烟丝保润性检测结果　(单位:%)

品牌序号	初始水分	1 h	3 h	5 h	7 h	24 h
1	25.56	15.76	7.97	6.75	6.44	6.01
2	25.90	15.17	8.48	7.17	6.91	6.47
3	26.44	14.56	9.20	8.41	8.17	7.75
4	26.86	15.69	9.66	8.91	8.68	8.25

表 2.6、表 2.7 中的数据显示,24 h 内四个品牌的细支卷烟在高湿环境中吸收水分速率以及在低湿环境中水分散失速率适中,具有较好的保润性能。进一步采用气相色谱/质谱联用仪器(GC/MS)对烟丝添加的保润剂进行定量分析,分析结果显示,四个品牌的细支卷烟均大比例施加了甘油和丙二醇,且甘油比例远大于丙二醇比例,结果见表 2.8。

表 2.8　保润剂含量　(单位:mg/g)

保润剂名称	品牌 1	品牌 2	品牌 3	品牌 4
甘油	11.71	14.27	12.24	12.97
丙二醇	3.97	5.76	4.72	4.19
合计	15.68	20.03	16.96	17.16

2.2　细支卷烟的燃烧特性

卷烟圆周的减小会使卷烟的燃烧行为发生变化。卷烟圆周减小会导致卷烟抽吸时和阴燃期间的线性燃烧速率升高,质量燃烧速率降低。1966 年,Gugan[5] 的研究表明,随着烟支圆周的减小,烟支表面积/体积比增加,抽吸期间烟支的燃烧速率低于阴燃期间烟支的燃烧速率。Arany-Fuzessery 等[6]研究发现卷烟圆周的轻微变化能够显著影响其燃烧性能，在卷烟圆周减小时，其线性燃烧速率增加，质量燃烧速率降低。Resnik 等[7]的研究表明，随着卷烟圆周的减小，阴燃时线性燃烧速率增加，质量燃烧速率降低。

Irwin[8]研究了 13～29 mm 圆周范围内卷烟燃烧温度的变化，发现卷烟阴燃期间的燃烧温度随着圆周的减小呈线性增加趋势，而在卷烟抽吸过程中，13 mm 和 29 mm 圆周卷烟的峰温对圆周变化不敏感，但均显著低于 17～24.75 mm 圆周的卷烟。1985 年，Robinson 等[9]采用红外热成像仪研究了不同圆周卷烟阴燃和抽吸时的温度，结果表明，阴燃温度随着圆周的减小而升高，但燃吸温度随着圆周的减小先升高后降低，圆周为 29 mm、20 mm 和 13 mm 时的燃吸峰温分别为 889 ℃、903 ℃和 851 ℃。因此，卷烟圆周的减小导致阴燃温度的升高，而燃吸温度的变化应视卷烟圆周大小而定。

2.3　细支卷烟的烟气特性

随着公众对吸烟与健康问题的日益关注，烟草行业面临的减害降焦的压力也愈来愈大。与常规卷烟相比，细支卷烟的烟丝填充量少，单位时间消耗的烟丝量少，在减害降焦领域有着一定的优势。

1978 年，英美烟草的 DeBardeleben[10]研究了烟支物理参数对烟气释放量的影响，他指出烟支圆周减小，烟碱和焦油的释放量也会减少。Massey 等[11]的研究也表明，在标准抽吸条件下，卷烟烟气冷凝物随圆周的减小而减少。到 20 世纪 80 年代，研究者对细支烟的研究越来越具体。

Yamamoto 等[12,13]详细地报道了烟支圆周、每口烟丝消耗量和卷烟烟碱、焦油释放量的关系。随着烟支圆周的减小，每口烟丝消耗量减少，产生的烟碱和焦油相应也会降低，产生的烟碱和焦油在细支烟中的截留和扩散也会降低。随后，Yamamoto 等又研究了烟支圆周大小对主流烟气中各组分的形成速率的影响，随着烟支半径的减小，卷烟抽吸时 CO 生成速率有少量增加，而 HCN 的生成速率明显增加，苯并芘(BaP)生成速率减少，但 CO_2、NO_x和乙醛等成分的生成速率基本不变。同时 Yamamoto 等还考察了这些气相组分在不同圆周烟支中的扩散率。

表 2.9 给出了国内外细支卷烟与常规卷烟的焦油、CO、HCN、氨、NNK、BaP、苯酚、巴豆醛以及危害性指数等主要危害性化学指标的描述统计结果。

表2.9　细支卷烟与常规卷烟样品主要化学指标描述统计结果

化学成分	样品	均值	标准误差	中位数	众数	标准偏差	方差	偏度	峰度	区域	最小值	最大值
焦油/(mg/支)	细	6.798	0.24	6.630	8.030	1.222	1.49	0.14	−0.95	4.03	4.83	8.86
	常	11.164	0.12	11.300	11.060	1.031	1.06	−0.69	3.04	6.57	8.23	14.80
CO/(mg/支)	细	5.206	0.23	4.840	3.170	1.168	1.36	0.16	−1.12	3.92	3.17	7.09
	常	11.882	0.13	11.730	11.050	1.124	1.26	1.25	1.61	5.35	10.00	15.35
HCN/(μg/支)	细	69.153	3.06	63.055	98.350	17.869	319.29	0.40	−1.21	54.04	44.31	98.35
	常	133.012	2.52	130.720	111.840	22.151	490.66	1.85	4.74	115.61	103.15	218.76
氨/(μg/支)	细	5.475	0.22	5.280	3.240	1.293	1.67	0.89	0.82	5.43	3.24	8.67
	常	7.127	0.13	7.100	5.550	1.127	1.27	0.05	−0.61	4.71	4.95	9.66
NNK/(ng/支)	细	4.230	0.27	3.770	3.770	1.594	2.54	2.03	5.91	8.13	2.31	10.44
	常	6.749	0.36	5.920	3.480	3.140	9.86	1.48	1.57	13.68	2.72	16.40
BaP/(ng/支)	细	5.119	0.18	5.080	3.230	1.068	1.14	0.00	−1.24	3.56	3.23	6.79
	常	9.320	0.16	9.600	9.010	1.380	1.90	−1.08	0.54	5.65	5.87	11.52
苯酚/(μg/支)	细	11.949	0.42	11.870	6.680	2.472	6.11	0.11	−0.29	11.01	6.68	17.69
	常	15.783	0.32	16.215	14.100	2.803	7.86	−0.83	1.60	15.57	6.51	22.08
巴豆醛/(μg/支)	细	13.494	0.49	13.430	12.650	2.848	8.11	−0.14	−0.48	11.46	7.37	18.83
	常	17.227	0.22	17.090	16.220	1.965	3.86	0.90	1.99	10.62	13.54	24.16
危害性指数	细	5.834	0.19	5.760	4.670	0.958	0.92	0.50	−0.89	3.17	4.64	7.81
	常	9.309	0.12	9.180	8.930	1.002	1.00	1.32	4.73	6.85	6.29	13.14

注：表中“细”为细支卷烟；“常”为常规卷烟。

2.3.1 焦油对比分析

从图 2.1 中可以看出，细支卷烟样品平均焦油为 6.798 mg/cig，标准偏差为 1.222 mg/cig，常规卷烟样品平均焦油为 11.164 mg/cig，标准偏差为 1.031 mg/cig，两者均值差值为 4.366 mg/cig，细支卷烟焦油为常规卷烟的 60.89%。

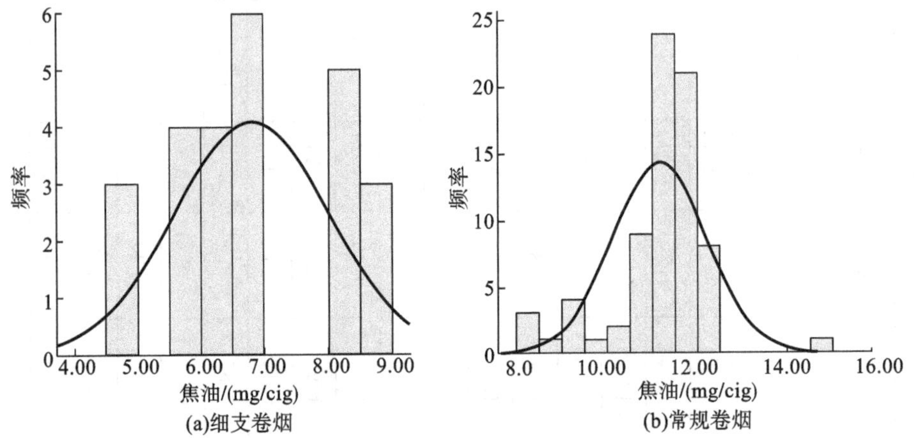

图 2.1 细支卷烟和常规卷烟焦油分布直方图

结合表 2.9 中的 t 检验统计结果，Levene 方差齐性检验的 Sig. =0.091>0.05，说明细支卷烟和常规卷烟焦油的方差满足齐性，可以得出细支卷烟和常规卷烟焦油总体均值差值 95%置信度的估计区间为(−4.861，−3.870)。

2.3.2 CO 对比分析

从图 2.2 中可以看出，细支卷烟样品平均 CO 为 5.206 mg/cig，标准偏差为 1.168 mg/cig，常规卷烟样品平均 CO 为 11.882 mg/cig，标准偏差为 1.124 mg/cig，两者均值差值为 6.676 mg/cig，细支卷烟 CO 为常规卷烟的 43.81%，该比值在两者所有理化指标比值中是最小的，也说明相对于常规卷烟来说，细支卷烟 CO 释放量较低。结合表 2.9 中的 t 检验统计结果，Levene 方差齐性检验的 Sig. =0.280>0.05，说明细支卷烟和常规卷烟焦油的方差满足齐性，可以得出细支卷烟和常规卷烟 CO 总体均值差值 95%置信度的估计区间为(−7.196，−6.156)。

2.3.3 HCN 对比分析

从图 2.3 中可以看出，细支卷烟样品平均 HCN 为 69.153 μg/cig，标准偏差为 17.869 μg/cig，常规卷烟样品平均 HCN 为 133.012 μg/cig，标准偏差为 22.151

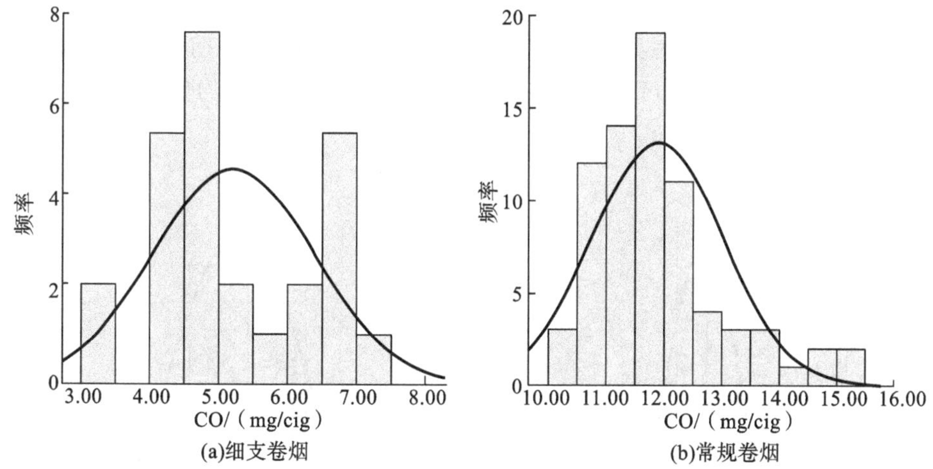

图 2.2 细支卷烟和常规卷烟 CO 分布直方图

μg/cig，两者均值差值为 63.859 μg/cig，细支卷烟 HCN 为常规卷烟的 51.99%。结合表 2.9 中的 *t* 检验统计结果，Levene 方差齐性检验的 Sig. =0.861>0.05，说明细支卷烟和常规卷烟 HCN 的方差满足齐性，可以得出细支卷烟和常规卷烟 HCN 总体均值差值 95%置信度的估计区间为（−72.408，−55.310）。

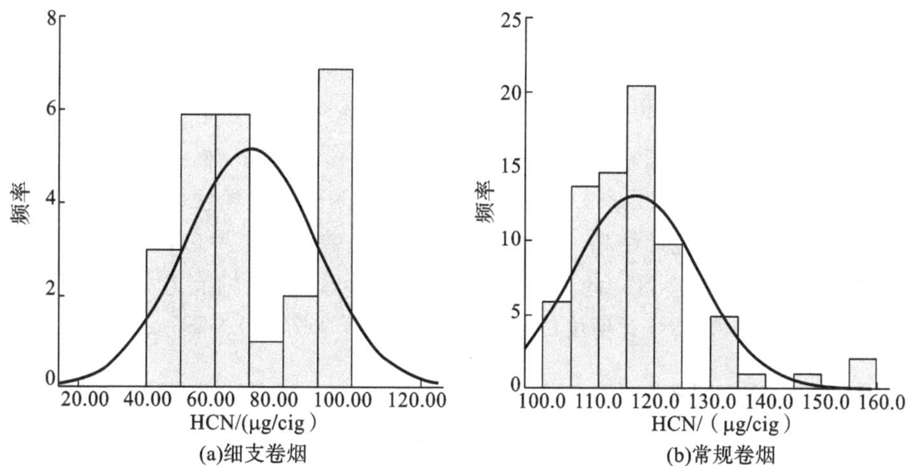

图 2.3 细支卷烟和常规卷烟 HCN 分布直方图

2.3.4 氨对比分析

从图 2.4 中可以看出，细支卷烟样品平均氨为 5.475 μg/cig，标准偏差为 1.293 μg/cig，常规卷烟样品平均氨为 7.127 μg/cig，标准偏差为 1.127 μg/cig，两者均值差值为 1.652 μg/cig，细支卷烟氨为常规卷烟的 76.82%。结合表 2.9 中的 t 检验统计结果，Levene方差齐性检验的Sig. =0.729>0.05，说明细支卷烟和常规卷烟氨的方差满足齐性，可以得出细支卷烟和常规卷烟氨总体均值差值 95%置信度的估计区间为(−2.132，−1.171)。

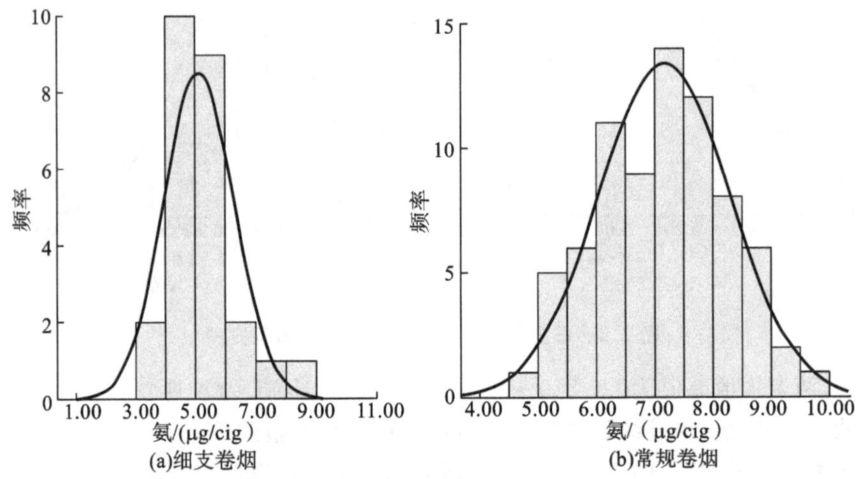

图 2.4 细支卷烟和常规卷烟氨分布直方图

2.3.5 NNK 对比分析

从图 2.5 中可以看出，细支卷烟样品平均 NNK 为 4.230 ng/cig，标准偏差为 1.594 ng/cig，常规卷烟样品平均 NNK 为 6.749 ng/cig，标准偏差为 3.140 ng/cig，两者均值差值为 2.519 ng/cig，细支卷烟 NNK 为常规卷烟的 62.68%。结合表 2.9 中的 t 检验统计结果，Levene 方差齐性检验的 Sig. =0.005<0.05，说明细支卷烟和常规卷烟 NNK 的方差不满足齐性，可以得出细支卷烟和常规卷烟 NNK 总体均值差值 95%置信度的估计区间为(−3.407，−1.629)。

2.3.6 BaP 对比分析

从图 2.6 中可以看出，细支卷烟样品平均 BaP 为 5.119 ng/cig，标准偏差为 1.068 ng/cig，常规卷烟样品平均 BaP 为 9.320 ng/cig，标准偏差为 1.380 ng/cig，两者均值差值为 4.201 ng/cig，细支卷烟 BaP 为常规卷烟的 54.92%。结合表 2.9 中的 t 检验统计结果，Levene 方差齐性检验的 Sig. =0.470>0.05，说明细支卷烟和常规卷烟 BaP 的方差满足齐性，可以得出细支卷烟和常规卷烟 BaP 总体均值差值 95%置信度的估计区间为(−4.729，−3.673)。

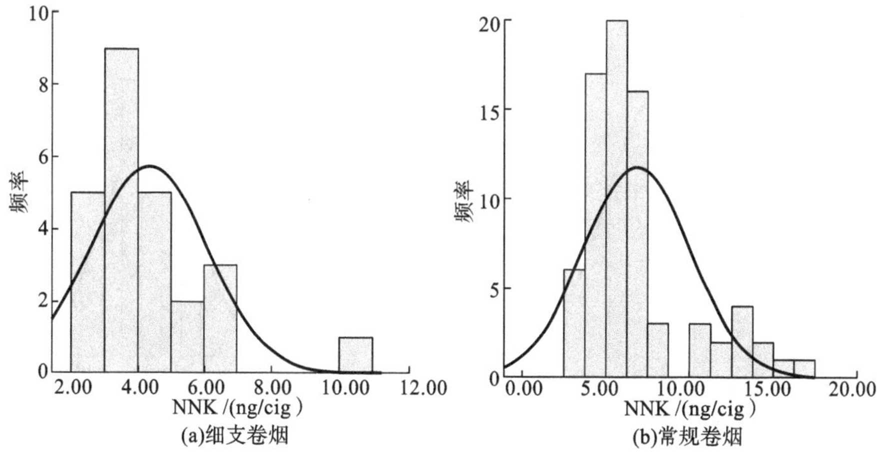

图 2.5　细支卷烟和常规卷烟 NNK 分布直方图

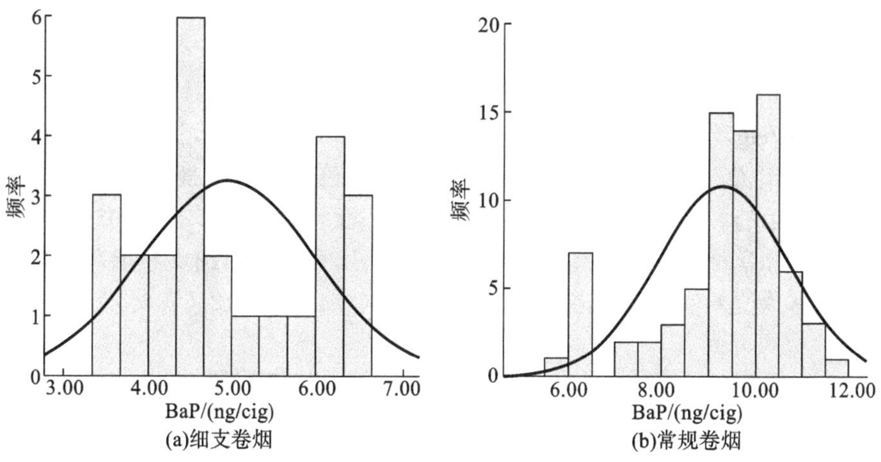

图 2.6　细支卷烟和常规卷烟 BaP 分布直方图

2.3.7　苯酚对比分析

从图 2.7 中可以看出，细支卷烟样品平均苯酚为 11.949 μg/cig，标准偏差为 2.472 μg/cig，常规卷烟样品平均苯酚为 15.783 μg/cig，标准偏差为 2.803 μg/cig，两者均值差值为 3.834 μg/cig，细支卷烟苯酚为常规卷烟的 75.71%。结合表2.9 中的 t 检验统计结果，Levene 方差齐性检验的 Sig. =0.845>0.05，说明细支卷烟和常规卷烟苯酚的方差满足齐性，可以得出细支卷烟和常规卷烟苯酚总体均值差值 95%置信度的估计区间为(−4.938,−2.732)。

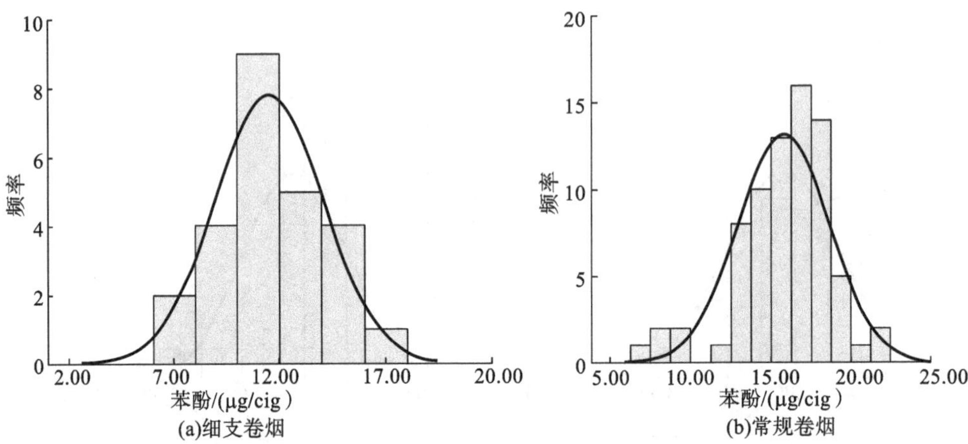

图 2.7 细支卷烟和常规卷烟苯酚分布直方图

2.3.8 巴豆醛对比分析

从图 2.8 中可以看出，细支卷烟样品平均巴豆醛为 13.494 μg/cig，标准偏差为 2.848 μg/cig，常规卷烟样品平均巴豆醛为 17.227 μg/cig，标准偏差为 1.965 μg/cig，两者均值差值为 3.732 μg/cig，细支卷烟巴豆醛为常规卷烟的 78.33%。结合表 2.9 中的 t 检验统计结果，Levene 方差齐性检验的 Sig. =0.005<0.05，说明细支卷烟和常规卷烟巴豆醛的方差不满足齐性，可以得出细支卷烟和常规卷烟巴豆醛总体均值差值 95%置信度的估计区间为(−4.812，−2.653)。

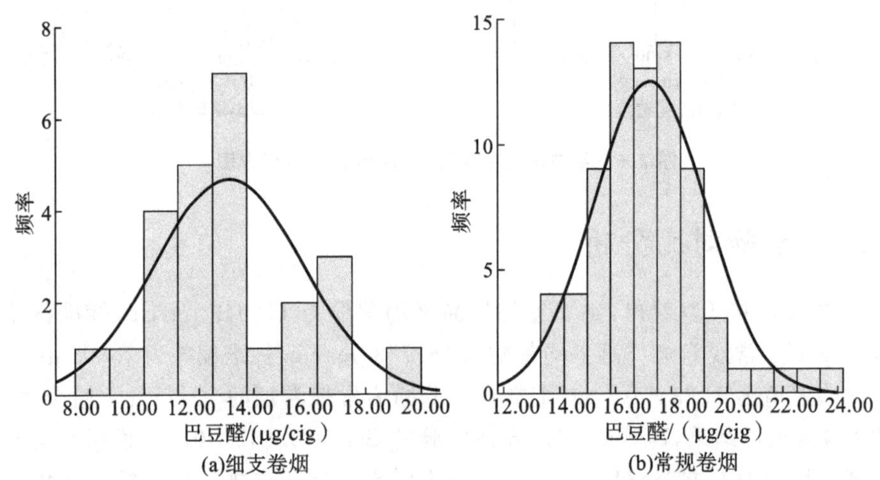

图 2.8 细支卷烟和常规卷烟巴豆醛分布直方图

2.3.9　危害性指数对比分析

卷烟烟气危害性指数是以 7 种化学成分 CO、HCN、氨、NNK、BaP、苯酚和巴豆醛在烟气中含量统计计算得到的，能够充分反映烟气的毒理学性质。从图 2.9 中可以看出，细支卷烟样品平均危害性指数为 5.834，标准偏差为 0.958，常规卷烟样品平均危害性指数为 9.309，标准偏差为 1.002，两者均值差值为 3.475，细支卷烟危害性指数为常规卷烟的 62.67%。结合表 2.9 中的 t 检验统计结果，Levene 方差齐性检验的 Sig.＝0.380＞0.05，说明细支卷烟和常规卷烟危害性指数的方差满足齐性，可以得出细支卷烟和常规卷烟危害性指数总体均值差值 95%置信度的估计区间为(－3.929，－3.020)。

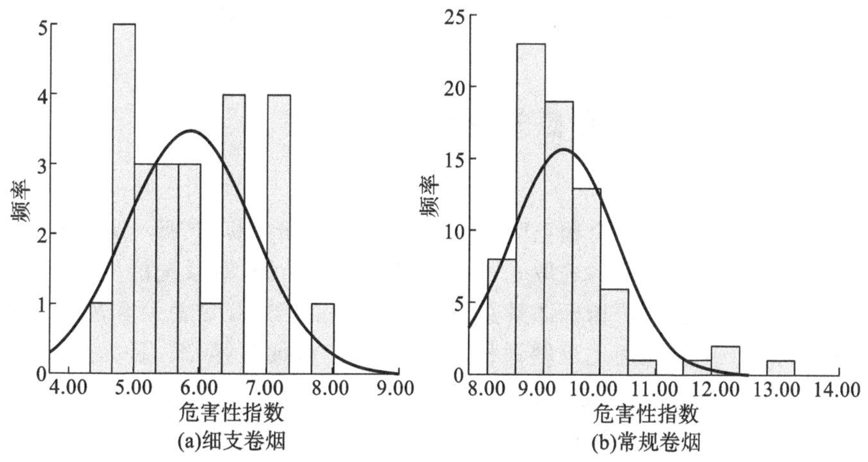

图 2.9　细支卷烟和常规卷烟危害性指数分布直方图

通过不同细支卷烟和常规卷烟样品的焦油以及 7 项指标 CO、HCN、氨、NNK、BaP、苯酚和巴豆醛等化学指标的系统对比、分析，可以看出细支卷烟与常规卷烟在烟气特性方面差异较大，整体化学指标前者全部都低于后者，且统计检验显示极显著。从平均值角度衡量，各指标在细支卷烟与常规卷烟中的比值依次为 60.89%、43.81%、51.99%、76.82%、62.68%、54.92%、75.71%和 78.33%。细支卷烟在焦油、CO、氨和巴豆醛等指标中的波动较常规卷烟要大。

整体来看，细支卷烟烟气物质呈现的危害性显著低于常规卷烟。

但是，随着研究的深入，细支卷烟烟气有害成分释放量低逐渐受到质疑。Torikai 等也指出酚类化合物释放量随着卷烟燃烧温度升高而增加[14]；1985 年，Yamamoto T 等在烟支圆周对主流烟气组分形成率(抽吸时烟气组分总释放量对烟丝损失重量之比)影响研究中指出：CO、HCN 形成率随烟支圆周减小而增加，BaP 随圆周减小而降低，CO_2、NO 和气相中甲醛与烟支圆周没有关系[15]；2013 年，

Siu M 等在对加拿大超细支卷烟主流烟气释放量分析上指出：相对于常规卷烟，超细支卷烟主流烟气中 CO、羰基化合物、易挥发物质和芳香胺释放量都明显降低，但是甲醛、氨和苯酚释放量明显升高[16]；Christopher R. E. Coggins 对不同圆周卷烟烟气中有害物质研究表明，氢氰酸的释放量并没有随圆周减小而减少[17]。2006 年 Laugesen 研究表明：ISO 模式下，万宝路细支卷烟烟碱和焦油含量均低于常规卷烟；在 ISO 和 CI 模式下，细支卷烟的丙烯醛、丁二烯等烟气释放物明显低于常规卷烟，并且细支卷烟对于挥发性有机化合物的过滤效率远高于常规卷烟。但是当所有的数据以单位烟碱计，在 ISO 模式下，细支卷烟的释放物水平依然比常规卷烟低，CI 模式下其指标与常规卷烟无差异[18]。

2.4 细支卷烟的感官特性

2.4.1 细支卷烟消费感知评价方法构建

1. 评价指标体系设计

评价指标体系是由多个相互联系、相互作用的评价指标，按照一定层次结构组成的有机整体。评价指标的选取是进行正确评价的前提，对系统的发展方向具有导向性的作用。因此评价指标体系必须与总目的相一致，反映总目标的实质含义，要从整体的各个主要侧面上反映评价对象的价值，且便于操作。目的性、全面性、科学性、可比性、可操作性、通用性等常作为建立评价指标的原则。

中式细支卷烟消费感知评价的指标众多，各个指标之间相互影响、相互制约，形成多层次的动态系统。在遵循指标体系建立一般原则和借鉴现有成果的基础上，为了全面高效评价中式细支卷烟，并且得到正确的评价结果，在设计中式细支卷烟消费感知方法评价指标体系时，首先应围绕消费者对细支卷烟吸食的需求和关注的焦点，其次借鉴行业已经建立的《中式卷烟风格感官评价方法》，以及《基于消费体验的中式卷烟感官评价方法》设计思路，最后采取专家咨询，进行指标筛选和整合，并进行模拟评价，最终确定中式细支卷烟消费感知评价方法的指标体系（表 2.10）。

表 2.10 中式细支卷烟消费感知评价表

一级评价指标	二级评价指标	样品编号				
轻松感	清新					
	透发					
	均衡					
	柔顺					

续表

一级评价指标	二级评价指标	样品编号				
舒适感	刺激					
	圆润					
	甜感					
	余味					
满足感	饱满					
	劲头					
	绵长					
	丰富					

2. 评价指标权重设计

中式细支卷烟消费感知评价指标体系是一个多层次的系统框架，指标权重设计不仅要考虑各个指标特点以及所代表的信息量，选择的指标赋权方法还应当遵循可操作性原则，太复杂以及难以实现的方法不在考虑范围内，综合考虑各方面影响因素，有效利用该方法的优势，尽量降低不利因素对评价结果的影响，达到科学合理评价的目的。综上分析，本评价方法一级指标权重采用 G_1 序关系赋权法，突出反映各指标的差异地位，把握权重设计基本方向；二级指标权重遵循感官评价方法设计的一般原则，借鉴基于消费体验的中式卷烟感官评价方法权重设计，充分挖掘各指标分类信息，采用德尔菲法进行权重设计。

G_1 序关系赋权法考虑到评价目的的特殊性、赋权指标的数量以及赋权的主观性，避免了层次分析法的不足，不需要对所有评价指标进行两两比较，而是先对评价指标的相对重要性进行排序，然后确定相邻的评价指标之间的相对重要性标度值，从而求得评价指标权重。另外整个过程不需要进行一致性检验，计算简单、操作便捷，具有一定的实用性，与中式细支卷烟消费感知评价方法选择依据十分吻合。具体计算步骤如下。

根据前文所述，一级指标轻松感、舒适感和满足感权重确定方法选择 G_1 序关系排序法。G_1 序关系排序法是一种先对评价指标$\{X_j\}(j=1,2,\cdots,m)$进行定性排序，再对相邻指标进行（重要性比值的）理性判断，最后进行定量计算的主观赋权法。具体步骤分为以下三步：

(1) 确定评价指标。

中式细支卷烟消费感知评价一级指标：轻松感 X_1、舒适感 X_2、满足感 X_3。

(2) 确定序关系。

若评价指标 x_i对于某评价准则(或目标)的重要性程度大于(或不小于)x_j时,记为 $x_i \succ x_j$;

可按如下步骤确定序关系:在指标集$\{x_1, x_2, \cdots, x_m\}$中,选出认为是最重要的一个(只选一个)指标记为 x_1^*;

在余下的 $m-(k-1)$个指标中,选出认为是最重要的一个(只选一个)指标记为 x_k^*;

最终经过 $m-1$ 次的选择,唯一确定一个序关系:

$$x_1^* \succ x_2^* \succ \cdots \succ x_m^*$$

(3) 给出 x_{k-1}^*与 x_k^* 间相对重要程度的比较判断。

设专家关于评价指标 x_{k-1}^* 与 x_k^* 的重要性程度之比 w_{k-1}/w_k 的理性判断分别为

$$w_{k-1}/w_k = r_k \quad (k=m, m-1, \cdots, 3, 2)$$

r_k的赋值参考表 2.11。

表 2.11　r_k赋值参考表

r_k	说　明
1.0	指标 x_{k-1}^*与 x_k^* 同等重要
1.2	指标 x_{k-1}^*比 x_k^* 稍微重要
1.4	指标 x_{k-1}^*比 x_k^* 明显重要
1.6	指标 x_{k-1}^*比 x_k^* 强烈重要
1.8	指标 x_{k-1}^*比 x_k^* 极端重要
1.1、1.3、1.5、1.7 为相邻判断中间值	各中间情况

根据专家意见给出 3 个一级指标轻松感 X_1、舒适感 X_2、满足感 X_3间的重要性排序与比值,结果如表 2.12 所示。

表 2.12　一级指标重要性排序与比值

专　家	重要性排序与比值		
专家 1	X_1	X_3	X_2
	比值	1.0	1.3
专家 2	X_2	X_3	X_1
	比值	1.0	1.3

续表

专　家	重要性排序与比值		
专家 3	X_2	X_3	X_1
	比值	1.0	1.2
专家 4	X_2	X_3	X_1
	比值	1.1	1.3
专家 5	X_1	X_3	X_2
	比值	1.1	1.3
专家 6	X_1	X_3	X_2
	比值	1.0	1.3
专家 7	X_2	X_3	X_1
	比值	1.1	1.3

(4) 权重系数 W_m 的计算按照式(2.1)计算

$$W_m = \left(1 + \sum_{k=2}^{m} \prod_{i=k}^{m} r_i\right)^{-1} \tag{2.1}$$

针对各专家计算指标对应的权重系数,依据表 2.12 计算得各指标权重平均值即为最终权重,具体结果见表 2.13。

表 2.13　一级指标权重系数

权　重	指　标		
	轻松感	舒适感	满足感
W_1	0.3611	0.2778	0.3611
W_2	0.3611	0.2778	0.3611
W_3	0.3529	0.2941	0.3529
W_4	0.3485	0.2681	0.3834
W_5	0.3834	0.2684	0.3485
W_6	0.3611	0.2778	0.3611
W_7	0.3485	0.2681	0.3834
平均值	0.3595	0.2760	0.3645

由表 2.13 可知一级指标权重系数

$$W_1 = (w_1, w_2, w_3) = (0.3595, 0.2760, 0.3645)$$

二级评价指标权重借鉴基于消费体验的中式卷烟感官评价方法,采用德尔菲法进行权重设计，具体结果见表 2.14。

表 2.14 二级评价指标权重系数

指　标	权重系数	指　标	权重系数	指　标	权重系数
清新	0.5	刺激	0.5	饱满	1.0
透发	1.0	圆润	1.0	劲头	1.0
均衡	1.0	甜感	1.0	绵长	0.5
柔顺	1.5	余味	1.5	丰富	1.5

3. 评判分值

评判分值本着通用、简单以及便于统计的原则，各二级指标判别分值区间为 0～10 分，具体分值划定和描述见表 2.15。

表 2.15 中式细支卷烟消费感知评价指标评判分值

一级评价指标	二级评价指标	评判分值				
		9～10	7～8	5～6	3～4	0～2
轻松感	清新	清新	较清新	尚清新	略清新	欠清新
	透发	透发	较透发	尚透发	略透发	欠透发
	均衡	均衡	较均衡	尚均衡	略均衡	欠均衡
	柔顺	柔顺	较柔顺	尚柔顺	略柔顺	欠柔顺
舒适感	刺激	无	略有	有	较强	强烈
	圆润	好	较好	中	稍差	差
	甜感	强	较强	中	较弱	弱
	余味	干净	较干净	尚干净	略干净	欠干净
满足感	饱满	饱满	较饱满	尚饱满	略饱满	欠饱满
	劲头	适中	稍强/稍弱	较强/较弱	强/弱	很强/很弱
	绵长	绵延 悠长	较绵延 较悠长	尚绵延 尚悠长	略绵延 略悠长	欠绵延 欠悠长
	丰富	丰富	较丰富	尚丰富	略丰富	欠丰富

4. 结果统计

采用算术平均，分别计算单项二级评价指标平均得分，采用加权求和，分别计算轻松感、舒适感、满足感以及卷烟消费体验感官评价得分。

(1) 指标权重系数。

①二级评价指标权重系数见表 2.14。

②一级评价指标权重系数见表 2.16。

表 2.16　一级评价指标权重系数

指标	轻松感	舒适感	满足感
权重	0.35	0.3	0.35

(2) 评价结果输出。

通过以下计算方法对消费体验感官评价进行结果输出。

①二级评价指标平均得分按式(2.2)计算，结果精确至 0.1。

$$\bar{x}=\frac{1}{n}\sum_{i=1}^{n}x_i \tag{2.2}$$

式中：$\bar{x}$ 为二级评价指标平均得分；$\sum x_i$ 为二级评价指标评分总和；n 为参加评价的人数。

②一级评价指标得分分别按式(2.3)、式(2.4)、式(2.5)计算，结果精确至 0.1。

$$Q=\frac{5}{2}\times\sum_{j=1}^{n}(\overline{X_{aj}}\times A_{aj}) \tag{2.3}$$

$$S=\frac{5}{2}\times\sum_{j=1}^{n}(\overline{X_{sj}}\times A_{sj}) \tag{2.4}$$

$$M=\frac{5}{2}\times\sum_{j=1}^{n}(\overline{X_{mj}}\times A_{mj}) \tag{2.5}$$

式(2.3)至式(2.5)中：Q 为轻松感得分；S 为舒适感得分；M 为满足感得分；$\overline{X_{aj}}$ 为轻松感单项二级评价指标平均得分；$\overline{X_{sj}}$ 为舒适感单项二级评价指标平均得分；$\overline{X_{mj}}$ 为满足感单项二级评价指标平均得分；A_{aj} 为轻松感单项二级评价指标权重系数；A_{sj} 为舒适感单项二级评价指标权重系数；A_{mj} 为满足感单项二级评价指标权重系数。

③消费感知综合得分按式(2.6)计算，结果精确至 0.1。

$$T=Q\times A_Q+S\times A_S+M\times A_M \tag{2.6}$$

式中：T 为消费感知综合得分；A_Q为轻松感权重系数；A_S为舒适感权重系数；A_M为满足感权重系数。

2.4.2　与常规卷烟的感官差异

与常规卷烟相比，细支卷烟呈现烟支细长、横截面小、抽吸气流速度大的特点。这些物理参数的差异导致滤嘴压降和过滤效率与正常卷烟有较大差异，致使卷烟吸阻偏大，抽吸轻松感较差。此外，细支卷烟单支卷烟烟丝含量少于常规尺寸的单支卷烟烟丝含量，故使得细支卷烟产品在降低焦油量和降低综合性危害指数上占据着一定的先天优势。然而，焦油的降低也带来了一些负面的影响，导致细支卷烟在感官上表现为劲头不足，吸味较淡，满足感不强。

采用建立的消费感知评价方法，对比分析国内早期开发的细支卷烟与同价位的常规卷烟的感官差异情况(图 2.10)。从对比结果可以看出，两种类型卷烟除舒适感各项指标的差异不大之外，细支卷烟在轻松感、满足感等方面均明显低于常规卷烟。特别是细支卷烟的透发性、劲头分值只有 7.2、7.3，而常规卷烟对应的分值均为 8.2，充分显示细支卷烟在轻松感和满足感两项指标方面还有较大的提升空间。

因此，应针对细支卷烟的感官特性，开展细支卷烟加工工艺、原辅材料的系统化设计研究，创新细支卷烟调香设计理念，实现优质烟叶原料和天然特色香料的特征互补，提升细支卷烟的香气丰富性和饱满度。

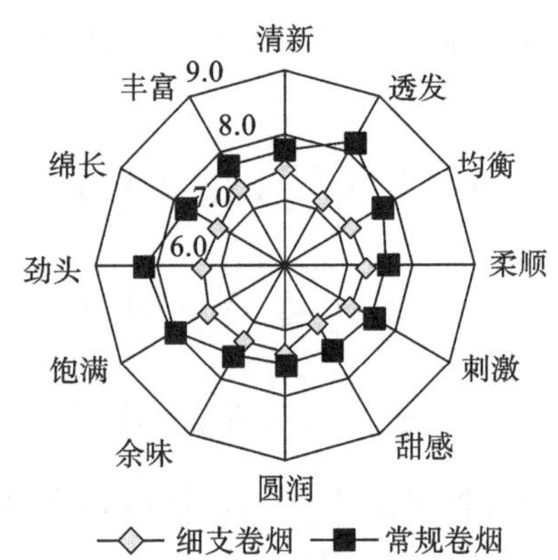

图 2.10 细支卷烟与常规卷烟感官差异图

2.5 细支卷烟品类特征的描述

2.5.1 细支卷烟品类特征构建

江苏中烟于 2006 年首推两款梦都(细支型)和梦都(薄荷型)细支卷烟，实现了国产细支卷烟从无到有的转变，但在市场竞争力上仍处于弱势地位。比如“梦都”两款细支产品，在感官质量等方面与消费者需求存在差距，从而形成销量不佳、市场未能有效打开的状况。

分析国产细支卷烟发展初期遇到困难的原因，最主要的就是，对于细支卷烟的品类特征缺乏系统研究，支撑技术和关键技术能力不足，致使产品质量稳定性稍差，产品风格特征不够明确。

因此，应首先通过对中式细支卷烟的消费需求及发展状况的分析，坚持中式卷烟风格定位，构建细支卷烟的品类特征，明晰提升细支卷烟产品质量的支撑技术和关键技术，为产品精准研发提供理论依据，为细支卷烟发展、壮大提供技术支撑。

2.5.2　细支卷烟的核心特征

常规卷烟的圆周通常为 24 mm，烟支长度为 84 mm，长径比为 10.8。与常规卷烟相比，细支卷烟的圆周急剧变小，通常为 17 mm，长度在 90 mm 以上，长径比值较大，一般在 16 以上。由于细支卷烟单支卷烟的含丝量较少，即烟丝质量占整支卷烟质量的比值较小，细支卷烟的烟丝占比数值为 58%，而常规卷烟的烟丝占比数值为 72%。长径比值大、单支含丝量少，这是细支卷烟有别于常规、中支、短支等其他类型卷烟的核心特征。

正是由于长径比值大、单支含丝量少，与常规卷烟相比，细支卷烟在燃烧过程中卷烟烟丝结构及其配方均匀性、香精香料施加均匀性、原辅材料质量的波动更容易被叠加和放大，直接引起卷烟吸阻、焦油及感官质量的较大波动，产品质量稳定性控制的难度也随之加大。因此，需要针对细支卷烟品类的核心特征，深入剖析与常规卷烟在产品质量、产品设计、加工工艺及过程质量控制等方面的特点差异，找出细支卷烟与常规卷烟存在的共性、个性问题与不足，以进一步提高细支卷烟产品的设计水平、工艺加工水平及稳焦控焦水平。

2.5.3　细支卷烟的关键特性

1. 烟气浓度低，感知效应要求高

如前所述，随着烟支圆周的减小，每口烟丝消耗量减小，产生的烟碱和焦油也相应减少，烟支结构的改变显著影响了卷烟的烟气成分和感官质量。随着烟气浓度的降低，细支卷烟的舒适感较常规卷烟有所提高，但是满足感变弱，同时，卷烟吸阻的增加致使轻松感较常规卷烟略差。

作为一种嗜好类的快速消费品，其内在感官质量的好坏是决定一个产品是否被消费者接受并成为忠实客户群体的关键。消费者的感官评判标准并不会因为细支卷烟的特殊性而降低，反而常常会将其与粗支卷烟作比较。同时，细支卷烟消费者一般为高知群体、时尚人士，他们对于轻松感、满足感、舒适感要求更高。因此，细支卷烟必须达到与常规卷烟品质“三感”等同的感官效应，即实现细支烟粗支效应，才能有效扩大消费群体、提升消费忠诚度。

对细支卷烟感官效应的较高要求，也对细支卷烟的原料保障技术、叶组配方技术研究及香精香料的增香补香技术提出了更高的要求。

2. 焦油释放量低,稳焦控焦有空间

正是由于单口耗丝量的减小,与常规卷烟相比,细支卷烟的焦油释放量较小,危害指数也较小,在减害降焦领域具有先天优势。同等情况下,焦油量 6 mg/支的烤烟型细支卷烟,经过恰当的技术处理,其满足感要优于常规焦油量 6 mg/支的低焦油卷烟,因此焦油含量低、危害指数小是细支卷烟的关键特性。但是,由于烟支容积的减小,对烟丝结构、烟丝尺寸分布、烟丝宽度及分布、烟丝纯净度也提出了更高的要求,相较于常规卷烟,细支卷烟稳焦控焦的难度也相应增加。

因此,在具体规格的烟气释放量确定上,要根据产品价位、目标消费群体的不同,寻找生理满足强度与消费需求的契合点;在低焦、低害实现的同时,通过打叶复烤片烟化学成分稳定性、卷烟卷接质量稳健设计等各种技术手段以及叶丝干燥处理、卷烟纸功能添加剂和竖打孔技术等特色技术的综合运用,实现低焦高香、低害高质,更好地满足消费者的品质需求,成为引领行业低焦、低害型卷烟发展的重要力量。

3. 原料消耗少,增效能力强,降耗空间大

由于细支卷烟容积约为常规卷烟的 55.58%,单箱消耗原料绝对值远小于常规卷烟。据不完全统计,目前细支卷烟单箱原料消耗平均为 21.4 kg,与常规卷烟 33.95 kg/箱相比,每箱实际少消耗原料 12.55 kg;材料消耗方面,单箱消耗辅料绝对值也远小于常规卷烟。因此,细支卷烟具有原料消耗少、增效能力强的关键特性。

然而,为了提高烟丝配方的均匀性和稳定性,烟丝的切丝宽度要求更小、更均匀,导致造碎增加,损耗加大。此外,国内使用的梗丝多以片状为主,不利于梗丝与叶丝的均匀掺兑,影响细支卷烟质量的稳定性,因此限制了梗丝在细支卷烟中的使用,细支卷烟的原料使用范围较窄。制丝过程的叶丝处理段和卷包过程的灰损、梗签剔除,以及残烟损耗较大,与常规卷烟相比,制丝过程损耗率高出 2.35%,卷包过程损耗率高出 2.03%,原料有效利用率减少 4.38%。

包装过程中,细支卷烟的小盒和条盒消耗水平虽然与常规卷烟基本相当(损耗率均小于 0.6%),但是卷烟纸损耗率高出常规卷烟 1.69%;滤棒损耗率高出常规卷烟 0.94%,过程损耗高于常规卷烟。细支卷烟本身具有的降耗增效的能力未能完全体现。因此,需要通过材料、工艺等技术的系统化设计,开展细支卷烟在加工环节的关键技术研究与应用,提升生产制造水平,不断挖掘细支卷烟的降耗能力。

参考文献

[1] Moodie C, Ford A, Mackintosh A, et al. Are all cigarettes just the same? Female's perceptions of slim, coloured, aromatized and capsule cigarettes

[J]. Health Education Research, 2015, 30(1): 1-12.

[2] McAdam K, Eldridge A, Fearon I M, et al. Influence of cigarette circumference on smoke chemistry, biological activity, and smoking behaviour[J]. Regulatory Toxicology and Pharmacology, 2016, 82: 111-126.

[3] Davis D, Nielsen M T. Tobacco: production, chemistry and technology[M]. Oxford; Malden, MA, USA: Blackwell Science, 1999: 353-387.

[4] 国家烟草专卖局细支卷烟升级创新重大专项项目《提高细支卷烟质量稳定性的关键工艺技术研究》技术报告.

[5] Gugan K. Natural smoulder in cigarettes[J]. Combustion and Flame, 1966, 10(2): 161-164.

[6] Arany-Fuzessery K, Hamza-Nagy I, Nagy-Buday I. Effect of physical characteristics of cigarettes on their burning properties and on the major components of the main stream smoke[J]. Acta Alimentaria, 1982, 11: 143-155.

[7] Resnik F E, Houck W G, Geiszler W A, et al. Factors affecting static burning rate[J]. Tobacco Science, 1977, 21: 103-107.

[8] Irwin W D E, Bunn B G, Massey E D. The effects of circumference on mainstream deliveries and composition: progress report [R]. London: BAT, 1971.

[9] Robinson D P. Preliminary application of infra-red thermography to the measurement of cigarette coal temperatures[EB/OL]. (1985-11-21) [2017-11-15]. http://industrydocuments. Library. Ucsf. Edu/tobacco/docs/zndg0214.

[10] DeBardeleben M A, Chaflin W E, Gannon W F. Role of cigarette physical characteristics on smoke composition[J]. Recent Advances in Tobacco Science, 1978, 4: 85-111.

[11] Massey E D. The effect of cigarette circumference and tobacco blend on Ames mutagenicity[EB/OL]. (1989-03-28) [2017-11-15]. http://industrydocuments. Library. Ucsf. Edu/tobacco/docs/pnvv0205.

[12] Yamamoto T. The effect of packing density, circumference, and the kind of shreds on the weight loss during a puff and carbon oxide delivery in the mainstream smoke[J]. Sembai Kosha Chuo Kenkyusho Kenkyo Hokoku, 1981, 123: 1-8.

[13] Yamamoto T, Anzai U, Okada T. Effect of cigarette circumference onweight loss during puffs and total delivery of tar and nicotine[J]. Beiträge zur Tabakforschung International/Contributions to Tobacco

Research,1984,12(5):259-269.

[14] Torikai K,Yoshida S,Takahashi H. Efect of temperature,atmosphere and PH on the generation of smoke compounds during tobacco prolysis[J]. Food Chem. Toxicol. ,2004,42,1409-1417.

[15] Yamamoto T,Suga Y,Tokura C,et al. ,Effect of Cigarette Circumference on Formation Rates of Various Components in Mainstream Smoke[J]. Beitragezur Tabakforschung Inter. ,1985,13(2):81-87.

[16] Siu M,Mladjenovic N,Soo E. The analysis of mainstream smoke emissions of Canadian "super slim" cigarettes[J]. Tob. Control 2013,22,e10.

[17] Christopher R E , Willie J, McKinney Jr, et al. , A comprehensive evaluation of the toxicology of experimental, non-filtered cigarettes manufactured with different circumferences[J]. Inhal. Toxicol, 2013, 25 (S2):69-72.

[18] Laugesen M, Fowles J. Marlboro UltraSmooth: a potentially reduced exposure cigarette? [J]. Tob. Control 2006,15,430-435.

第3章　细支卷烟的滤棒加工技术

卷烟产品的三纸一棒是影响感官品质和烟气指标的重要辅材，也是烟用材料研究的热点。在了解各种材料特性前提下如何进行科学合理的搭配，并与叶组配方、调香和工艺有机结合，成为卷烟产品设计开发的重要一环。

行业围绕辅材设计对卷烟感官质量及化学成分的影响已经开展了较为系统的研究[1~9]，主要集中于卷烟材料对烟气成分释放量、感官质量、包灰性能和燃烧落锥的影响等方面的研究，积累了丰富的经验。20世纪70年代，就有大量关于卷烟材料设计参数的改变对卷烟主流烟气常规成分释放量的影响研究的报道[10~14]，主要关注卷烟材料设计参数改变后，卷烟烟气的总粒相物、焦油、CO、烟碱等常规成分以及卷烟的燃烧性、抽吸口数的变化情况。随着分析技术的进步以及公众对吸烟与健康问题的关注，国内外烟草行业研究热点逐渐过渡到辅材参数的变化对烟气有害成分、香味成分释放量以及对卷烟感官质量的影响等领域[15~20]。

与常规卷烟相比，细支卷烟呈现烟支细长、烟丝量少、吸阻较大等特点。以吸阻为例，常规卷烟吸阻一般为900～1200 Pa，而细支卷烟由于较小的横截面积和较大的抽吸气流速度，导致其吸阻明显大于常规卷烟，其卷烟吸阻多为1200～1900 Pa，抽吸轻松感较差，影响消费者的感官体验。而且，细支卷烟一般采用较高的通风稀释，这也导致细支卷烟在感官上表现为劲头不足，香味较淡，满足感不强。

因此，对于细支卷烟来说，应针对其长径比值大、单支含丝量少的核心特征，首先开展适合于细支卷烟滤棒的丝束选型、成型区间及滤棒的质量稳定性等方面的研究，同时开展与其相匹配的异形滤棒的开发等工作，着力解决细支卷烟吸阻偏高的问题。

3.1　细支滤棒的丝束选型

醋酸纤维素丝束（也称二醋酸纤维素丝束，简称醋纤丝束）是用于制作卷烟滤嘴的重要材料。自 1976 年开始，中国引进醋纤丝束并用于卷烟滤棒[21]。早期，烟用滤嘴的丝束规格主要是 3.3Y/39000，并且全部依靠进口。为了跟上国际烟用丝束单旦和总旦逐步降低的发展趋势，1992 年，中国烟草总公司进口了一批规格为 3.0Y/35000、3.0Y/36000、3.0Y/37000 的低单旦丝束，采用低单旦丝束生产出的滤棒的各项物理指标也都符合国家标准，且烟气过滤效率也能得到有效保证。采用低单旦丝束后，每吨丝束的出棒率增加了 4%～8%，可以多产滤棒 6 万～10 万支，因此低单旦丝束在行业内获得了广泛应用。

此后，在引进、消化、吸收国外新技术的基础上，国内主要醋纤丝束的生产厂家开始自行开发新规格品种醋纤丝束。经过行业科研人员的持续攻关，至 2000 年年底，南通醋酸纤维有限公司生产的醋纤丝束规格品种已达到 25 个，形成了单丝旦数 1.8～6.0，总旦可任意调节的醋纤丝束生产系列，基本具备了自行开发生产不同规格品种的能力。刘镇等[22]分析了普通醋纤滤棒丝束规格对特性曲线的影响和丝束规格与滤嘴过滤效率的相关关系，提出了在滤嘴中选择丝束规格的具体思路，即在滤嘴设计中选择丝束规格时，应视滤棒的吸阻、过滤效率、硬度等要求，综合考虑丝束的成形能力(特性曲线)、经济性(出棒率)、使用设备的现状和工艺条件等因素，以及对后期卷烟烟气指标及感官评价的影响。盛培秀等[23]研究醋纤滤棒丝束单耗与各影响因素之间的关系，预测和核定二醋酸纤维素丝束消耗，从丝束、滤棒等的特征参数与丝束单耗的内在联系探寻二者之间的变动规律；通过采集我国主要烟用滤棒生产企业的丝束规格(单丝线密度、丝束线密度)、消耗、滤棒规格(长度、圆周)和压降等数据，采用数理统计方法，借助 SPSS 软件对醋纤丝束单耗进行了实证数理分析，在此基础上建立了醋纤丝束单耗与上述因素关联的数学模型。但是，开发和生产的这些低单旦高总旦的丝束主要是应用于常规卷烟滤棒，关于丝束规格的选型及其成型方面的研究也主要是集中于常规卷烟用丝束。

由于适宜细支卷烟滤棒生产用的丝束规格较少，不同规格、不同厂家的丝束成型的细支滤棒压降稳定性及硬度水平也存在差异，而目前尚无不同规格丝束细支滤棒对烟气过滤效率的影响研究，也没有系统的评价各规格丝束成型细支滤棒的质量及过滤效率的数据支撑。现有丝束选型软件对细支滤棒设计及丝束选型指导意义不大，给细支滤棒新品的开发策划造成困难。这些因素也导致国内细支滤棒压降普遍偏高，造成细支卷烟吸阻偏高。

随着更高单旦丝束的引进和国内丝束厂家的生产研发，细支滤棒用丝束的产品规格从原有的 2 个增长到 7 个，丝束规格的不断丰富，扩大了细支滤棒压降的选择范围，为高单旦低总旦醋纤丝束生产细支滤棒的技术研究提供了基本条件。同时，随着细支滤棒需求日趋增大，各公司陆续将 KDF2 醋纤滤棒成型机改造成了细支滤棒成型机，较 ZL23 滤棒成型机的开松和回缩距离增加了，设备运行速度也相应提高，细支丝束成型压降范围也发生了变化。为促进细支卷烟稳步发展，不断提高产品质量，本章给出了针对不同成型设备的细支滤棒丝束选型研究的相关结果，为细支滤棒的开发提供技术依据。

3.1.1 细支普通滤棒及胶囊滤棒丝束特性曲线研究

1. 材料与设备

丝束：6.0Y/15000(南纤)、6.0Y/17000(南纤)、6.0Y/18000(南纤)、7.5Y/16000(南纤)、8.0Y/15000(罗地亚)、9.5Y/12000(罗地亚)、11.0Y/15000(塞拉尼斯)；成形纸：19 mm×28 g/m^2(牡丹江恒丰)；热熔胶：399W(汉高)；乳胶：3901(汉高)；胶囊：φ2.8 mm(南通浩丰)。

KDF2细支滤棒成型机(南通烟滤嘴公司自主改造)；KDF2细支胶囊滤棒成型机(南通烟滤嘴公司自主改造)；SODIM综合测试台(德国虹霓机器制造股份公司)。

2. 样品制备

使用上述7种丝束，细支普通滤棒在同一KDF2成型机300 m/min车速下、细支胶囊滤棒在同一KDF2成型机80 m/min车速下，分别以相同工艺参数进行试验。关闭增塑剂及中粘线施加装置，细支普通滤棒每种丝束按照表3.1控制滤棒圆周、长度、丝束填充量及试制数量，7种丝束共试制63组滤棒；细支胶囊滤棒按照表3.2控制滤棒圆周、长度、胶囊施加要求、丝束填充量及试制数量，7种丝束共试制42组滤棒。

每组滤棒分别抽取60支样品，检测前校准仪器，检测滤棒圆周、压降，剥离60支的滤棒成形纸称量丝束重量，检测丝束水分。

表3.1 细支普通滤棒试验设计表

标准序	圆周/mm	长度/mm	丝束填充量/mm	试制数量
1	16.4	120	最小棒(16.4)	各0.4万支
2	16.4		中心点(16.4)	
3	16.4		最大棒(16.4)	
4	16.7		最小棒(16.7)	
5	16.7		中心点(16.7)	
6	16.7		最大棒(16.7)	
7	17.0		最小棒(17.0)	
8	17.0		中心点(17.0)	
9	17.0		最大棒(17.0)	

表 3.2 细支胶囊滤棒试验设计表

标准序	圆周/mm	长度/mm	胶囊施加要求	丝束填充量	试制数量
1	16.70	120	胶囊数量为 4 个/支、胶囊位置为 12 mm+18 mm	最小棒	各 0.4 万支
2				中心点	
3				最大棒	
4			不施加胶囊	最小棒	
5				中心点	
6				最大棒	

注：最小棒为端面凹陷约 0.5 mm 的滤棒，最大棒为丝束填充的最大限度的滤棒，中心点处的丝束填充量为(最大棒+最小棒)/2。

3. 计算方法

选择压降为应变量，圆周、长度、丝束填充量、丝束单旦、丝束总旦为自变量，构建压降与各因子间的指数方程如下：

$$\Delta P=bC^{a_1}W^{a_2}\delta^{a_3}\ T^{a_4}\ 120/\ L \tag{3.1}$$

式中：ΔP 为滤棒压降，Pa；C 为滤棒圆周，mm；W 为丝束填充量，mg/支；δ 为丝束单纤旦数，g/9×10³ m；T 为丝束总旦数，g/9×10³ m；L 为滤棒长度，mm；b、a_1、a_2、a_3、a_4为常数。

对方程(3.1)两边取自然对数，令 $y=\ln\Delta P$，$x_1=\ln C$，$x_2=\ln W$，$x_3=\ln\delta$，$x_4=\ln T$，$x_5=\ln(120/L)$，$a_0=\ln b$，转换为线性方程：

$$Y=a_0+a_1X_1+a_2X_2+a_3X_3+a_4X_4+X_5 \tag{3.2}$$

令 $L=120$ mm，使用 MINITAB 软件进行数据处理，拟合 y 与 x_1、x_2、x_3、x_4的多元线性回归模型，进行残差诊断，判断模型是否需要改进，将线性方程转换为指数方程，对选定模型进行分析解释，最终试验验证模型是否正确。

根据模型，校正样品的压降及丝束填充量数据，绘制丝束特性曲线并标出最佳成型区间(特性曲线长度的 15%～50%)。

4. 细支滤棒压降与各因子模型

汇总 7 种丝束单旦、丝束总旦、填充量及滤棒圆周、压降数据等，结果见表 3.3。

表 3.3 丝束单旦、丝束总旦、填充量及滤棒圆周、压降数据表

滤棒圆周/mm	丝束量/(mg/支)	丝束水分/(%)	校正丝束量/(mg/支)	丝束单旦/(g/9×10³ m)	丝束总旦/(g/9×10³ m)	滤棒压降/Pa
16.391	268.60	5.96	268.71	6.588	14868	3859

续表

滤棒圆周/mm	丝束量/(mg/支)	丝束水分/(%)	校正丝束量/(mg/支)	丝束单旦/(g/9×10³ m)	丝束总旦/(g/9×10³ m)	滤棒压降/Pa
16.443	283.46	5.87	283.85	6.588	14868	4321
16.412	308.55	5.91	308.85	6.588	14868	5113
16.728	266.19	5.89	266.49	6.588	14868	3456
16.784	282.94	5.86	283.36	6.588	14868	3814
16.723	309.45	5.87	309.88	6.588	14868	4588
17.024	266.73	5.83	267.21	6.588	14868	3119
16.994	283.72	5.93	283.94	6.588	14868	3565
17.065	312.59	5.88	312.98	6.588	14868	4196
16.473	285.77	5.92	286.00	6.570	17055	4463
16.402	323.49	6.06	323.29	6.570	17055	5832
16.422	356.87	6.04	356.71	6.570	17055	7059
16.691	284.74	6.04	284.63	6.570	17055	4025
16.707	330.69	6.09	330.38	6.570	17055	5380
16.756	360.02	6.10	359.65	6.570	17055	6358
17.076	286.77	6.29	285.90	6.570	17055	3832
16.956	353.34	6.27	352.30	6.570	17055	5578
16.985	379.65	6.18	378.95	6.570	17055	6356
16.447	299.56	6.20	298.93	6.624	18000	4778
16.442	332.55	6.21	331.80	6.624	18000	6066
16.483	391.18	6.14	390.59	6.624	18000	8385
16.722	295.69	6.11	295.35	6.624	18000	4225
16.727	343.78	6.03	343.67	6.624	18000	5822
16.750	380.59	6.02	380.51	6.624	18000	7087
17.035	308.77	6.06	308.56	6.624	18000	4196
17.068	333.59	5.98	334.47	6.624	18000	4911
17.090	394.75	6.08	394.41	6.624	18000	6805

续表

滤棒圆周/mm	丝束量/(mg/支)	丝束水分/(%)	校正丝束量/(mg/支)	丝束单旦/(g/9×10³ m)	丝束总旦/(g/9×10³ m)	滤棒压降/Pa
16.453	265.33	6.01	265.31	7.875	16713	3412
16.375	291.68	5.97	291.77	7.875	16713	4435
16.427	330.15	5.92	330.43	7.875	16713	5225
16.758	292.53	5.89	292.86	7.875	16713	3607
16.714	307.11	5.93	307.35	7.875	16713	3888
16.717	331.30	5.92	331.57	7.875	16713	4646
17.039	292.45	5.89	292.80	7.875	16713	3262
17.015	302.52	5.95	302.69	7.875	16713	3499
16.966	335.44	5.96	335.58	7.875	16713	4351
16.428	242.57	5.79	243.11	6.984	15111	2844
16.442	273.04	5.70	273.90	6.984	15111	3613
16.428	307.21	5.76	307.99	6.984	15111	4569
16.752	247.10	5.73	247.81	6.984	15111	2572
16.716	274.74	5.73	275.52	6.984	15111	3275
16.665	308.85	5.78	309.57	6.984	15111	4125
16.987	253.77	5.75	254.55	6.984	15111	2501
17.003	283.45	6.01	283.43	6.984	15111	3047
17.062	306.78	6.11	306.42	6.984	15111	3492
16.403	222.49	5.94	222.62	9.632	12230	2194
16.425	245.21	5.66	246.11	9.632	12230	2654
16.396	255.10	5.66	256.02	9.632	12230	2942
16.704	226.79	5.76	227.36	9.632	12230	2044
16.636	245.57	5.91	245.79	9.632	12230	2450
16.718	254.60	5.70	255.32	9.632	12230	2625
17.010	232.77	5.65	233.62	9.632	12230	1979
17.038	249.80	5.67	250.67	9.632	12230	2219

续表

滤棒圆周/mm	丝束量/(mg/支)	丝束水分/(%)	校正丝束量/(mg/支)	丝束单旦/(g/9×10³ m)	丝束总旦/(g/9×10³ m)	滤棒压降/Pa
16.999	259.69	5.74	260.40	9.632	12230	2404
16.486	260.33	6.24	259.67	11.394	15894	2248
16.461	282.07	6.33	281.08	11.394	15894	2662
16.485	315.61	6.33	314.60	11.394	15894	3378
16.790	262.59	6.17	262.11	11.394	15894	2054
16.787	287.52	6.32	286.54	11.394	15894	2509
16.756	315.56	6.33	314.57	11.394	15894	3068
17.122	270.33	6.36	269.29	11.394	15894	1960
17.073	288.16	6.34	287.13	11.394	15894	2259
17.026	308.95	6.23	308.21	11.394	15894	2633

注：校正丝束量为水分6%以下的丝束重量。

按照上述拟合多元线性回归方程，进行残差分析，结果见式(3.3)、表3.4至表3.6及图3.1、图3.2。方差分析表中P值为$0.000<0.05$，整体判定回归方程是显著有效的；R-Sq为98.2%，接近1，R-Sq(调整)为98.1%接近R-Sq，回归模型拟合总效果较好；常量及各因子X_1、X_2、X_3、X_4 P值皆小于0.05，各因子皆是显著因子；残差图正常，模型不需改进。

回归方程：

$$Y=17.5-6.28X_1+2.11X_2-0.751X_3-0.214X_4 \tag{3.3}$$

将式(3.3)中的常量及各因子系数代入式(3.1)，构建压降与各因子模型如下：

$$\Delta P=\mathrm{e}^{17.5}C^{-6.28}W^{2.11}\delta^{-0.751}T^{-0.214}120/L \tag{3.4}$$

表3.4　回归系数显著性检验

自　变　量	系　　数	系数标准误差	T	P
常量	17.505	1.351	12.96	0.000
X_1	−6.2767	0.4355	−14.51	0.000
X_2	2.11076	0.07516	28.08	0.000
X_3	−0.75068	0.03552	−21.13	0.000
X_4	−0.21378	0.08340	−2.56	0.013

表 3.5 回归总效果度量

S	R-Sq	R-Sq(调整)
0.0503712	98.2%	98.1%

表 3.6 回归方程显著性检验

来源	自由度	SS	MS	F	P
回归	4	8.0362	2.0091	791.82	0.000
残差误差	58	0.1472	0.0025	—	—
合计	62	8.1834	—	—	—

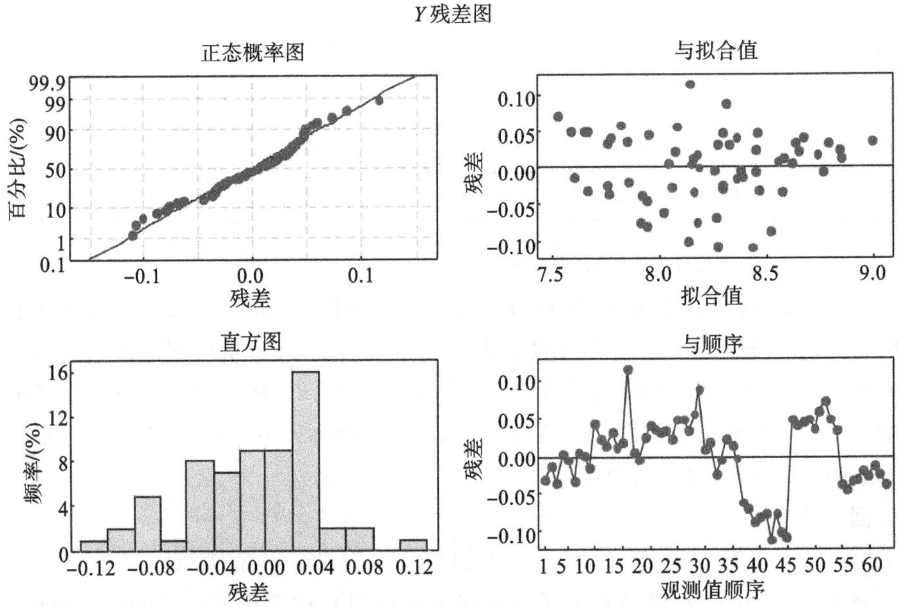

图 3.1 Y 残差四合一图

5. 细支滤棒压降与各因子模型验证

使用 6.0Y/17000(南纤)、7.5Y/16000(南纤)、8.0Y/15000(罗地亚)丝束生产5个规格滤棒,验证模型的可靠性。按照检测方法,分别测定滤棒的圆周、丝束单旦、丝束总旦及填充量,代入式(3.4)求出滤棒压降。从表 3.7 中可看出,计算值与实测值差异不大,充分说明压降与滤棒圆周、长度、丝束单旦、丝束总旦、填充量的模型具有适用性。

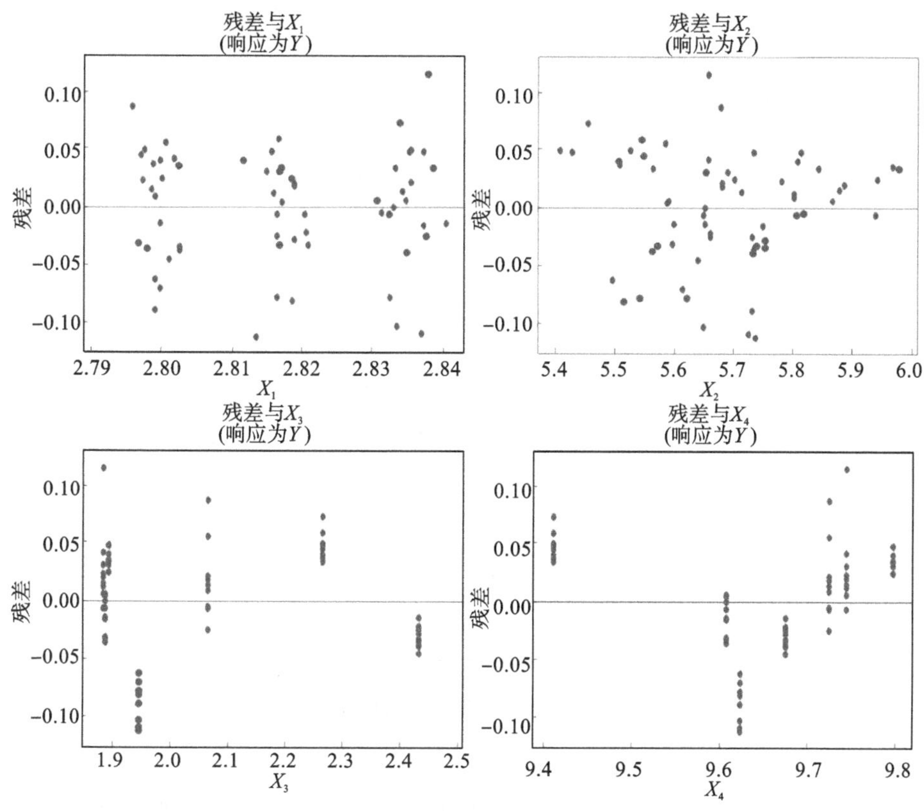

图 3.2　残差与 X_1、X_2、X_3、X_4 散点图

表 3.7　模型验证数据表

滤棒圆周 /mm	滤棒长度 /mm	丝束量 /(mg/支)	丝束单旦 /(g/9×10³ m)	丝束总旦 /(g/9×10³ m)	滤棒压降/Pa	
					实测值	计算值
16.85	120	301.03	6.570	17055	4340	4377.002
16.22	120	276.21	6.570	17055	4697	4652.82
16.28	84	211.79	7.875	16713	3310	3294.489
16.95	120	277.79	6.984	15111	3236	3255.973
16.83	120	288.05	6.984	15111	3638	3656.513

6. 丝束特性曲线制作及分析

将表 3.3 中 7 种规格丝束 16.70 mm 圆周的校正丝束量 W，代入式(3.4)计算对应的滤棒压降 ΔP，将计算压降 ΔP 作为纵坐标，校正丝束量 W 作为横坐标，制作 KDF2 成型机 300 m/min、滤棒长度 120 mm、滤棒圆周 16.70 mm 的丝束特性曲线，并标出最佳成型区间，即特性曲线长度的 15%～50%的位置，7 种规格丝束特性曲线及最佳成型区间见图 3.3。

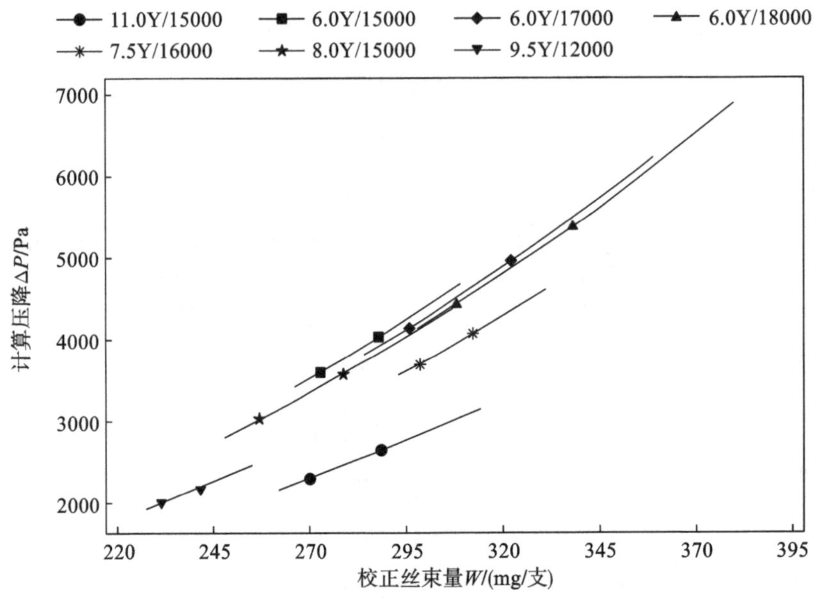

图 3.3　细支滤棒丝束特性曲线

从图 3.3 丝束的特性曲线可以很直观地看出，同一圆周（滤棒圆周 16.70 mm）下，3 种 6.0Y/15000、6.0Y/17000、6.0Y/18000 丝束成型的区间分别为 3404～4679 Pa、3803～6234 Pa、4042～6899 Pa，丝束单旦相同时，丝束总旦越大，滤棒压降区间越高；在同一丝束填充量下，丝束总旦越大，滤棒压降越小。

同一圆周（滤棒圆周 16.70 mm）下，3 种 6.0Y/15000、8.0Y/15000、11.0Y/15000 丝束成型的区间分别为 3404～4679 Pa、2785～4453 Pa、2147～3153 Pa，丝束总旦相同时，丝束单旦越大，滤棒压降区间越低；在同一丝束填充量下，丝束单旦越大，滤棒压降越小。

为了考察丝束规格相同时，滤棒压降与圆周、丝束填充量的关系，以 6.0Y/17000 丝束为研究对象，描绘了同种规格丝束不同圆周的特性曲线（图 3.4），从图 3.4 中可以看出，滤棒圆周为 16.40 mm、16.70 mm、17.00 mm 时，6.0Y/17000 丝束的成型区间分别为 4308～6866 Pa、3803～6234 Pa、3435～6225 Pa，丝束规格相同，滤棒圆周越大，压降区间越低；在同一丝束填充量下，滤棒圆周越大，压降越低。

7. 细支胶囊滤棒

汇总 7 种丝束施加胶囊前后的填充量及滤棒圆周、压降数据，通过式（3.4）将压降校正为圆周 16.70 mm 下的压降，结果见表 3.8。将校正滤棒压降作为纵坐

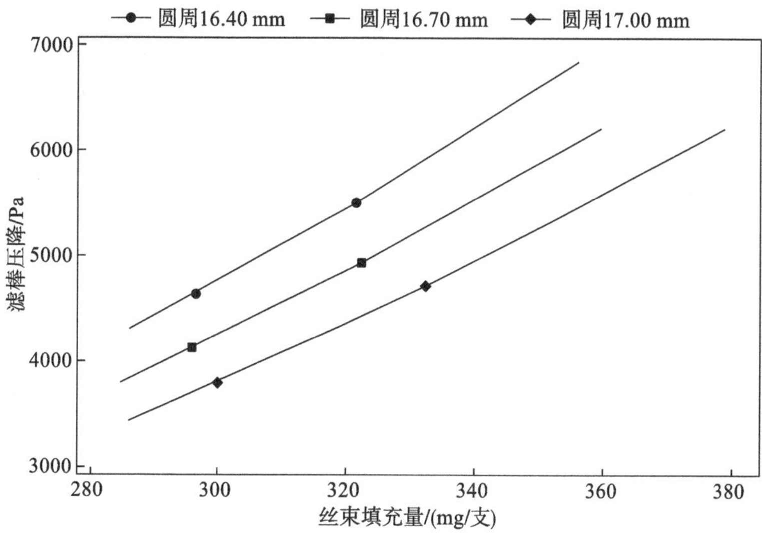

图 3.4　不同滤棒圆周 6.0Y/17000 丝束特性曲线

标，校正丝束量作为横坐标，制作 KDF2 成型机 80 m/min、滤棒长度 120 mm、滤棒圆周 16.70 mm 的丝束特性曲线，施加胶囊前后的 7 种规格丝束特性曲线见图 3.5、图 3.6。

表 3.8　丝束单旦、丝束总旦、填充量及滤棒圆周、压降数据表

丝束类型	滤棒圆周 /mm	丝束量 /(mg/支)	丝束水分 /(%)	校正丝束量 /(mg/支)	滤棒压降 /Pa	校正滤棒压降/Pa	是否施加胶囊
6.0Y/15000	16.718	252.98	5.83	253.43	3533	3557	施加
6.0Y/15000	16.743	294.40	5.29	296.52	4704	4781	施加
6.0Y/15000	16.786	347.31	5.48	349.22	6389	6598	施加
6.0Y/15000	16.702	257.66	5.88	257.99	3321	3323	未施加
6.0Y/15000	16.742	294.55	5.94	294.74	4219	4286	未施加
6.0Y/15000	16.717	353.23	5.85	353.79	6009	6048	未施加
6.0Y/17000	16.737	286.19	5.97	286.30	4401	4463	施加
6.0Y/17000	16.745	333.23	5.31	335.68	6038	6141	施加
6.0Y/17000	16.720	381.84	5.29	384.72	7899	7959	施加
6.0Y/17000	16.730	286.16	5.84	286.65	3945	3990	未施加
6.0Y/17000	16.716	333.54	5.83	334.85	5444	5477	未施加

续表

丝束类型	滤棒圆周/mm	丝束量/(mg/支)	丝束水分/(%)	校正丝束量/(mg/支)	滤棒压降/Pa	校正滤棒压降/Pa	是否施加胶囊
6.0Y/17000	16.672	383.51	5.87	384.73	7287	7211	未施加
6.0Y/18000	16.708	295.30	5.54	296.75	4732	4746	施加
6.0Y/18000	16.746	365.62	5.45	367.76	7364	7492	施加
6.0Y/18000	16.781	412.15	5.60	413.90	9501	9794	施加
6.0Y/18000	16.668	301.99	6.05	301.82	4481	4427	未施加
6.0Y/18000	16.712	367.75	5.76	368.67	6749	6780	未施加
6.0Y/18000	16.804	424.82	5.99	424.87	8621	8964	未施加
7.5Y/16000	16.741	282.26	6.36	281.19	3705	3762	施加
7.5Y/16000	16.701	344.42	5.53	346.03	5746	5748	施加
7.5Y/16000	16.639	400.84	5.39	403.45	7907	7727	施加
7.5Y/16000	16.755	283.72	5.99	283.74	3416	3487	未施加
7.5Y/16000	16.659	342.36	5.15	345.45	5235	5155	未施加
7.5Y/16000	16.660	401.55	5.15	405.16	7281	7172	未施加
8.0Y/15000	16.710	247.67	5.24	249.67	2916	2927	施加
8.0Y/15000	16.702	298.88	5.19	301.45	4279	4282	施加
8.0Y/15000	16.669	328.31	5.34	330.62	5154	5094	施加
8.0Y/15000	16.737	253.83	5.30	255.72	2746	2784	未施加
8.0Y/15000	16.698	298.06	5.19	300.62	3802	3799	未施加
8.0Y/15000	16.736	339.70	5.32	342.17	4848	4914	未施加
9.5Y/12000	16.706	207.16	5.14	209.04	2005	2010	施加
9.5Y/12000	16.655	246.72	5.37	248.37	2746	2700	施加
9.5Y/12000	16.667	271.25	5.63	272.32	3221	3181	施加
9.5Y/12000	16.661	210.97	5.47	212.15	1897	1869	未施加
9.5Y/12000	16.643	244.02	5.51	245.29	2457	2405	未施加
9.5Y/12000	16.669	273.97	5.40	275.72	3032	2997	未施加
11.0Y/15000	16.725	261.67	5.21	263.85	2383	2405	施加

续表

丝束类型	滤棒圆周/mm	丝束量/(mg/支)	丝束水分/(%)	校正丝束量/(mg/支)	滤棒压降/Pa	校正滤棒压降/Pa	是否施加胶囊
11.0Y/15000	16.723	312.56	5.79	313.26	3353	3382	施加
11.0Y/15000	16.698	353.81	5.68	355.01	4378	4375	施加
11.0Y/15000	16.781	267.52	5.82	268.02	2135	2201	未施加
11.0Y/15000	16.691	306.66	5.72	307.58	3056	3046	未施加
11.0Y/15000	16.726	359.51	5.72	360.58	4042	4082	未施加

注：校正丝束量为水分6%以下的丝束重量。

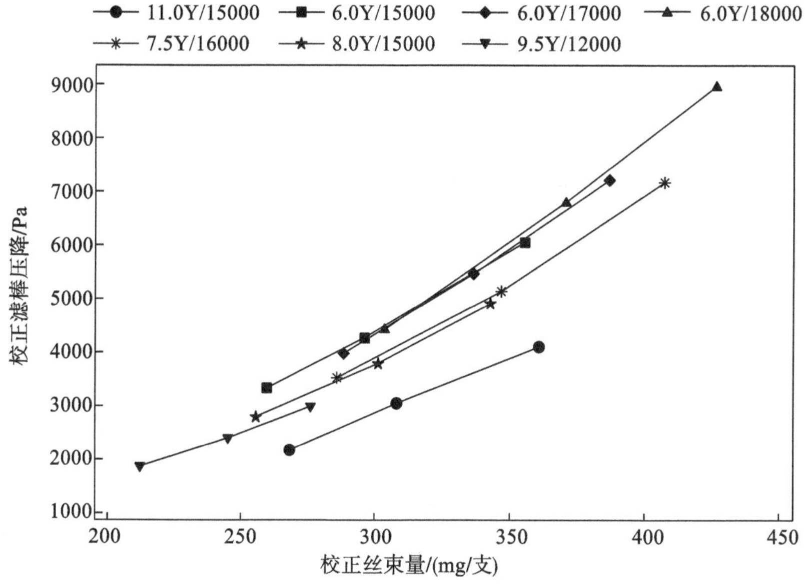

图3.5　施加胶囊前细支滤棒丝束特性曲线

从图3.5、图3.6可以看出，施加胶囊后，滤棒压降与圆周、丝束单旦、丝束总旦及填充量的关系，与施加胶囊前差异不大。从图3.7、图3.8可以看出，6.0Y/17000丝束，施加胶囊前后的丝束成型区间分别为3990～7211 Pa、4463～7959 Pa；8.0Y/15000丝束，施加胶囊前后的丝束成型区间分别为2784～4914 Pa、2927～5094 Pa；同一丝束规格下，施加胶囊的压降区间高于未施加胶囊的压降区间，施加胶囊的丝束特性曲线在未施加胶囊曲线的左上方。

从试验的结果来看，在丝束截面形状、总旦等恒定的前提下，加工同样规格重量的滤棒时，丝束单旦越小，滤棒吸阻越大。也就是说，设计高吸阻滤棒时，应考虑

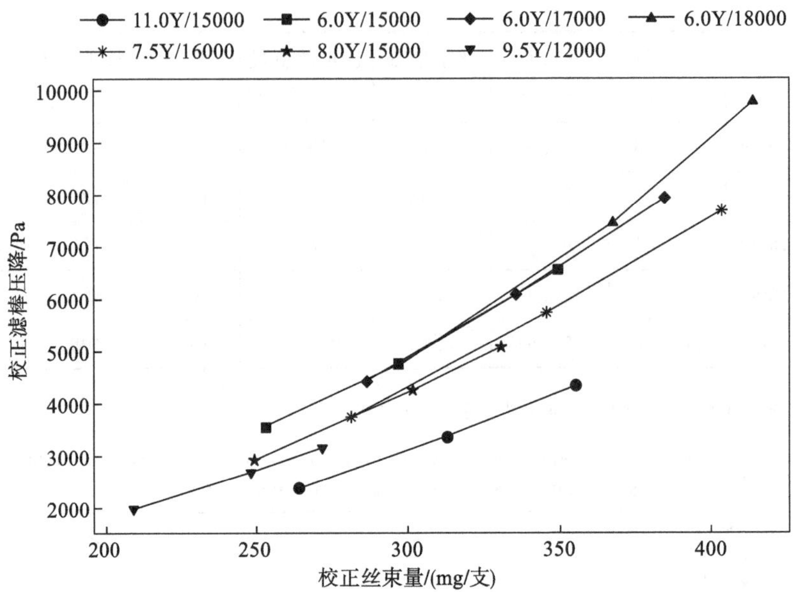

图 3.6　施加胶囊后细支滤棒丝束特性曲线

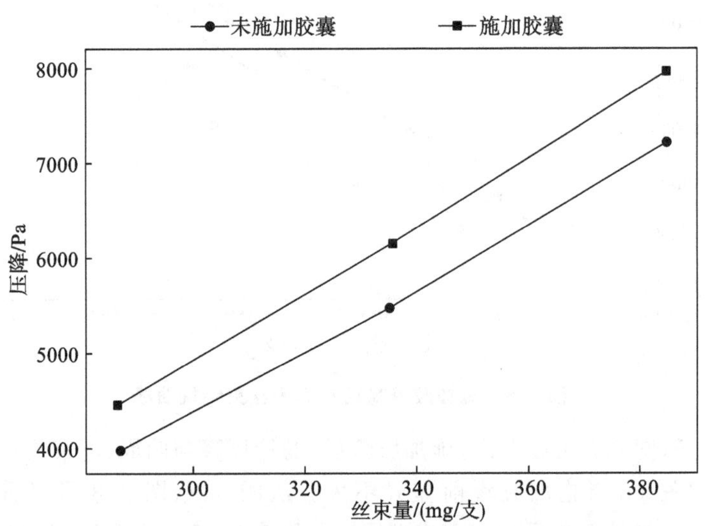

图 3.7　施加胶囊前后 6.0Y/17000 丝束特性曲线

选择单旦低的丝束规格；丝束单旦越大，制备的滤棒的吸阻越小，即当设计低吸阻滤棒时，应考虑选择单旦高的丝束规格。制备同一吸阻值的滤棒时，选用单旦低的丝束消耗低，选用单旦高的丝束消耗高。

在丝束截面形状、丝束单旦等一定的前提下，加工同样规格重量的滤棒时，随

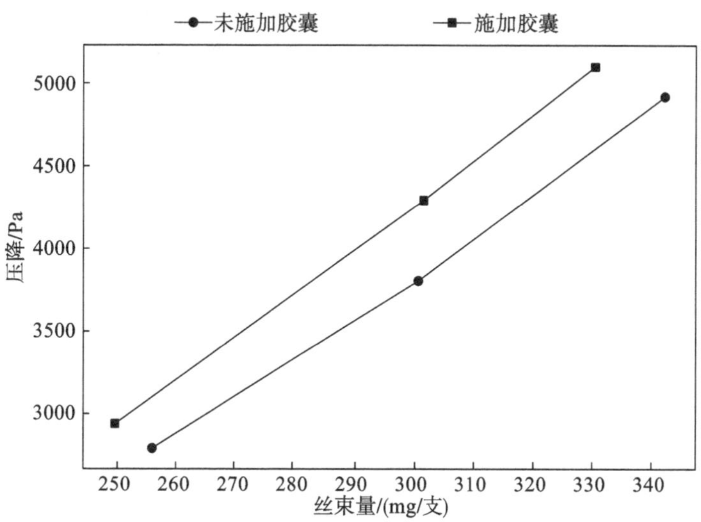

图 3.8　施加胶囊前后 8.0Y/15000 **丝束特性曲线**

着丝束总旦的增大，其特性曲线的位置向右上方发生位移，丝束加工成不同吸阻合格滤棒的能力发生变化，丝束总旦越小，所得吸阻越小，丝束总旦越大，所得吸阻越大。而丝束规格相同，滤棒圆周越大，压降区间越低。在同一丝束填充量下，滤棒圆周越大，压降越低。施加胶囊后，滤棒压降与圆周、丝束单旦、丝束总旦及填充量的关系，与施加胶囊前差异不大。同一丝束规格下，施加胶囊的压降区间高于未施加胶囊的压降区间，施加胶囊的丝束特性曲线在未施加胶囊曲线的左上方。

3.1.2　不同规格的细支滤棒质量研究

丝束单旦、丝束总旦、截面等规格参数都会直接影响卷烟烟气焦油、有害成分的释放量，是影响滤嘴过滤效率的重要因素[23,24]。依据滤嘴的吸阻要求以及丝束的特性曲线，确定合适的丝束规格，还需要将不同规格的丝束成型为不同压降的细支滤棒，考察滤棒的物理质量，并卷接为细支卷烟，考察不同规格醋纤丝束细支滤棒的过滤能力，同时进行感官质量的评价等工作。

1. 材料和设备

丝束：6.0Y/15000(南纤)、6.0Y/17000(南纤)、6.0Y/18000(南纤)、8.0Y/15000(罗地亚)、11.0Y/15000(塞拉尼斯)；成型纸：19 mm×28 g/m^2(牡丹江恒丰)；热熔胶：399 W(汉高)；乳胶：3901(汉高)。

KDF2 细支滤棒成型机(南通烟滤嘴公司自主改造)；SODIM 综合测试台(德国虹霓机器制造股份公司)。

2. 样品制备

在同一 KDF2 成型机、300 m/min 车速及相同工艺参数下，按照表 3.9 的材料及要求分别试制不同规格丝束的细支滤棒，每组滤棒分别抽取 60 支样品，检测前校准仪器，检测滤棒圆周、压降、自然固化 10 天的硬度、长度等物理质量指标，采用的方法及标准见表 3.10。

表 3.9 不同规格细支滤棒试制要求

<table>
<tr><th>丝束
规格</th><th>成型纸
规格</th><th>滤棒圆周
/mm</th><th>滤棒压降
/Pa</th><th>滤棒长度
/mm</th><th>甘油酯量
/(%)</th><th>试制
数量</th><th>备注</th></tr>
<tr><td>6.0Y/15000</td><td rowspan="6">19 mm×28 g/m²</td><td rowspan="6">16.70</td><td rowspan="3">4300</td><td rowspan="6">120</td><td rowspan="6">9</td><td rowspan="6">各 2.4 万支</td><td rowspan="3">单旦相同、总旦不同</td></tr>
<tr><td>6.0Y/17000</td></tr>
<tr><td>6.0Y/18000</td></tr>
<tr><td>6.0Y/15000</td><td rowspan="3">3800</td><td rowspan="3">单旦不同、总旦相同</td></tr>
<tr><td>8.0Y/15000</td></tr>
<tr><td>11.0Y/15000</td></tr>
</table>

表 3.10 滤棒物理指标检测标准

指　标	标准编号	标准名称
长度	GB/T 22838.2—2009	卷烟和滤棒物理性能的测定 第 2 部分 长度 光电法
圆周	GB/T 22838.3—2009	卷烟和滤棒物理性能的测定 第 3 部分 圆周 激光法
压降	GB/T 22838.5—2009	卷烟和滤棒物理性能的测定 第 5 部分 卷烟吸阻和滤棒压降
硬度	GB/T 22838.6—2009	卷烟和滤棒物理性能的测定 第 6 部分 硬度

3. 细支滤棒的物理质量

按照表 3.10 的标准方法，对试制的不同规格细支滤棒的长度、圆周、压降、硬度等物理指标进行检测，结果如表 3.11 所示。从表 3.11 可以看出，单旦相同、总旦不同的 6.0Y/15000、6.0Y/17000、6.0Y/18000 三种丝束，成型压降相同的滤棒时，滤棒压降变异系数分别为 4.64%、3.13%、2.63%，硬度均值分别为 89.48%、88.1%、86.7%，重量均值分别为 3.90 g/10 支、3.91 g/10 支、3.93 g/10 支。在相同滤棒压降下，丝束总旦越大，滤棒压降变异系数越小，硬度均值越小，丝束填充量越大。这是因为低总旦的丝束特性曲线在左下方，同一压降的成型点在特性曲线的上部，丝束喂入量大导致压降稳定性下降。

表 3.11　不同规格的细支滤棒质量

丝束规格	圆周均值/mm	压降均值/Pa	压降变异系数/(%)	硬度均值/(%)	重量均值/(g/10 支)
6.0Y/15000	16.70	4358	4.64	89.48	3.90
6.0Y/17000	16.66	4381	3.13	88.1	3.91
6.0Y/18000	16.62	4404	2.63	86.7	3.93
6.0Y/15000	16.69	3869	3.96	87.9	3.72
8.0Y/15000	16.67	3699	4.51	89.1	3.98
11.0Y/15000	16.70	3734	5.84	92.3	4.48

丝束的总旦相同、单旦不同的 6.0Y/15000、8.0Y/15000、11.0Y/15000 丝束，成型压降相同的滤棒时，压降变异系数分别为 3.96%、4.51%、5.84%，硬度均值分别为 87.9%、89.1%、92.3%，重量均值分别为 3.72 g/10 支、3.98 g/10 支、4.48 g/10 支。相同滤棒压降下，丝束单旦越大，滤棒压降变异系数越大，硬度均值越大，丝束填充量越大。因为高单旦的丝束特性曲线在右下方，同一压降的成型点在特性曲线的上部，丝束喂入量大导致压降稳定性下降。

3.1.3　细支滤棒烟气过滤效率及感官质量评价

1. 材料和设备

丝束：6.0Y/15000(南纤)、6.0Y/17000(南纤)、6.0Y/18000(南纤)、8.0Y15000(罗地亚)、11.0Y15000(塞拉尼斯)；成型纸：19 mm×28 g/m^2(牡丹江恒丰)；热熔胶：399 W(汉高)；乳胶：3901(汉高)。

KDF2 细支滤棒成型机(南通烟滤嘴公司自主改造)；SODIM 综合测试台(德国虹霓机器制造股份公司)；RM20H 吸烟机(borgwald kc 公司)。

2. 样品制备

在同一 KDF2 成型机、300 m/min 车速及相同工艺参数下，按照表 3.12 的材料及要求分别试制不同规格丝束的细支滤棒。使用同一卷接机组、同一配方烟丝，关闭在线打孔，分别卷制 14 种滤棒对应的细支卷烟样品。

表 3.12 细支卷烟样品设计表

样品序号	丝束规格	滤棒圆周/mm	滤棒压降/Pa	滤嘴长度/mm	甘油酯量/(%)	备注
0	6.0Y/17000	16.70	4210	30	9	丝束量相同
1	6.0Y/15000	16.70	4300			
2	6.0Y/17000	16.70	4300			
3	6.0Y/17000	17.00	3900			
4	6.0Y/17000	16.40	4700			
5	6.0Y/17000	17.00	4700			
6	6.0Y/17000	16.70	4700			
7	6.0Y/17000	16.70	5100			
8	6.0Y/18000	16.70	4300			
9	6.0Y/15000	16.70	3800			
10	8.0Y/15000	16.70	3800			
11	8.0Y/15000	16.70	3400			
12	8.0Y/15000	16.70	3000			
13	11.0Y/15000	16.70	3800			

3. 感官评价

对 14 个细支卷烟样品进行感官评价。选取与滤棒相关性较高，体现丝束、压降等因素变化后对感官产生影响的 8 个评价指标：香气、杂气、浓度、劲头、细腻程度、成团性、刺激性、轻松感。以 0＃样品为基准样品，每个指标赋值为 3 分，其余样品以 0＃为对照，分别对每个指标进行打分，感官有提升的加分，反之减分。同时，对样品的主要感官特点进行描述。

过滤效率分析：为分析滤嘴长度对过滤效率的影响，将滤嘴长度分为 3 个水平，即 30 mm、25 mm、20 mm，分别分切 0＃、11＃、13＃卷烟样品的滤嘴为 25 mm、20 mm 长度，得到 6 组样品，与原样共同组成 20 组卷烟样品。对每组卷烟分别抽取 40 支检测剥离后的滤嘴圆周、压降，再次分别抽取 40 支检测卷烟烟气过滤效率(依据 GB/T 19609—2004、GB/T 23355—2009 规定的方法，测定总粒相物、烟气烟碱量等指标)。

4. 计算方法

式(3.5)的烟气过滤经验方程适用于常规卷烟[26]，使用 MINITAB 软件，拟合细支卷烟过滤效率 E 与 A、B、D 常数项的多元线性回归模型，并对方程进行验证与优化。

$$\ln(1-E)=A\times L+B\times \Delta P\times C^4+D\times L/\delta \tag{3.5}$$

式中：E 为过滤效率；ΔP 为滤嘴压降，mmH_2O；C 为滤嘴圆周，mm；δ 为丝束单纤旦数，$g/9\times10^3$ m；L 为滤嘴长度，mm；A、B、D 为常数。

5. 烟气过滤经验方程验证

汇总 20 组卷烟样品的丝束单旦、滤嘴圆周、长度、压降及过滤效率数据，结果见表 3.13。根据表 3.13 中的数据，计算出对应的 L、$\Delta P\times C^4$、L/δ 值，使用 MINITAB 软件按照式(3.5)分别拟合出总粒相物过滤效率 E_1、烟碱过滤效率 E_2 为应变量的多元线性回归模型，总粒相物过滤效率经验方程见式(3.6)，烟碱过滤效率经验方程见式(3.7)。

$$\ln(1-E_1)=0.139-3.72\times10^{-3}\times L-3\times10^{-9}\times\Delta P\times C^4-3.64\times10^{-2}\times L/\delta \tag{3.6}$$

$$\ln(1-E_2)=0.032-2.01\times10^{-3}\times L-2\times10^{-9}\times\Delta P\times C^4-1.52\times10^{-2}\times L/\delta \tag{3.7}$$

表 3.13　烟气过滤经验方程试验数据

丝束类型	滤嘴圆周 /mm	滤嘴压降 /mmH_2O	滤嘴长度 /mm	丝束单旦 /($g/9\times10^3$ m)	总粒相物过滤效率 E_1/(%)	烟碱过滤效率 E_2/(%)
6.0Y/17000	16.67	107.3421	30	6.588	34.27	20.90
6.0Y/15000	16.70	109.5526	30	6.570	33.64	20.75
6.0Y/17000	16.66	112.5250	30	6.588	35.19	20.69
6.0Y/17000	16.94	102.0769	30	6.588	33.89	20.16
6.0Y/17000	16.46	120.9000	30	6.588	35.60	20.86
6.0Y/17000	16.99	123.0000	30	6.588	35.08	21.97
6.0Y/17000	16.66	122.5250	30	6.588	36.24	21.03
6.0Y/17000	16.67	130.8000	30	6.588	36.78	23.05
6.0Y/18000	16.62	112.8500	30	6.624	31.90	20.67
6.0Y/15000	16.69	99.2500	30	6.570	30.33	19.86
8.0Y/15000	16.69	94.7250	30	6.984	31.72	19.38
8.0Y/15000	16.66	89.3590	30	6.984	28.97	17.93
8.0Y/15000	16.63	75.2750	30	6.984	25.17	16.45
11.0Y/15000	16.70	95.1000	30	11.394	25.93	16.51
6.0Y/17000	16.67	90.3500	25	6.588	25.92	16.39
6.0Y/17000	16.67	71.3250	20	6.588	18.10	13.33

续表

丝束类型	滤嘴圆周/mm	滤嘴压降/mmH_2O	滤嘴长度/mm	丝束单旦/$(g/9\times10^3\ m)$	总粒相物过滤效率E_1/(%)	烟碱过滤效率E_2/(%)
8.0Y/15000	16.66	76.0000	25	6.984	23.45	13.87
8.0Y/15000	16.66	54.0769	20	6.984	17.65	11.19
11.0Y/15000	16.70	68.2750	25	11.394	17.88	12.68
11.0Y/15000	16.70	62.7750	20	11.394	14.75	10.65

分别对式(3.6)、式(3.7)进行显著性检验和残差分析。结果见表3.14至表3.19、图3.9至图3.12。

表3.14 总粒相物过滤效率回归总效果度量

S	R-Sq	R-Sq(调整)
0.0186019	96.9%	96.3%

表3.15 烟碱过滤效率回归总效果度量

S	R-Sq	R-Sq(调整)
0.00629678	98.4%	98.1%

表3.16 总粒相物过滤效率回归方程显著性检验

来源	自由度	SS	MS	F	P
回归	3	0.173338	0.057779	166.98	0.000
残差误差	16	0.005536	0.000346		
合计	19	0.178874			

表3.17 烟碱过滤效率回归方程显著性检验

来源	自由度	SS	MS	F	P
回归	3	0.038979	0.012993	327.69	0.000
残差误差	16	0.000634	0.000040		
合计	19	0.039613			

表3.18 总粒相物过滤效率回归系数显著性检验

自变量	系数	系数标准误差	T	P
常量	0.13887	0.03371	4.22	0.001

续表

自　变　量	系　　数	系数标准误差	T	P
L	−0.003716	0.00204	−1.82	0.088
$\Delta P\times C^4$	−0.00000003	0.00000000	−7.38	0.000
L/δ	−0.036424	0.00827	−4.50	0.000

表 3.19　烟碱过滤效率回归系数显著性检验

自　变　量	系　　数	系数标准误差	T	P
常量	0.03212	0.01141	2.82	0.012
L	−0.0020091	0.00069	−2.91	0.010
$\Delta P\times C^4$	−0.00000002	0.00000000	−10.69	0.000
L/δ	−0.015237	0.00280	−5.44	0.000

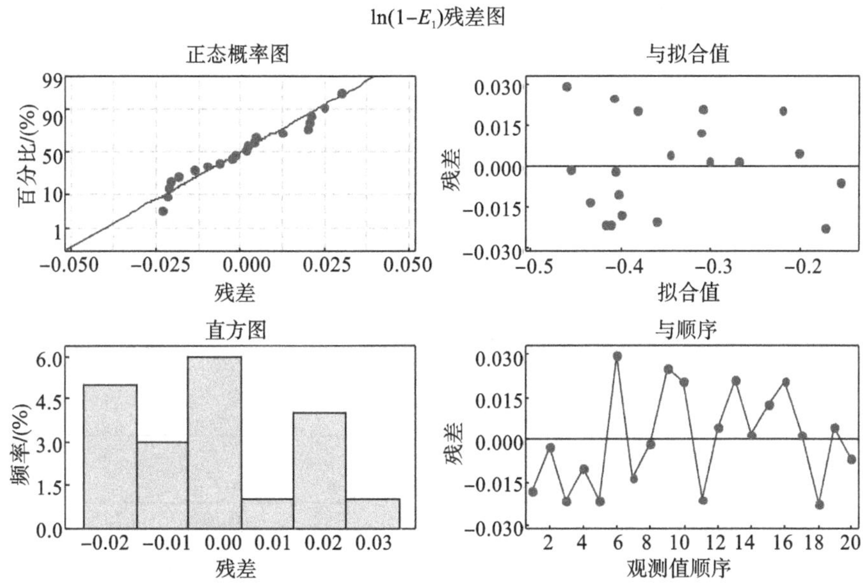

图 3.9　总粒相物过滤效率残差四合一图

显著性检验得出总粒相物过滤效率经验方程的 R-Sq 为 96.9%接近 1，R-Sq（调整）为 96.3%，接近 R-Sq，烟碱过滤效率经验方程的 R-Sq 为 98.4%接近 1，R-Sq（调整）为 98.1%，接近 R-Sq，回归模型拟合总效果均较好。表 3.16 和表3.17 中总粒相物及烟碱过滤效率经验方程的 P 值均为 0.000<0.05，整体判定回归方程显著有效。表 3.18 和表 3.19 中两个模型的常量及各因子 L、$\Delta P\times C^4$、L/δ 的 P 值皆<0.1，说明各因子皆是显著因子。从图 3.9、图 3.11 正态概率图和直方图可

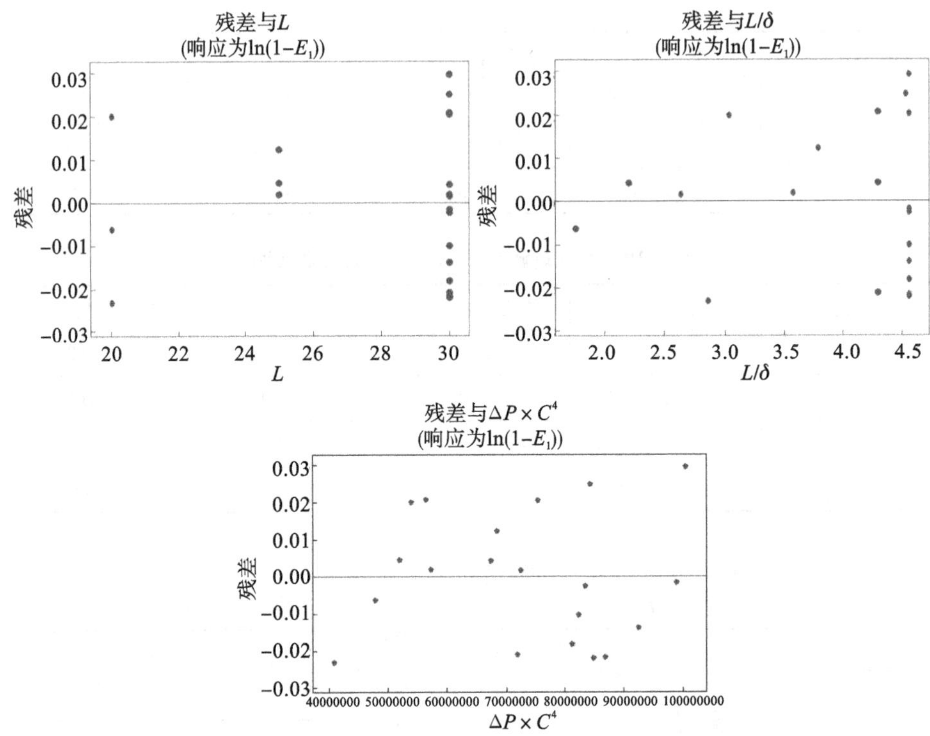

图 3.10 总粒相物过滤效率残差与 L、L/δ、$\Delta P\times C^4$ 散点图

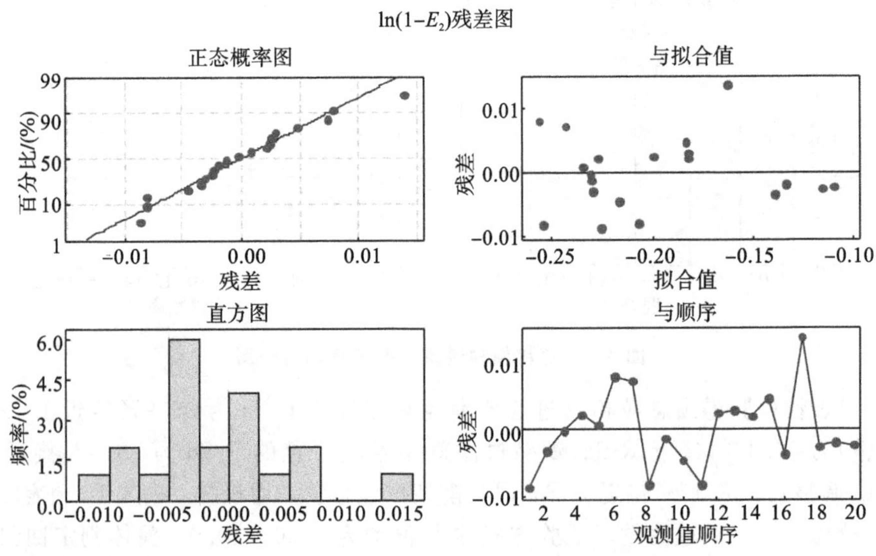

图 3.11 烟碱过滤效率残差四合一图

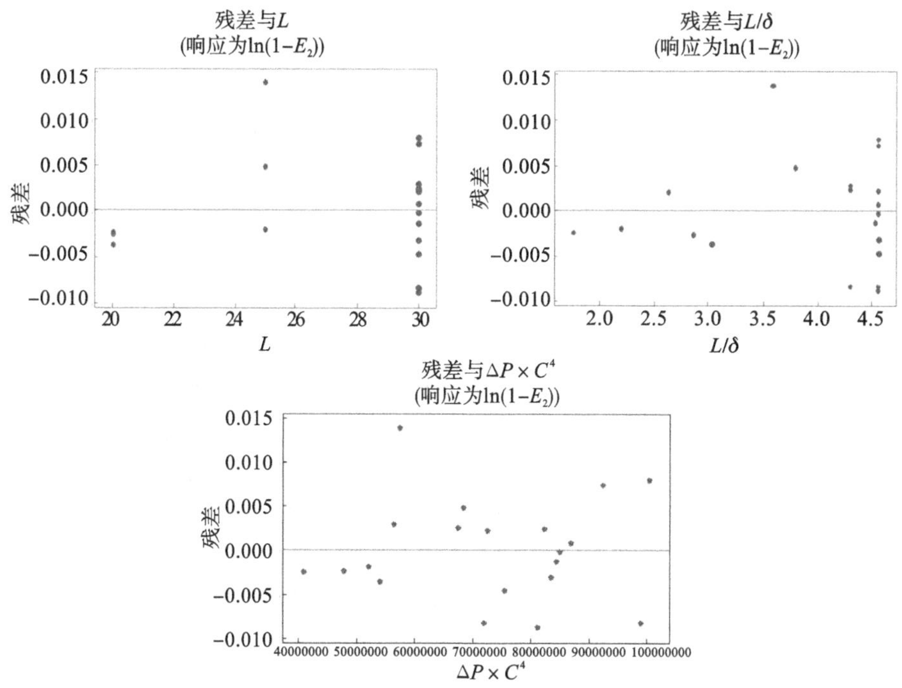

图 3.12　烟碱过滤效率残差与 L、L/δ、$\Delta P\times C^4$ 散点图

以看出，残差服从正态分布；从图 3.9、图 3.11 拟合值的残差图可以看出，残差的标准差为常数，不随预测值而变化，未呈现出“喇叭口”形状；从图 3.9、图 3.11 观测值顺序的残差图可以看出，残差点在残差为 0 的横轴上下随机波动，未呈现出上升、下降等趋势，残差四合一图正常，两个模型皆不需改进。

6. 烟气过滤效率及感官质量分析

表 3.20 给出了丝束总旦变化对过滤效率及感官质量评价的影响结果。从表 3.20 中可以看出，在丝束单旦、圆周、压降、长度相同条件下，不同丝束总旦对总粒相物过滤效率有一定影响，而烟碱过滤效率影响不大。6.0Y/17000、6.0Y/18000 丝束的感官评价总分高于 6.0Y/15000 丝束，成团性好于 6.0Y/15000 丝束。

表 3.20　丝束总旦变化对过滤效率及感官质量评价影响

丝束规格	滤棒圆周/mm	滤棒压降/Pa	总粒相物过滤效率 E_1/(%)	烟碱过滤效率 E_2/(%)	感官评价总分	感官特点
6.0Y/15000	16.7	4300	33.64	20.75	22	吸阻稍小，刺激稍大，成团性稍差，有轻微杂气，抽吸轻松感好

续表

丝束规格	滤棒圆周/mm	滤棒压降/Pa	总粒相物过滤效率 E_1/(%)	烟碱过滤效率 E_2/(%)	感官评价总分	感官特点
6.0Y/17000	16.7	4300	35.19	20.69	28	较原样烟气浓度较高,成团性较好
6.0Y/18000	16.7	4300	31.90	20.67	28	轻松感弱于6.0Y/17000,比原样好,浓度稍低

表3.21给出了丝束单旦变化对过滤效率及感官质量评价的影响结果。从表3.21中可以看出,在丝束总旦、圆周、压降、长度相同条件下,丝束单旦越大,烟气过滤效率越低,这与常规卷烟滤棒表现出相同的趋势。丝束单旦变化对于感官评价得分的影响不大。

表3.21 丝束单旦变化对过滤效率及感官评价影响

丝束规格	滤棒圆周/mm	滤棒压降/Pa	总粒相物过滤效率 E_1/(%)	烟碱过滤效率 E_2/(%)	感官评价总分	感官特点
6.0Y/15000	16.7	3800	30.33	19.86	21	轻松感一般,香气质一般,有杂气,稍刺激,没有冲撞感
8.0Y/15000	16.7	3800	31.72	19.38	22	轻松感较好,有杂气,刺激,香气质下降,浓度较高,较细腻
11.0Y/15000	16.7	3800	25.93	16.51	19	轻松感下降,浓度尚可,稍有刺激、灼烧感,成团性一般,香气一般

表3.22给出了压降变化对过滤效率及感官质量评价的影响结果。从表3.22中可以看出,在丝束单旦、丝束总旦、圆周、长度相同条件下,压降越大,烟气过滤效率越高,两组样品的表现趋势一致。但在感官得分上,两组样品表现存在差异,在

同为6.0Y/17000丝束的3个样品中，随着压降上升感官得分下降明显，压降为5100 Pa的样品由于吸阻过高，感官评价总分最低；同为8.0Y/15000丝束的3个样品中，压降变化对感官评价总分的影响不大。这说明低压降滤棒在抽吸轻松感上虽有一定优势，但会带来其他刺激、有杂气等负面作用，对于产品设计并不一定是最优选择。

表 3.22　压降变化对过滤效率及感官质量评价影响

丝束规格	滤棒圆周/mm	滤棒压降/Pa	总粒相物过滤效率 E_1/(%)	烟碱过滤效率 E_2/(%)	感官评价总分	感官特点
6.0Y/17000	16.7	4300	35.19	20.69	28	抽吸轻松感好于原样，烟气浓度较高，成团性较好
6.0Y/17000	16.7	4700	36.24	21.03	20	杂气明显，香气质、浓度一般，吸阻稍大
6.0Y/17000	16.7	5100	36.78	23.05	18	吸阻大，杂气显露，香气一般
8.0Y/15000	16.7	3000	25.17	16.45	22	烟气在口腔有灼烧感，成团性尚可，轻松感一般，喉部刺激不明显
8.0Y/15000	16.7	3400	28.97	17.93	23	轻松感较好，口腔刺激稍大，杂气显露，香气中等
8.0Y/15000	16.7	3800	31.72	19.38	23	有杂气，刺激，香气质下降，浓度较高，轻松感较好，较细腻

表3.23给出了圆周变化对过滤效率及感官质量评价的影响结果。从表3.23中可以看出，在丝束单旦、丝束总旦、压降、长度相同条件下，圆周的变化对烟气过滤效率影响不大，主要因为常数项 B 数值和试验的圆周水平差异较小，导致 $B\times\Delta P\times C^4$ 项数值较小，过滤效率 E 的差异不大。同时本试验中圆周变化，感官评价总分差异不大。

表 3.23　圆周变化对过滤效率及感官质量评价影响

丝束规格	滤棒圆周/mm	滤棒压降/Pa	总粒相物过滤效率 E_1/(%)	烟碱过滤效率 E_2/(%)	感官评价总分	感官特点
6.0Y/17000	16.4	4700	35.60	20.86	21	吸阻大，轻松感差，浓度下降，香气质、香气量下降
6.0Y/17000	16.7	4700	36.24	21.03	20	杂气明显，香气质、浓度一般，吸阻稍大
6.0Y/17000	17.0	4700	35.08	21.97	22	香气稍弱，成团性差

表 3.24 给出了圆周与压降对过滤效率及感官质量评价的交互影响结果。从表 3.24 中可以看出，在丝束单旦、丝束总旦、丝束量、长度相同条件下，由于压降的下降和圆周的增长相互抵消，加上常数项 B 数值较小，导致 $B\times\Delta P\times C^4$ 项数值变化不大，过滤效率 E 的差异不大。对感官的影响上，压降 4700 Pa 的卷烟样品吸阻过高，导致感官评价总分最低，而压降 3900 Pa 的样品得分也较高，缺点主要在于刺激明显。

表 3.24　压降及圆周变化对过滤效率及感官评价影响

丝束规格	滤棒圆周/mm	滤棒压降/Pa	总粒相物过滤效率 E_1/(%)	烟碱过滤效率 E_2/(%)	感官评价总分	感官特点
6.0Y/17000	16.4	4700	35.60	20.86	21	吸阻大，轻松感差，浓度下降，香气质、香气量下降
6.0Y/17000	16.7	4300	35.19	20.69	28	抽吸轻松感好于原样，烟气浓度较高，成团性较好
6.0Y/17000	17.0	3900	33.89	20.16	26	轻松感好，浓度高，成团性好，口腔刺激明显

7. 小结

单一因素下,丝束单旦越大,烟气过滤效率越低;丝束总旦对烟气过滤效率影响较小;滤棒压降越大,烟气过滤效率越高。本实验范围中,圆周变化对烟气过滤效率影响不大。在单一因素作用下,丝束单旦变化、圆周变化等对感官评价得分影响较小。从总体得分看,6.0Y/17000、6.0Y/18000 丝束在滤棒压降为 4300 Pa 左右时,细支卷烟的感官质量表现较优,且烟气过滤效率适中,过高或过低均会带来一些负面效应,是细支卷烟滤棒应用较为适宜的选择。

随着细支卷烟的发展,除了 Y 型截面形状卷烟用醋纤丝束以外,近来,也有其他截面形状的醋纤丝束被应用于细支卷烟滤棒。研究结果显示[27,28],R 型截面醋纤丝束(8.6R/13000)成型能力特性曲线与 Y 型截面醋纤丝束相比存在显著差异,可成型滤棒压降范围从 1447～6428 Pa,覆盖范围明显增大,且适用于更低压降细支滤棒。将所成型不同截面形状丝束、不同压降滤棒应用于细支卷烟时,卷烟滤嘴对烟气烟碱的过滤效率为 13.8%～17.6%,与 Y 型截面醋纤丝束对比,R 型截面丝束所成型细支滤棒的过滤效率明显降低,且两种截面丝束均为随着滤棒压降升高,滤嘴对卷烟主流烟气烟碱的过滤效率升高,与常规卷烟的规律一致。采用 R 型截面醋纤丝束可进一步增强细支滤棒压降、过滤效率与卷烟产品的适配性,提升细支卷烟的抽吸轻松感和满足感。

细支滤棒的感官质量表现为多种因素叠加下的结果,因此在选型过程中要综合考虑压降、丝束类型、烟气过滤效率等,选择与产品开发需求相适应的滤棒指标。总体说来,综合考虑卷烟设计需求、滤棒质量符合性、滤棒生产经济性,一般按照如下步骤进行细支卷烟的丝束选型:①初步确定滤棒技术指标要求和丝束规格范围。丝束单旦、滤嘴长度、圆周、压降对烟气过滤效率产生直接影响,围绕卷烟设计要求,综合考虑设备资源等其他因素,确定滤嘴圆周及长度、过滤效率范围,再将滤嘴圆周、长度及过滤效率代入烟气过滤经验方程,初步计算得出丝束单旦及滤嘴压降的范围,如需细支卷烟过滤效率高,可选择滤嘴长度长、滤嘴压降高、丝束单旦小的滤棒,同时应考虑压降过高会带来感官评价不佳的情况。②筛选合适的丝束规格。依据步骤①得出的滤嘴长度值,综合考虑设备资源等因素,确定滤棒长度值;根据步骤①初定的丝束单旦范围,对照现有丝束规格表,列出符合要求的丝束规格,将滤棒圆周、长度、丝束单旦、丝束总旦代入滤棒压降模型,以丝束填充量为横坐标,滤棒压降为纵坐标,作出不同丝束的特性曲线图。在丝束特性曲线图中标记步骤①初定的压降范围,优选压降落于特性曲线最佳成型区间的丝束(即特性曲线长度的 15%～50%)。同时,综合考虑丝束填充量、滤棒硬度、压降稳定性等因素,最终筛选合适的丝束规格。③滤棒试制。将确定的滤棒压降、长度、圆周和丝束单旦、丝束总旦,代入细支滤棒压降模型中,得到丝束填充量,估算出滤棒质量,进行滤棒试制。

3.2 异形空腔滤棒关键技术及应用

近年来，消费多元化、差异化趋势愈发明显，这种趋势逐渐推动了独特而复杂的新型滤嘴开发。滤棒也不再仅仅局限于过滤烟气降低有害物质，同时更具有突出防伪、增强视觉冲击及增加卷烟品牌价值的功能[29,30]。

特种滤棒[31]是指采用特殊滤棒成型工艺加工、卷制、分切制成对卷烟烟气具有特殊功效的滤棒，涵盖范围广泛，研发方向多样化趋势明显。一是以减害降焦为方向，如纸质滤棒、沟槽滤棒、活性炭滤棒、各种添加减害材料的滤棒等。二是以增香补香、改善吸味为方向，如香线滤棒、胶囊滤棒、添加香味物质的滤棒等。三是以外观、色彩、造型等视觉效果为方向，比如钻石（国嘴 120）使用的超长空腔滤棒，台湾地区 520 卷烟使用彩色丝束和空腔做出的心形空腔滤棒，云烟（百味人生）使用透明成型纸与两段醋纤复合空腔及胶囊成型为具有可视效果的滤棒等。

异形空腔滤棒作为一种外观效果突出的特种滤棒，具有改善滤嘴过滤方式、降低滤棒压降等功能，增加了卷烟产品设计的灵活性，使卷烟滤嘴具有独特性与玩味价值，实现滤棒与卷烟产品形象及品牌文化的有效契合，赋予卷烟更多的“色、香、味”感受与消费互动体验，成为一种新品开发的潮流。

异形空腔滤棒是施加了三乙酸甘油酯的醋酸纤维素丝束在蒸汽的高温加热下通过内部的芯棒定型，快速冷却固化后形成的，将其与其他滤棒进行复合，能得到异形空腔复合滤棒。由于该滤棒工艺复杂，在生产过程中暴露出了许多的问题，如外观上滤棒的侧面有凸起或凹槽、内孔偏心、异形孔变形等，工艺上圆周、硬度甚至长度会随时间的变化而变化，消耗高等。因此，对异形空腔滤棒生产工艺、装备、物理指标变化规律等关键技术系统性的研究非常必要。

目前特种滤棒在国内常规卷烟产品中应用较多，在细支卷烟产品尤其是高端产品中也逐渐被使用。细支卷烟作为新兴发展的细分卷烟规格，消费群体对于包装设计、结构及三纸一棒的创新更容易接受，好看、好玩、好抽是产品成功的重要因素。因此，异形空腔滤棒的开发、选型及应用，要与具体卷烟产品的设计需求相结合，赋予产品一定的功能性和卖点，同时兼顾提升抽吸品质。

3.2.1 异形空腔滤棒空腔形状的检测评价方法

异形空腔滤棒不同的中空形状，外观新颖独特，给消费者带来视觉冲击，但也为滤棒及卷烟产品质量检验和控制带来难题。目前行业内检测空腔滤棒端面图案的方法主要是目测感官法，部分企业虽然安装了卷烟滤嘴端面形状检测系统，但主要是为了检测空腔滤嘴是否掉头、变形或毛刺，只是定性测量。目前暂无其他能够准确、自动检测的定量测量方法和特定的检测标准公开。

1. 空腔滤棒类型

目前市场上应用的异形空腔滤棒包括圆形、“H”形、正六边形、五角星形、正方形和其他未知形状的端面图案。针对不同的空腔滤棒，研究制定不同的检测算法，以有代表性的圆形和正方形为例，主要检测参数如下。

①圆形图案的主要检测参数：同心度、内孔直径、内孔圆度、相似度、空芯面积、面积率。

②正方形图案的主要检测参数：同心度、各边的边长、各边的平直度、四个角的角度、相似度、空芯面积、面积率。

2. 空腔滤棒端面检测方法建立

利用光学图像采集系统原理，结合软件分析处理，建立空腔滤棒端面形状检测方法，具体如下。

①图像预处理：通过高斯滤波和中值滤波去除左图像上的噪声，见图3.13。

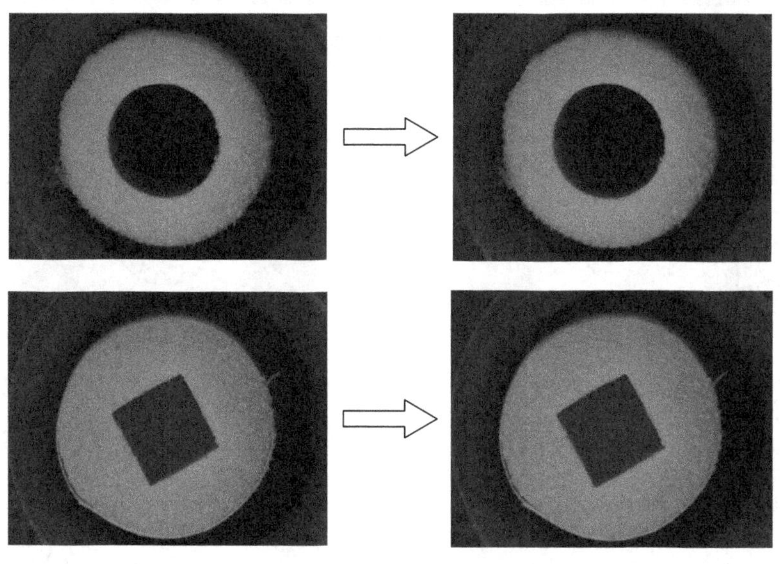

图3.13　空腔滤棒端面图像预处理前后对比图

②外轮廓定位：通过动态阈值分割提取外轮廓区域，适应多种颜色的滤棒处理，同时对光照强度的改变适应性更强，得到外轮廓后通过轮廓拟合圆算法得到圆形轮廓和中心，见图3.14。

③计算空腔棒内部特征：通过动态阈值分割提取空腔棒内部区域，求取轮廓的最小外接矩，获取最小外接矩的顶点，并沿着临近两顶点的方法获取边缘特征点，见图3.15。

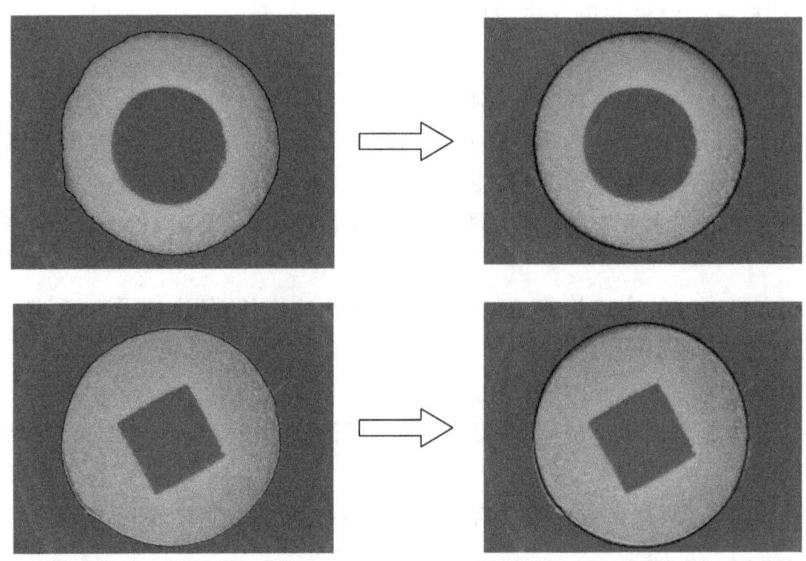

图 3.14　空腔滤棒端面图像外轮廓定位前后对比图

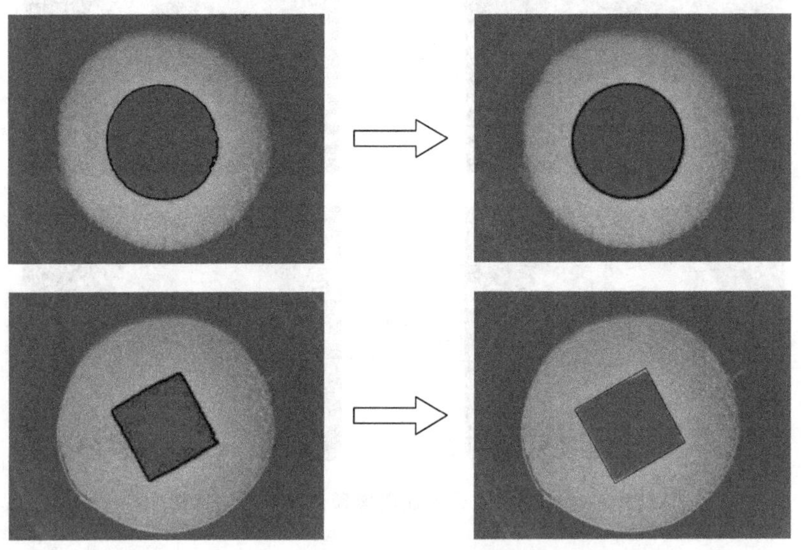

图 3.15　空腔滤棒内孔端面图像特征图

④计算各类参数数据:通过获取内部圆形或正方形的精确区域,得到精确的外轮廓和内轮廓尺寸,计算各类参数数据,见图 3.16。

3. 空腔滤棒端面检测仪器的研究

根据以上建立的空腔滤棒端面检测方法,开发了空腔滤棒端面离线检测仪,主要由两部分组成,其示意图见图 3.17。

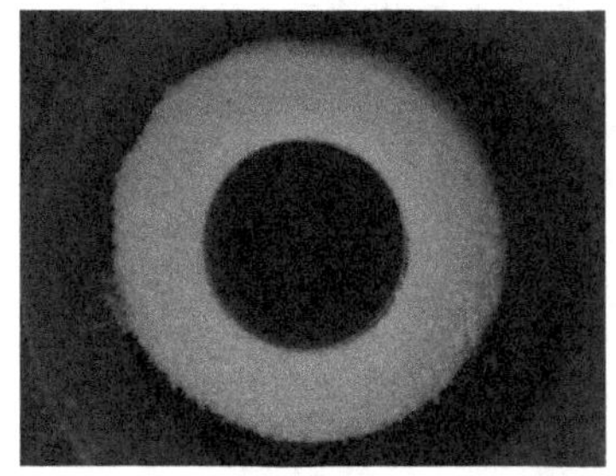

图 3.16 空腔滤棒内孔精确尺寸图

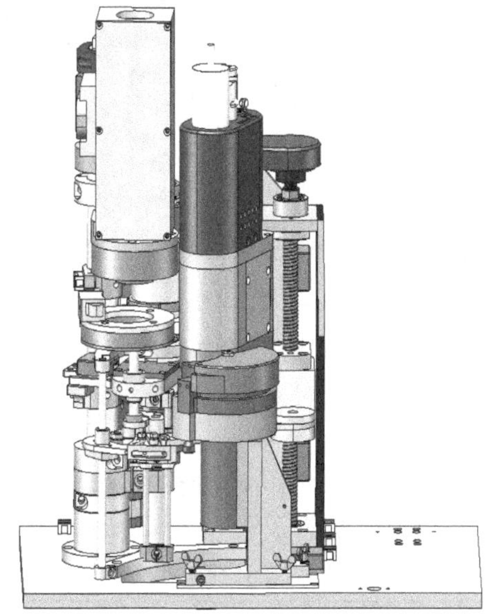

图 3.17 空腔滤棒端面离线检测仪示意图

空腔滤棒端面离线检测仪由旋转切割单元和成像检测单元组成。切割单元可以将参数化后的滤棒样品，按照成像要求的参数切割，呈现出需要检测的样品截面，例如:空腔滤棒截面、空腔复合滤棒截面等。成像单元将切割后的样品截面精确控制成像，并根据各种滤棒截面的检测要求，实施不同的检测算法，并将检测结果及截面图像输出至显示屏幕及数据库系统中，其可作为检验仪器也可作为生产过程控制仪器。

空腔滤棒在线滤棒检测剔除系统利用图像机器视觉技术，在空腔滤棒成型过程中，于分烟鼓轮(转接轮)上加装检测装置，对成型的空腔滤棒端面进行在线检测，并将检测数据及时反馈至图像显示屏幕上，通过图像显示和数据显示，指导生产操作人员进行调整，使空腔滤棒端面质量满足要求。

图 3.18 为空腔滤棒端面特征参数在线检测装置和离线检测装置。

(a)在线检测装置

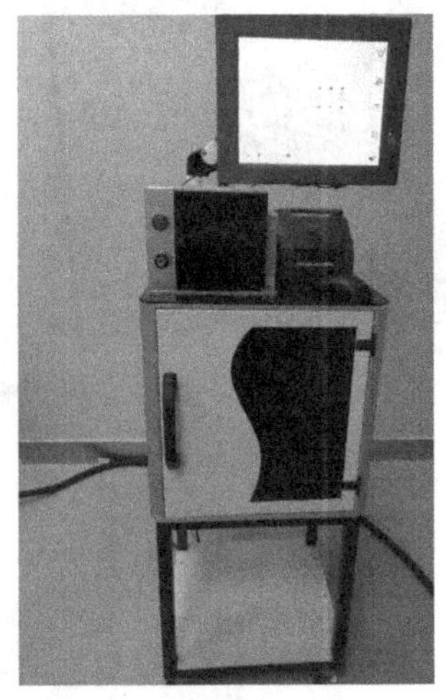

(b)离线检测装置

图 3.18 空腔滤棒端面特征参数在线检测装置和离线检测装置

4. 在线检测同心度剔除参数的选择

根据空腔滤棒的特点，虽然不同的形状有不同的检测指标，但所有共性的特点都需要空腔滤棒的同心度。因此通过对同心度参数进行统计分析，找到合适的同心度参数，使其既能满足生产过程能力要求，又能满足接装质量要求。

抽取在线端面检测装置检测的同一成型设备连续生产的 125 支空腔滤棒作为试样，进行统计和分析，统计结果见表 3.25。

表 3.25 空腔滤棒(圆孔)同心度检测统计数据

同心度/mm	CPK	描　述
0.20	1.74	过程能力充足，收集 0.20 mm 左右的滤棒，肉眼观察，存在明显偏心，质量风险较大
0.15	1.11	过程能力尚可，收集 0.15 mm 左右的滤棒，肉眼观察，未见明显偏心
0.10	0.48	要求过严，过程能力不足，与现有装备生产水平不符

综上所述，当同心度标准定为 0.15 mm 时，CPK＝1.11，过程能力尚可，且收集同心度均值为 0.15 mm 的滤棒，通过肉眼观察，未见明显偏心。因此，同心度允差内控标准定为 0.15 mm，能够满足生产过程能力和产品质量要求。

3.2.2 异形空腔滤棒的工艺参数

1. 丝束规格

研究表明，低单旦的丝束在蒸汽的高温作用下易熔融断裂，丝束总旦过低则因无足够的丝束填充量而导致异形孔滤棒无法成型。因此，丝束的选型对异形孔滤棒成型及硬度有较大的影响。

以5.8Y/26000（南通醋酸纤维有限公司）、5.0Y/35000（塞拉尼斯）、6.0Y/35000（南通醋酸纤维有限公司）、6.0Y/32000（南通醋酸纤维有限公司）四种不同规格的丝束为研究对象，分别选用两股相同的丝束在相同速度、相同甘油酯含量的情况下，调整丝束开松系统，在保证丝束稳定喂入及滤棒外观合格的情况下，使用ZL23E空芯滤棒成型机（南通烟滤嘴公司自主开发）生产相同规格的异形孔滤棒EC23.90×84，考察滤棒的重量、硬度等物理指标。

不同丝束规格生产的EC23.90×84的重量及硬度平均值见表3.26。

表3.26 不同丝束规格生产的EC23.90×84的重量及硬度平均值

丝束规格	重量平均值/(g/10支)	硬度平均值/(%)
5.8Y/26000	7.4	93.6
6.0Y/32000	8.1	95.2
5.0Y/35000	9.0	95.4
6.0Y/35000	9.0	97.1

从表3.26中的数据可以看出，丝束单旦和丝束总旦对异形空腔滤棒的硬度均有影响。相同丝束单旦的情况下，丝束总旦越高，硬度越高。这和普通醋纤滤棒一样，丝束总旦的提高有利于丝束填充量增加，从而增加滤棒的硬度。相同丝束总旦的情况下，丝束单旦越高，硬度越高，这可能与三乙酸甘油酯在不同丝束单旦的单丝表面形成的黏结点差异有关。

2. 固化剂含量

Peter Z[32]研究了醋酸纤维素平均取代度(DS)与玻璃化转变温度(T_g)、熔融温度(T_m)、热分解温度(T_d)的关系（图3.19）。从图3.19来看，异形空腔滤棒使用的平均取代度(DS)约为2.47的二醋酸纤维素玻璃化转变温度(T_g)为202 ℃。如蒸汽温度达到202 ℃时，从图3.19中看，其玻璃化转变温度(T_g)与热分解温度(T_d)接近，如温度控制不当，则二醋酸纤维素热分解。

由于异形空腔滤棒均为无纸包滤棒，其成型原理为施加有三乙酸甘油酯的丝束在蒸汽的高温加热下通过内部的芯棒定型，快速冷却固化后形成的。为此通过在异形孔滤棒成型过程中，施加固化剂三乙酸甘油酯降低二醋酸纤维素的玻璃化

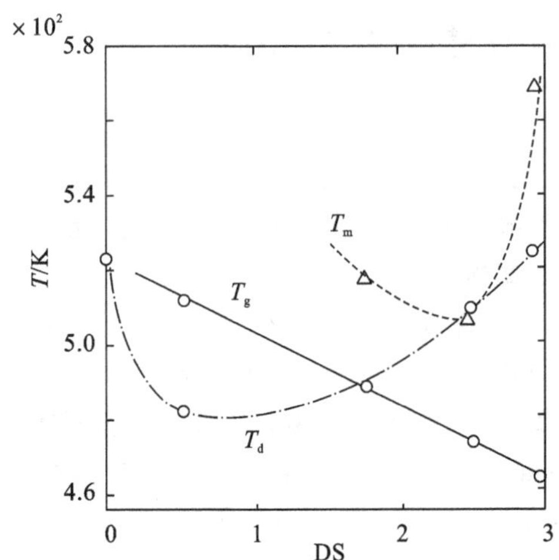

图 3.19　醋酸纤维素平均取代度(DS)与玻璃化转变温度(T_g)、熔融温度(T_m)、热分解温度(T_d)的关系

转变温度(T_g),从而保证二醋酸纤维素丝束在无化学变化的情况下发生融解,通过快速冷却形成异形孔滤棒。因此,研究三乙酸甘油酯含量对滤棒质量的影响十分必要。

以 6.0Y/35000(南通醋酸纤维有限公司)丝束为研究对象,分别选用两股 6.0Y/35000在相同速度、施加不同三乙酸甘油酯(大赛璐)含量的情况下,采用 ZL23E 空芯滤棒成型机(南通烟滤嘴公司自主开发)生产相同规格的异形空腔滤棒 EC23.90×84,考察其滤棒外观及硬度。

不同甘油酯含量的 EC23.90×84 外观质量及平均硬度见表 3.27。

表 3.27　不同甘油酯含量 EC23.90×84 外观质量及平均硬度

甘油酯含量	平均硬度/(%)	滤 棒 外 观
13%～16%	92.0	固化不充分,内壁不光滑,切口毛刺较多,内孔有丝束纤维
16%～20%	97.2	内壁光滑,切口平齐,外观合格
>20%	95.6	滤棒间有粘连,丝束粘连在布带和芯棒上,导致内孔和侧面外观质量不合格

从表 3.27 中来看,当甘油酯含量为 13%～16%时,相同的热量下,醋纤丝束的玻璃化转变温度(T_g)过高,不能让丝束粘连在一起,从而导致固化不充分,内壁不光滑,切口毛刺较多,内孔有丝束纤维。当甘油酯含量大于 20%时,相同的热量下,醋纤丝束的玻璃化转变温度(T_g)过低,导致丝束熔融过度,丝束粘连在布带和芯棒上,导致内孔和侧面外观质量不合格。异形空腔滤棒的甘油酯含量为 16%～

20%时最佳。

3. 蒸汽参数

异形空腔滤棒固化成型需要使用较高温度的蒸汽，蒸汽参数的选择对滤棒的生产有很重要的影响。蒸汽处理系统见图3.20。

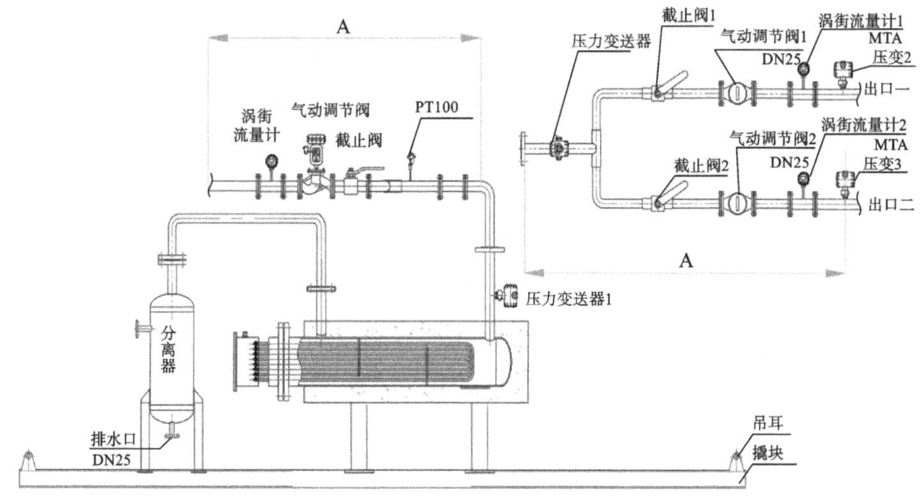

图3.20　蒸汽处理系统

以6.0Y/35000丝束(南通醋酸纤维公司)为研究对象，采用ZL23E空芯滤棒成型机(南通烟滤嘴公司自主开发)成型滤棒。在固定蒸汽管径的情况下，通过实时调整蒸汽温度(对应的压力和流量可在线读取)，考察蒸汽参数调整对滤棒外观质量的影响。

分别调整蒸汽温度至115 ℃、130 ℃、145 ℃，对应的蒸汽压力分别为0.02 MPa、0.05 MPa、0.075 MPa，流量分别为4.6 kg/h、7.5 kg/h、10.0 kg/h，蒸汽参数调整对滤棒外观质量的影响见表3.28。

表3.28　蒸汽参数调整对滤棒外观质量的影响

蒸汽温度/℃	滤棒外观质量
115	内壁固化不充分，切口毛刺较多
130	固化充分，内壁光滑，外观合格
145	丝束粘连在布带和芯棒上，导致滤棒内孔和侧面外观质量不合格

从表3.28中可以看出，当蒸汽温度为115 ℃时，热量过低，达不到施加有固化剂的二醋酸纤维素的玻璃化转变温度(T_g)，丝束粘连效果较差。当蒸汽温度为145 ℃时，热量过高，高于其玻璃化转变温度(T_g)，导致丝束熔融过度，和芯棒、布带粘连在一起，影响生产和滤棒外观。而蒸汽温度为130 ℃，固化较为充分，外观

较好。

4. 蒸汽布带规格

有别于传统有纸包醋纤滤棒的生产，异形空腔滤棒的生产是通过布带的全包裹定型实现的，因此布带的选择对于滤棒外观至关重要。布带宽度的选择和目标圆周有很大的关联性，通过设计不同圆周的试验以找到对应的关联性。

在 ZL23E 空芯滤棒成型机上，以 6.0Y/35000（南通醋酸纤维有限公司）为研究对象，通过选择合适宽度的布带，用 7.5 mm 蒸汽烟枪生产 23.90 mm 圆周的滤棒和 23.80 mm 圆周的异形孔滤棒；通过选择合适宽度的布带用 5.3 mm 蒸汽烟枪生产 16.60 mm 圆周的异形孔滤棒（表 3.29）。

表 3.29 生产出目标圆周的布带规格

目标圆周/mm	布带规格/mm
23.90	24.9
23.80	24.8
16.60	17.6

从表 3.29 中的结果来看，布带规格宽度较目标圆周高 1.0 mm 即可。

图 3.21 给出了布带宽度与目标圆周的关系。在图 3.21 中，D 为一定宽度的布带包裹形成的直径，d 为该规格布带理论生产的滤棒直径，则布带厚度 $r=(D-d)/2$。经测量，布带的厚度为 0.430 mm。

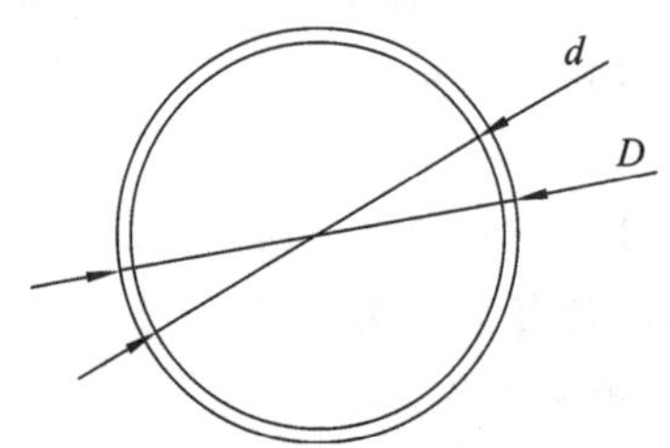

图 3.21 布带全包裹后直径与该规格布带理论生产的滤棒直径示意图

结合表 3.29 与图 3.21，得出实际直径与理论直径之差见表 3.30。从表 3.30 中可以发现实际直径与理论直径存在一个固定的系数 $\delta=0.5417$ mm，即滤棒离开布带包裹后存在一个固定的膨胀系数。通过该参数，可以将布带的宽度通过计算得出

$$w=\pi(x-\delta+2r)$$

式中：x 为目标滤棒直径；δ 为膨胀系数；r 为布带厚度。该公式可有效指导滤棒设计及生产时蒸汽布带规格的选择。

表3.30　实际直径与理论直径之差

目标圆周/mm	目标直径/mm	布带规格/mm	该规格布带理论生产的滤棒直径/mm	实际直径与理论直径之差/mm
23.90	7.6076	24.9	7.0659	0.5417
23.80	7.5758	24.8	7.0342	0.5416
16.60	5.2839	17.6	4.7423	0.5417

5. 物理指标变化规律

在甘油酯含量为17%～19%的条件下，使用6.0Y/35000丝束（南通醋酸纤维公司）在ZL23E空芯滤棒成型机（南通烟滤嘴公司自主改造）上生产规格为EC23.90×84的异形空腔滤棒，下机后连续观测重量、圆周、长度、硬度、含水率随时间的变化规律。

重量随下机时间的变化见图3.22。从图3.22中可以看出，异形空腔滤棒重量趋于稳定需要5天的时间，与下机相比，减少约0.1 g/10支，主要为水分的损失。

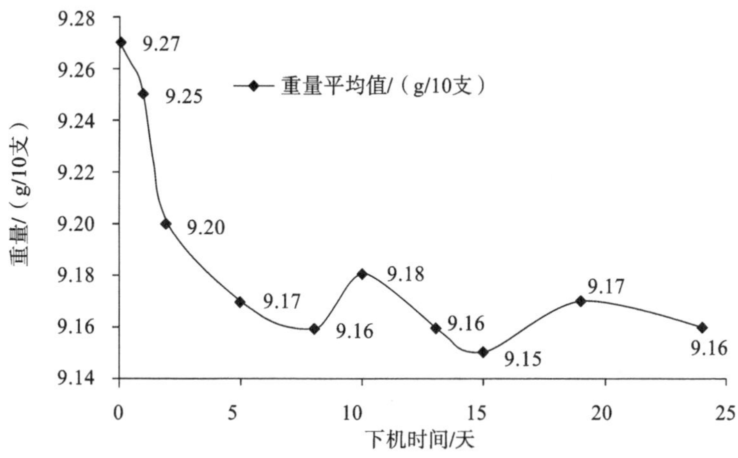

图3.22　重量随下机时间变化

圆周随下机时间的变化见图3.23。从图3.23中可以看出，异形空腔滤棒圆周下机3天后变化很少，固化后减少0.07～0.09 mm。

长度随下机时间的变化见图3.24。从图3.24中可以看出，异形空腔滤棒长度变化较小，下降约0.1 mm。

硬度随下机时间的变化见图3.25。从图3.25中可以看出，异形空腔滤棒硬度5天后即基本达到最大值，之后随时间的变化不大。

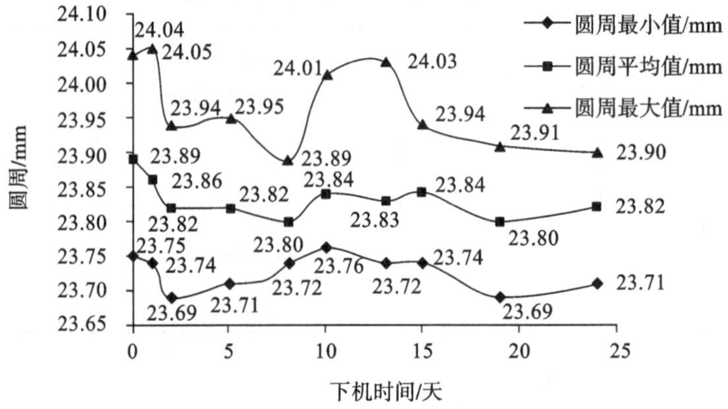

图 3.23 圆周随下机时间变化

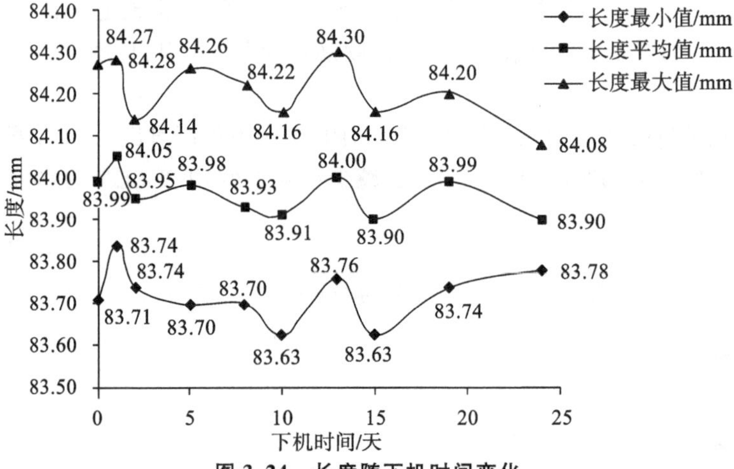

图 3.24 长度随下机时间变化

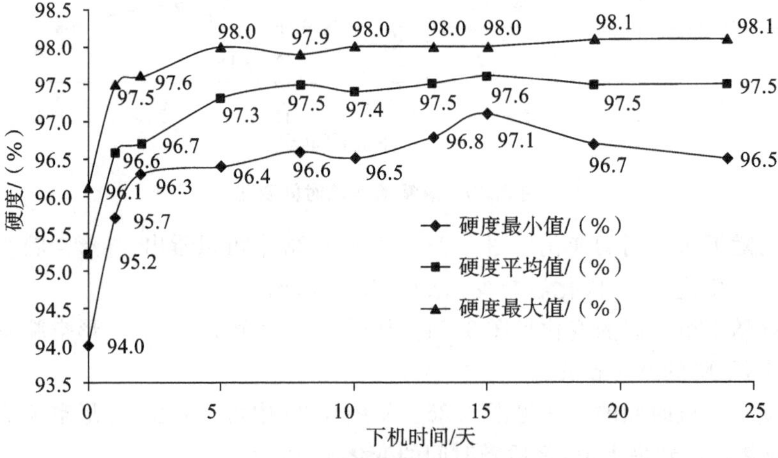

图 3.25 硬度随下机时间变化

含水率随时间的变化见图 3.26。从图 3.26 中可以看出，异形空腔滤棒含水率 5 天后即基本稳定，之后随时间的变化不大。

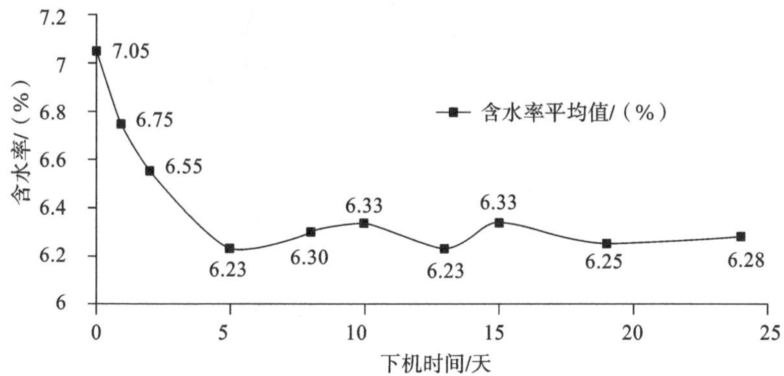

图 3.26　含水率随下机时间变化

通过以上对异形空腔滤棒下机后物理指标变化规律的研究发现，重量、含水率、硬度变化较大，基本在下机 5 天后趋于稳定；长度、圆周变化较小。这可能是经高温加热后，醋纤丝束在固化剂三乙酸甘油酯的继续作用下发生了缓慢的变化，同时伴随着水分的散失而导致。

3.2.3　成型系统优化设计研究

1. 烟舌的优化设计

在蒸汽烟枪技术中，因采用物理挤压配合蒸汽加热固化的方式给丝束定型，其在固定的烟道空间内，尤其是烟枪蒸汽加热段前段，有烟舌、芯棒、布带及丝束。为保证丝束喂入及稳定性，烟舌不可或缺。但因为烟道前端空间有限，原有厚度为 1 mm 的烟舌将挤占丝束的空间，减少了烟舌与芯棒之间丝束的填充量，导致滤棒中烟舌下方的丝束填充不均匀，从而使滤棒硬度不均且容易开裂。为了给烟舌下方与芯棒之间留足够的距离，前期主要通过将烟舌尽量靠近蒸汽布带来解决，这样增加了烟舌与蒸汽布带的摩擦，导致布带容易磨损，减少了蒸汽布带的使用寿命。

在此基础上，将烟舌前端重新进行设计加工，将其厚度由 1 mm 减小到 0.5 mm，相当于又多出了布带的厚度（布带厚度约为 0.43 mm），宽度由 5 mm 减小到 3 mm。改进前和改进后的烟舌见图 3.27。可通过实验验证其使用效果。

经生产过程验证，烟舌厚度变薄变窄后，为烟舌和芯棒之间增加了约 0.5 mm 的空间，有效提高了丝束填充的均匀性，烟舌上下左右调整的空间更大，烟舌与布带的摩擦大幅度减少，布带的使用寿命得到了明显提升，丝束填充更加均匀，更有利于芯孔较大的异形空腔滤棒的开发。

(a)改进前的烟舌

(b)改进后的烟舌

图 3.27　改进前和改进后的烟舌

2. 布带运行机构的优化设计

目前国内外用于生产异形孔滤棒的蒸汽布带使用的材料均为尼龙。在使用过程中蒸汽布带变得越来越长，以致布带轮气缸全部到底后，绷紧的布带依然会出现越来越松弛的现象，此时蒸汽布带出现打滑，从而导致异形空腔滤棒出现长短不一的现象。经分析，该现象为高分子材料固有的“蠕变”现象，在一定温度下与恒定外力（拉力、压力等）下，材料的形变随着时间的增大而增大。为解决该问题，设计开发了蒸汽布带张紧装置，见图 3.28。该装置在蒸汽布带使用过程中，能持续给予布带一定的压力，和布带轮气缸共同作用，消除蒸汽布带“蠕变”的影响。

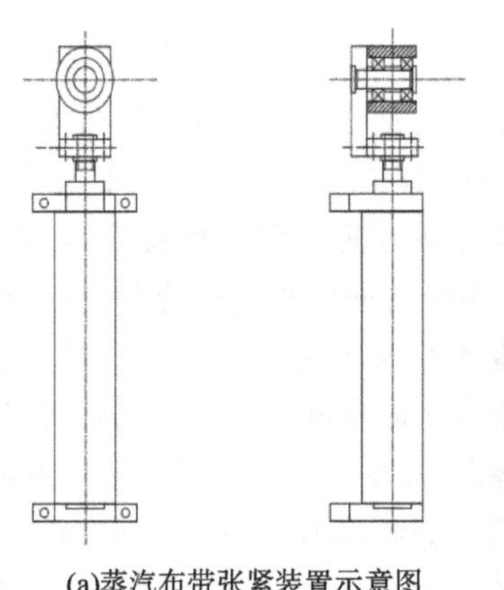
(a)蒸汽布带张紧装置示意图

(b)蒸汽布带张紧装置安装图

图 3.28　蒸汽布带张紧装置

经生产现场持续跟踪验证，该装置有效提高了蒸汽布带的使用寿命，原来每 10 万支滤棒需更换一根因蠕变导致无法使用的蒸汽布带，目前提高到 20 万支，同时滤棒长短不一的现象得到了根本的解决。

3. 蒸汽烟枪的优化研究

有别于传统有纸包醋纤滤棒的生产，异形空腔滤棒的生产是通过布带在烟枪内的全包裹定型实现的。其蒸汽烟枪内加装芯棒，烟枪外部接装蒸汽喷射到内部丝束，挤压收拢并加快丝束凝固成型。但生产过程中发现，蒸汽布带存在越来越窄的情况，导致蒸汽布带无法完全包裹丝束，从而导致布带合拢处有轻微的凸起，这种轻微的凸起影响了圆周检测的准确性，也对复合过程中成型纸的包裹产生不利影响。因此设计加工了异形空腔滤棒整形装置，安装在蒸汽烟枪末端，有助于消除滤棒表面因蒸汽布带变窄或缺陷带来的“凸起”。整形装置见图3.29。

图3.29　整形装置

4. 芯棒的优化研究

目前生产异形空腔滤棒的芯棒均采用线切割制造。在生产过程中，丝束在蒸汽高温的作用下熔融，很容易黏附在不光滑的芯棒上，从而导致内孔变形、有毛刺，严重影响生产效率和产品质量。该问题在温度更高的拉拔式生产异形空腔滤棒的过程中更加明显，是造成异形空腔滤棒内孔质量缺陷最主要的原因。

聚四氟乙烯涂膜作为一种安全的无油润滑材料，具有塑料中最小的摩擦系数，很薄的膜也能显示出超强的不黏附性能，在解决材料加热粘连问题上取得了较为广泛的应用。聚四氟乙烯涂膜的表面能较小，很多固体材料都不能黏附在其表面上，同时，其对温度的影响变化不大，可使用温度为－190～260 ℃，温度范围广，低于异形空腔滤棒成型使用的蒸汽温度范围。因此，在生产异形空腔滤棒时，采用涂覆聚四氟乙烯的芯棒（图3.30）。

经生产验证，涂覆聚四氟乙烯的芯棒在涂膜不受损的情况下，未发现丝束熔融黏附在其表面的情况。该改进后的芯棒极大提高了内孔质量和生产效率，成为异

(a)未涂覆聚四氟乙烯的芯棒

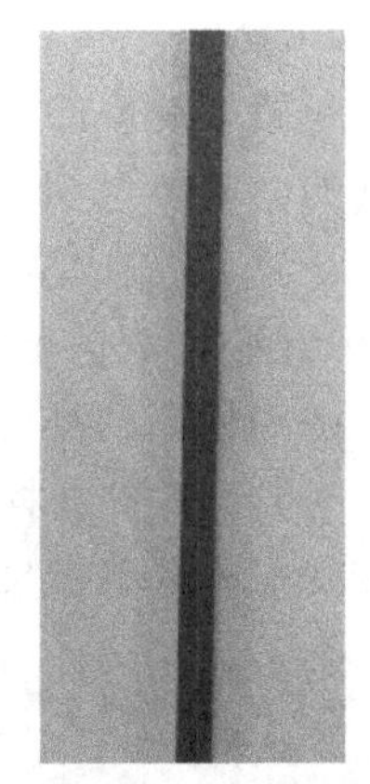

(b)涂覆聚四氟乙烯的芯棒

图 3.30 未涂覆聚四氟乙烯的芯棒与涂覆聚四氟乙烯的芯棒对比图

形空腔滤棒生产的关键技术。

3.2.4 细支异形空腔复合滤棒的开发选型

为了配合细支卷烟产品的设计开发，本节介绍了两种细支空腔复合滤棒的选型与开发过程。一是选型了一种五角星形的异形空腔复合滤棒，简称柯林斯滤棒。该滤棒分切后空腔段长度为 7 mm，醋纤段长度为 23 mm，空腔结构内部为五角星形，外部为五个圆弧形，为了支撑其空腔造型，采用高强度的成型纸进行包裹复合。二是自主设计并开发了一种外圆内方形的空腔复合滤棒，简称外圆内方滤棒[33]。该滤棒分切后空腔段和醋纤段的长度与柯林斯滤棒相同，空腔段内部为方形中空，外部填充丝束。两种细支空腔复合滤棒结构见图 3.31。

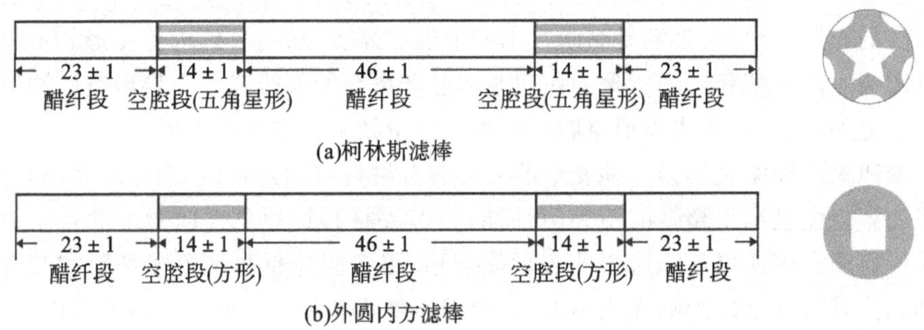

图 3.31 两种细支空腔复合滤棒结构图

按照两种细支空腔复合滤棒的实际状况，拟定的滤棒的具体技术指标见表 3.31。

表 3.31　两种细支空腔复合滤棒技术指标

项　　目	单　　位	指 标 要 求	备　　注
长度	mm	120.0±0.5	
圆周	mm	16.80±0.20	
压降	Pa	3800±380	
硬度	%	≥78.0	测试普通醋纤段
		≥91.0	测试空腔段
圆度	mm	≤0.35	测试普通醋纤段
含水率	%	≤8.0	

采用同种烟丝分别卷接两种空腔复合滤棒的细支卷烟，并与普通滤棒的细支卷烟进行对比分析。烟气检测结果见表 3.32，从表 3.32 中可看出，两种空腔复合滤棒的焦油、CO 释放量均高于普通滤棒，而水分也稍高，说明空腔复合滤棒的烟气过滤效率要低于普通滤棒。

表 3.32　两种空腔复合滤棒与普通滤棒烟气释放量比较

样　　品	口数 /puff	焦油 /(mg/支)	CO /(mg/支)	水分 /(mg/支)
普通滤棒	5.25	8.84	6.87	1.81
柯林斯滤棒	5.33	9.47	7.19	2.07
外圆内方滤棒	5.35	9.01	6.97	1.90

两种滤棒的感官评价结果表明：两种滤棒存在空腔滤棒固有的刺激性及辣感增加的缺点，但明显弱于常规卷烟产品的空腔滤棒；由于空腔有利于烟气打开，并降低抽吸时的吸阻感受，因此在烟气表现状态上较好；柯林斯滤棒的结构更有利于烟气发散，外圆内方滤棒的烟气状态更为集中。

参 考 文 献

[1]　魏玉玲，胡群，牟定荣，等. 材料多因素对 30 mm 滤嘴长卷烟主流烟气量及过滤效率的影响[J]. 昆明理工大学学报(理工版)，2008，4：84-90.

[2]　彭斌，孙学辉，尚平平，等. 辅助材料设计参数对烤烟型卷烟烟气焦油、烟碱和 CO 释放量的影响[J]. 烟草科技，2012，2：61-65，82.

[3]　刘华. 卷烟材料与焦油量关系的回归设计与分析[J]. 烟草科技，2008，5：9-11.

[4] Sheng ZHOU, Lijun ZHU, Changguo WANG. Effects of Cigarette Auxiliary Material Parameterson Release Amounts of Tar, CO and Free Radicals in Cigarette Mainstream Smoke [J]. Agricultural Science & Technology, 2013, 14 (2):324-328.

[5] 肖克毅,谭兰兰,戴亚. 卷烟材料参数对主流烟气氨释放量的影响[J]. 烟草科技,2014,11:50-56.

[6] 李春,向能军,沈宏林,等. 卷烟辅料对一些醛、酯类香料单体迁移率的影响研究[J]. 烟草科学研究,2009,9:25-30.

[7] 赵乐,彭斌,于川芳,等. 辅助材料设计参数对卷烟 7 种烟气有害成分释放量的影响[J]. 烟草科技,2012,10:46-50,84.

[8] 赵乐,彭斌,于川芳,等. 基于卷烟辅助材料参数的卷烟烟气有害成分预测模型[J]. 烟草科技,2012,5:35-39.

[9] 谢卫,黄朝章,苏明亮,等. 辅助材料设计参数对卷烟 7 种烟气有害成分释放量及其危害性指数的影响[J]. 烟草科技,2013,1:31-38.

[10] Leonard R. E.. Effect of tobacco type and paper permeability on the delivery of certain components of cigarette somke. Kodak tobacco smoke filter know-how, FTR-29,1976.

[11] Townsend D. E., Norman A. B.. The effects of cigarette paper permeability and air dilution on carbon monoxide production and diffusion from the tobacco rod. 36th TSRC,1980.

[12] Browne C. N.. The Design of Cigarettes. 1979.

[13] Case P. D., Branton P. J., Baker R. R., et al. The effect of cigarette design variables on assays of interest to the Tobacco Industry:CORESTA 2005.

[14] Filter medium for removing hydrogen cyanide from tobacco smoke [P]. US: 3410282,1968-11-12.

[15] Wilson S A. Smoke composition changes resulting from filter ventilation. moke composition changes resulting from filter ventilation[J]. Tob. Sci. Res. Conf., 2001,55:65.

[16] Christophe L M., Lang L B., Gilles L B., et al. Influence of cigarette paper and filter ventilation on Hoffmann analytes [C]. 58th TSRC,2004.

[17] 李炎强,宗永立,屈展,等. 通风稀释、加长滤嘴对卷烟主流烟气粒相挥发性、半挥发性中性成分释放量的影响[J]. 中国烟草学报,2008,14(6):19-23.

[18] 蔡君兰,韩冰,张晓兵,等. 滤嘴通风度对卷烟主流烟气中一些香味成分释放量的影响[J]. 烟草科技,2011(9):54-60.

[19] 余婷婷,詹建波,程量,等. 纵向抗张能量吸收对卷烟纸包灰性能的影响[J].

材料导报,2017,31(29):384-387.

[20] 陈慧斌,程占刚,叶明樵,等.影响卷烟包灰能力的因素初探[A].中国烟草学会工业专业委员会工艺学组 2010 年学术研讨会论文集[C].2010:307-311.

[21] 曲振明.中国醋酸纤维素丝束研究、引进及规模化生产[J].湖南烟草,2009,2:64-66.

[22] 刘镇,林建,盛培秀.醋纤滤嘴设计中丝束规格选型的技术研究[J].烟草科技,2001,9:6-8.

[23] 盛培秀,韩云辉.滤棒用二醋酸纤维素丝束单耗模型实证研究[J].烟草科技,2008,5:12-14,29.

[24] 张淑洁,司祥平,陈昀,等.醋酸纤维的性能及应用[J].天津工业大学学报,2015,34(02):38-42.

[25] 董金荣,樊传国,王昌银,等.二醋酸纤维丝束应用发展研究[J].合肥工业大学学报(自然科学版),1999(S1):48-51.

[26] 闫克玉,刘朝贤,闫洪洋,等.卷烟烟气化学[M].郑州:郑州大学出版社,2002:128.

[27] 高明奇,马宇平,顾亮,等.细支卷烟用二醋酸纤维素丝束的应用性能[J].烟草科技,2017,50(11):75-80.

[28] 崔春,冯晓民,田海英,等.细支卷烟用 R 型截面二醋酸纤维素丝束的应用性能[J].中国烟草学报,2019,25(3):17-22.

[29] 刘立全,洪广峰,洪群业.特殊滤棒减害研究进展[J].中国烟草学报,2012,18(1):106-111.

[30] 金勇,王诗太,李克,等.卷烟滤嘴在降焦减害中的研究进展[J].烟草科技,2016,49(11):101-102.

[31] YC/T 195—2005 烟用材料标准体系[S].

[32] Peter Z. Characterization and physical properties of cellulose acetates[J]. Macromolecular Symposia,2004,208:81-166.

[33] 张映,段良勇,顾永圣.卷烟(带有外圆内方空腔嘴棒).中国,ZL201530154945.4 [P].2015,5,21.

第4章　细支卷烟的原料配方保障技术

细支卷烟烟支由于具有直径小、单支卷烟容纳烟丝量少等典型特征，烟丝结构、纯净度等指标已成为影响细支卷烟卷制质量的主要因素。例如，烟丝中梗签含量较高，在卷制过程中梗签剔除量较大、刺破烟支较多，细支卷烟消耗难以控制。特别是烟丝结构、纯净度等在细支卷烟质量控制中更容易被叠加和放大，对细支卷烟原料在打叶复烤环节加工质量也就提出了更高要求。

随着细支卷烟的飞速发展，卷烟工业企业对原料保障工作提出了更高的要求。针对细支卷烟"两高，两低"的发展要求，工业企业对原料结构的需求发生了很大改变，尤其是在上部烟叶的使用上。上部烟叶能较高程度的满足细支卷烟对原料的高香气、高浓度的需求[1~4]，但上部烟叶杂气重，化学成分欠协调的缺点也一直存在[5~8]。因此，开展细支卷烟原料的精选、分切和片型控制等技术研究[9~13]，可为满足细支卷烟片烟原料的个性化需求和较高的质量要求提供技术支持。

4.1　概　　述

4.1.1　烟叶外观质量评价方法

依据国标《GB2635—1992 烤烟》对烟叶外观质量进行定性评价，具体外观指标分值转换方法如表4.1所示。

表4.1　外观指标分值转换方法

指标	档次及分值范围				
颜色	红棕:7～10	橘黄:3～7	柠檬黄:0～3		—
成熟度	完熟:8～10	成熟:5～8	尚熟:3～5	欠熟:0～3	假熟:2～4
身份	厚:8～10	稍厚:6～8	中等:4～6	稍薄:2～4	薄:0～2

续表

指标	档次及分值范围				
油分	多:7～10	有:4～7	稍有:2～4	少:0～2	—
叶片结构	疏松:7～10	尚疏松:5～7	稍密:3～5	紧密:0～3	—
色度	浓:8～10	强:6～8	中:4～6	弱:2～4	淡:0～2

4.1.2　烟叶主要化学成分检测方法

烟叶中主要化学成分的检测方法参照烟草行业相关标准进行检测分析，如表 4.2 所示。

表 4.2　烟叶中主要化学成分的检测方法标准

检 测 指 标	参 照 标 准
总糖、还原糖	YC/T 159—2002 烟草及烟草制品水溶性糖的测定　连续流动法
总植物碱	YC/T 160—2002 烟草及烟草制品总植物碱的测定　连续流动法
氯	YC/T 162—2002 烟草及烟草制品氯的测定　连续流动法
钾	YC/T 217—2007 烟草及烟草制品钾的测定　连续流动法
总氮	YC/T 161—2002 烟草及烟草制品总氮的测定　连续流动法

4.1.3　数据分析方法

采用 Excel2007、SPSS 19.0、Ri386 3.1.1、MATLAB R2014a 统计分析系统进行数据处理和统计分析。

4.2　细支卷烟原料保障技术研究

与常规卷烟相比，细支卷烟在烟叶原料质量需求方面，对烟叶质量稳定和均衡方面要求更高，在片烟片形结构质量要求方面还提出了个性化需求。为了满足细支卷烟对原料方面的各项需求，烟草行业在烟叶精选品控、分切分类加工、片型结构调控等方面进行了深入研究和探索，逐步提升了细支卷烟原料的适用性和可用性。

4.2.1　烟叶原料精选品控技术

烟叶质量的稳定和均衡是卷烟质量稳定的基础[14]。工业分级不仅可有效剔除青杂、霉变烟和非烟物质，有效提高烟叶等级合格率，明显降低造碎，提高烟叶资源利用率，而且能有效解决当前细支卷烟产量快速增长与需求原料数量和质量之间的矛盾。采用烟叶原料精选品控技术筛选烟叶主要步骤分为：烟叶评价指标描述统计、各项指标的相关性分析、模型构建、精选方式确定、对比验证等。下面以2015—2017年某地C2F等级烟叶为例，具体介绍原料精选品控技术的应用。按照国标《GB2635—1992 烤烟》对烟叶样品进行分类评价，研究确定了品牌所需烟叶外观质量特征的精选方案，形成基于细支卷烟需求的原料精选品控技术，为进一步优化提升烟叶原料的均质性和工业适用性提供技术支持。

1. 评价指标描述统计

按照国标《GB 2635—1992 烤烟》对烟叶样品进行分类评价，结果如表4.3所示。样品外观与感官评价指标在不同样品间存在较为广泛的变异，外观评价指标的变异明显大于感官评价指标的变异；外观评价指标中颜色的变异最大、叶片结构变异最小；感官评价指标中以浓度得分的变异最大、香气特性得分的变异最小。

表4.3 评价指标描述性统计

指标	外观评价指标						感官评价指标				
	颜色	成熟度	叶片结构	身份	油分	色度	浓度	劲头	香气特性	烟气特性	口感特性
平均值	4.53	6.03	7.86	4.92	5.99	6.00	2.86	2.58	12.07	8.80	8.10
最小值	1.50	2.50	2.50	2.00	3.00	3.00	2.00	2.00	9.00	7.00	6.50
最大值	8.00	8.00	9.00	9.00	8.50	8.00	3.50	3.20	14.20	10.50	9.50
变异系数/(%)	44.82	26.90	19.30	32.37	24.48	20.89	13.24	11.29	10.58	10.97	10.66

2. 指标相关分析

数据特征可采用线性相关分析考察外观质量各指标与感官质量指标的相关关系。结果表明(表4.4)，不仅样品外观特征与感官特征指标间存在显著或极显著相关关系，各外观特征指标间也存在显著或极显著相关关系，这反映了各变量间潜在的共同信息维度。成熟度与所有感官指标呈显著或极显著相关关系。身份与烟气浓度、劲头、香气特征均呈极显著相关关系。油分与香气特性、烟气特性和口感特性均呈极显著相关关系。色度与香气特性、烟气特性和口感特性呈极显著相关关系。

表 4.4　烟叶外观性状和感官指标的相关系数

指标	颜色	成熟度	叶片结构	身份	油分	色度	浓度	劲头	香气特性	烟气特性	口感特性
颜色	1										
成熟度	0.323*	1									
叶片结构	−0.163	0.613**	1								
身份	0.553**	0.335*	−0.108	1							
油分	0.493**	0.691**	0.425**	0.550**	1						
色度	0.400**	0.737**	0.588**	0.331*	0.891**	1					
浓度	0.579**	0.328*	−0.176	0.551**	0.218	0.100	1				
劲头	0.660**	0.377*	0.038	0.618**	0.365*	0.235	0.858**	1			
香气特性	0.557*	0.671**	0.280	0.529**	0.651**	0.524**	0.684**	0.736**	1		
烟气特性	0.158	0.582**	0.404**	0.189	0.444**	0.402**	0.277	0.297	0.776**	1	
口感特性	0.255	0.628**	0.519**	0.254	0.687**	0.728**	−0.001	0.151	0.608**	0.714**	1

注：均为双侧检验；* 表示在 0.05 水平（双侧）上显著相关；** 表示在 0.01 水平（双侧）上显著相关。

3. 随机森林分类模型构建

随机森林是由 Breiman 于 2001 年提出的一种以决策树为基础的机器学习组合算法。建模的主要思路是，首先，由原始数据集 D 生成随机向量序列 $\theta(i=1,2,\cdots,k)$，然后采用 Bootstrap 从 D 中有放回地随机抽取 k 个子样本集，记为 $D_i(i=1,2,\cdots,k)$；其次，对每个子样本集 D_i 分别构建某类样品外观质量对应的工业适用性的决策树模型$\{h(x,样品外观)\}$；最后，由多个决策树组合$\{h_1(x),h_2(x),\cdots,h_k(x)\}$构成随机森林分类模型。模型的解释是从类别标记集合中预测出一个标记，最常见的结合策略是使用投票法。将 h_i 在样本 x 上的预测输出表示为一个 N 维向量$(h_{i1}(x);h_{i2}(x);h_{iN}(x))$，其中 $h_{ij}(x)$是 h_i 在类别标记 c_j 上的输出。

$$H(x)=\begin{cases} c_j & \text{if} \sum_{i=1}^{T} h_i^j > 0.5\sum_{k=1}^{N}\sum_{i=1}^{T} h_i^k(x) \\ \text{reject.} & \text{otherwise} \end{cases} \tag{4.1}$$

式中：$H(x)$为随机森林分类模型的预测值，即若某标记得票过半数，则预测为该标记；否则拒绝预测。

原始数据 D 采用 Bootstrap 抽样后每个样本未被抽中的概率为$(1-1/N)^N$，其中 N 为原始数据 D 的样本量。当样本量 N 较大时，$(1-1/N)^N$将收敛于 1/e，约为 0.368，表明原始样本集中约有 36.8%的袋外数据(OOB)可能不在子样本集中，可将其作为评价随机森林及决策树预测性能的测试数据集。利用袋外数据进行评价的方法称为 OOB 估计(Out of Bag Estimation)，当随机森林中的决策树足够多时，OOB 估计具有无偏性。

在随机森林分类的分析中，通常以 OOB 估计所得的预测准确率作为相对重要性，通过推断出的原始数据与加入噪声扰动后的 OOB 准确率之差越大度量变量的重要性越高。

应用随机森林模型分析烟叶的外观关键品控指标，当随机森林规模在 400 左右时，误差率已趋于平稳，为进一步增强误差率的平稳性，将随机森林规模设置为 450，建立并运行随机森林分类模型。输出结果显示，OOB 分类错误率为 25%，即基于随机森林建立的分类模型预测正确率可达 75%，分类结果混淆矩阵见表 4.5。

表 4.5　分类结果混淆矩阵

混淆矩阵	0	1
0	16	4
1	7	17

基于基尼系数的各自变量相对重要性见图 4.1。基尼系数越大，说明该变量的重要性越高。外观指标基尼系数排序为：身份>颜色>色度>成熟度>油分>叶片结构。

4. Logistic 回归模型构建

为了验证烟叶原料的外观性状和感官特征是否符合细支卷烟需求，使用 Logistic 回归进行模型构建。Logistic 回归是一种概率型非线性回归模型，利用 Logistic 回归进行分类的主要思想是根据现有数据对分类边界线建立回归公式，通过最优化方法找到最佳拟合参数集，作为分类边界线的方程系数，将每个测试集上的特征向量乘以回归系数(即最佳拟合参数)，再将结果求和，最后输入 Logistic 函数(即 sigmoid 函数)，根据 sigmoid 函数值与阈值的关系进行分类。

设问题 M 发生的概率为 p_i，自变量用 $x_1,x_2,\cdots,x_k$表示。考虑到概率的值域为[0,1]，若使 $f(p)$与自变量 $x_1,x_2,\cdots,x_k$构成线性关系，则必须使 $f(p)$的取值范围是全体实数。处理这类问题的常用方法是将 Logistic 回归模型进行变换，得到如下所示的 Logistic 回归模型：

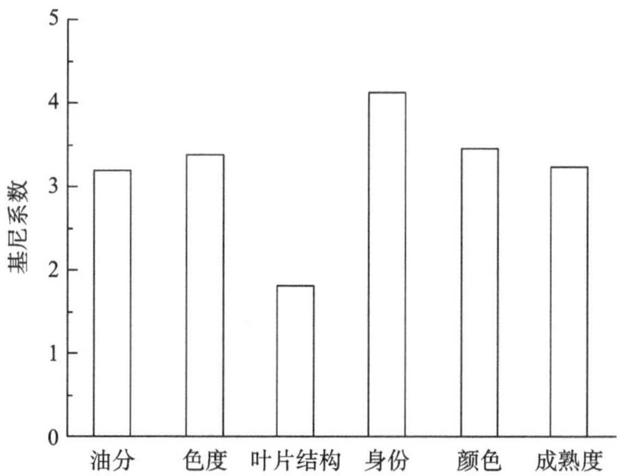

图 4.1 外观质量指标对分类模型的重要性

$$\text{logit}(p) = \ln\left(\frac{p}{1-p}\right) = \beta_0 + \sum_{k=1}^{n} \beta_k x_k \tag{4.2}$$

$$p = \frac{\exp(\beta_0 + \sum_{k=1}^{n} \beta_k x_k)}{1 + \exp(\beta_0 + \sum_{k=1}^{n} \beta_k x_k)} \tag{4.3}$$

应用 Logistic 回归模型，建立二分类模型。首先将颜色、成熟度、叶片结构、身份、油分及色度 6 项指标均引入广义线性模型，模型输出结果见表 4.6。

表 4.6 未筛选变量 Logistic 模型输出结果

指标	常量	颜色	成熟度	叶片结构	身份	油分	色度
标偏	8.6610	0.349	0.4090	0.9455	0.8944	1.1058	0.9354
P	0.0912	0.6547	0.3874	0.4487	0.3325	0.6624	0.4479
AIC	—	—	—	49.281	—	—	—

表 4.6 的模型输出结果表明：若不进行自变量筛选，变量间的自相关将导致模型无法进行有效拟合，所有假设检验均没有证据表明可以认为通过。因而选择逐步进入法，基于 AIC 值最小原则进行变量筛选。模型输出结果见表 4.7。

表 4.7 Logistic 模型输出结果

指　标	常　量	身　份	色　度
参数值	8.9990	−0.6497	−0.9159
标偏	2.7910	0.3380	0.3914

续表

指　标	常　量	身　份	色　度
P	0.00126	0.05461	0.01927
AIC	—	43.899	—

引入十字交叉验证分层随机抽样进行对比，最终模型分类错误率为 23.5%，分类准确率为 76.5%，将外观变量进行降维后，筛选出的指标为身份和色度，最终确定的指标为身份和色度。进一步将筛选后的指标进行证据权重(WOE)分析，其计算公式如下：

$$\mathrm{WOE}_i=\ln\left[\frac{(g_i/g)}{(b_i/b)}\right] \tag{4.4}$$

式中：WOE_i为某变量第 i 个属性对应的 WOE 值；g_i为某变量第 i 个属性对应的符合细支卷烟需求的样品类别数；b_i为某变量第 i 个属性对应的不符合细支卷烟需求的样品类别数；g 为样本中总的细支卷烟需求的样品类别数；b 为样本中总的样品类别数。

对筛选后的指标进行分箱，计算 WOE 值，结果见表 4.8 和表 4.9。样品外观质量同时满足身份在(5,7]，色度(6,10]，可较大程度选出符合细支卷烟需要的烟叶原料类别(即标记为 0 的样本)。根据变量筛选、分箱后，对原始数据进行回判，可得混淆矩阵。表 4.10 中混淆矩阵结果表明：根据最终确定的重点品控指标及范围，分类正确率为 82.69%。

表 4.8　身份分箱 WOE 值

身份	(0,4]	(4,5]	(5,7]	(7,9]
WOE	−1.76	−0.51	1.34	0.17

表 4.9　色度分箱 WOE 值

色度	(0,5]	(5,6]	(6,9]
WOE	−2.19	0.20	0.89

表 4.10　重点品控指标回判混淆矩阵

混 淆 矩 阵	A	B
A	14	2
B	7	29

5. 精选方式的确定

根据确定的精选品控指标对样品进行回判，基于细支卷烟原料质量需求建立的精选品控指标及区间分类模型正确率为 82.69%。为尽可能减少错分样本,更为贴合实际的指导生产,对错分样本进行归纳。错分样本汇总见表 4.11。

表 4.11 模型错分样本汇总

假阳性(7 例)	假阴性(2 例)
2015 年中部金黄—2—1	2016 年出油 2016 年上部烟叶—B
2015 年中部金黄—2—2	
2015 年轻微含杂—1—2	
2015 年中部柠檬黄—2—1	
2015 年中部柠檬黄—2—2	
2015 年下部橘黄—1	
2016 年下部橘黄—1	

根据对分析结果及错分样本梳理,最终确定基于细支卷烟原料需求的精选方式为:在严控副组和下部烟叶的基础上,重点把控身份和色度指标,确保选上烟叶身份在中等至稍厚区间,同时色度在强～浓区间,具体分值为身份(5,7],色度>6。根据该品控措施,可确保选上烟叶趋于完全符合分类预期。

6. 对比验证情况

从 8000 担 C2F 原烟中随机抽取 10 包(收购日期间隔 5 天以上),每包自中心向四周抽检样 5～7 处,约 30 公斤。根据品控指标筛选结果,对样品进行分选,并称重。最终计算实验室选上样品比例为 42.68%。

对现场原样、实验室选上样品及现场选上样品进行对比评吸,结果表明,基于细支卷烟需求的精选重点品控指标的 J-1 类烟叶样品整体而言显著好于未分选原样(表 4.12);同时突出了高浓度、高香气、高透发的特点,可以满足细支卷烟配方原料需求。

表 4.12 基于细支卷烟需求的精选重点品控指标试验样品对比评吸

类别	指标											
	烟气浓度	劲头	香气质	香气量	透发性	杂气	细腻程度	柔和程度	圆润感	刺激性	干燥感	余味
原等级	3	3	3	3	3	2	3.1	3.1	3.1	2.8	2.8	2.8
生产验证 J-1 类	3.5	3.4	3.1	3.3	3.5	2	3.1	3.1	3.1	2.5	2.5	2.9
实验室验证 J-1 类	3.6	3.5	3.3	3.4	3.6	2	3.2	3.2	3.2	2.5	2.5	3

生产验证试验的 J-1 类感官质量整体略低于实验室验证 J-1 类样品，但明显好于原等级样品，尤其是细支卷烟原料关注的烟气浓度、香气量、透发性指标，明显高于原等级。分选验证结果，特色细支卷烟精选重点品控指标在生产中的指导作用显著，实验室验证和生产验证选出料比例相近（表 4.13）。

表 4.13 细支卷烟精选验证试验结果

验证方式	类别		
	J-1/(%)	A-1/(%)	B-1/(%)
生产验证	41.52	55.76	1.89
实验室验证	42.68	55.61	1.71

4.2.2 原料分切分类加工技术

由于大田生长期同一叶片的不同区段（叶尖、叶中和叶基）所受的光照条件不同，导致同一叶片的不同区段在外观、物理特性、化学成分、感官质量等方面存在一定的差异；因此，开展烟叶分切可为提高烟叶整体可用性、烟叶精细化分组加工及精细化使用提供技术支撑。

本章节结合福建三明宁化（CB-1）、贵州遵义（云烟 87）、湖南郴州桂阳（云烟 87）的 B2F、C3F、X2F 等不同等级烟叶，介绍整片烟叶不同区位质量间的差异，以及不同分切段烟叶特性差异，阐述各分切段烟叶贡献度分析指标及方法，从而确定烟叶精选模式，提高选后烟叶可用性和选叶效率，为细支卷烟原料配方需求提供技术指导。

1. 烟叶分切叶位聚类分析

聚类是研究分类问题的一种多元探索性统计方法，它能够将一批样本数据按照性质上的亲密程度在没有先验知识的情况下自动进行分类。传统的聚类方法大致可分为层次聚类和非层次聚类两种方法。本章节采用一种基于网格的智能聚类方法——自组织特征映射网络（SOM），对烟叶分切叶位进行聚类分析。自组织特征映射网络（SOM）是一种竞争性神经网络，同时引入自组织特性。其采用无监督的学习算法，系统根据输入的样本相互学习其规律性，并按照预定的规则修改网络权值，使输出和输入相适应。分类过程中单个神经元对模式分类不起决定性的作用，需要靠多个神经元协同作用完成。与其他统计分类方法相比，自组织特征映射网络能实现分类智能化，使分类结果客观、可靠，利用自组织特征映射网络方法，对总样本进行分类，能减少关联不大的样本在训练时的相互影响，从而使得训练速度和预测精度都有所提高。

如图 4.2 所示，将烟叶从叶基部开始按照长度 8 cm、4 cm、4 cm……进行切段，

段位代码依次为 A_1、A_2、A_3、…，A_n，并对各分切段样品进行质量评价，采用基于自组织特征映射网络的聚类分析对评价数据进行处理分析。

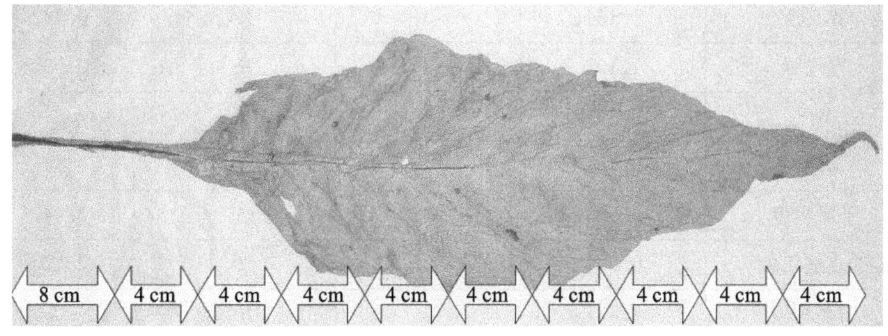

图 4.2　烟叶分切位置和长度

以整片叶及其分切叶位的质量数据为分析样本，根据分切后指标变化情况和品牌原料特性需求，每个样品用一个五维向量 $\boldsymbol{x}=[x_1, x_2, x_3, x_4, x_5]$ 来表征，向量的各分量分别表示香气质、香气量、杂气、刺激性和干净程度。设置竞争层为 2×2 的六边形结构，即类别数为 4 类。由于向量维数为 5，因此网络的输入层包含 5 个神经元节点。竞争层也包含 5 个节点，训练完毕后，每一个输入向量属于一个竞争层节点；在 MATLAB 中进行聚类分析，其步骤如下：①定义样本；②创建网络；③网络训练；④测试；⑤显示聚类结果。聚类分析结果见表 4.14。C3F-A 的 14 个叶位分别归入 4 个类别，其中 A_1、A_2 与 A_3 为第一类，A_4 与 A_5 为第二类，A_{12}、A_{13} 与 A_{14} 为第三类，A_6、A_7、A_8、A_9、A_{10}、A_{11} 为第四类。C3F-A 与第四类归为同一类，说明其质量与第四类相对较为接近。

表 4.14　分切叶位类别划分结果

类　别	样　本	个　数
第一类	A_1　A_2　A_3	3
第二类	A_4　A_5	2
第三类	A_{12}　A_{13}　A_{14}	3
第四类	A_6　A_7　A_8　A_9　A_{10}　A_{11}　C3F-A	7

方差齐次性检验结果如表 4.15 所示。结果表明，细腻程度、烟碱、总糖等指标 $P<0.05$，方差不齐性，不符合参数检验条件，不宜使用一般线性模型分析不同类别的指标间差异，因此采用非参数检验中的 Kruskal-Wallis H 检验方法来检验多个独立样本的指标间差异。Kruskal-Wallis H 检验结果表明（表 4.16）：各指标近似性显著性概率均小于 0.05，拒绝原假设，说明 4 个类别的各指标存在差异有统计学意义。

表 4.15　误差方差等同性的 Levene 检验[a]

指　　标	F	df1	df2	Sig.
香气质	1.134	3	10	0.382
香气量	1.105	3	10	0.392
杂气	0.293	3	10	0.830
刺激性	0.659	3	10	0.595
干净程度	0.963	3	10	0.447
工业适用性	0.896	3	10	0.477
细腻程度	4.427	3	10	0.032
成团性	3.605	3	10	0.054
干燥感	2.161	3	10	0.156
甜度	3.285	3	10	0.067
丰满度	1.653	3	10	0.239
浓度	0.616	3	10	0.620
劲头	0.779	3	10	0.532
烟碱	3.885	3	10	0.045
总糖	8.791	3	10	0.004
还原糖	10.337	3	10	0.002
总氮	6.736	3	10	0.009
钾	2.735	3	10	0.099
氯	5.601	3	10	0.016

注：检验零假设，即在所有组中因变量的误差方差均相等。

a. 设计：截距＋类别。

表 4.16　Kruskal-Wallis H 检验结果汇总

序　　号	原　假　设	Sig.	决　策　者
1	香气质的分布在类别上相同	0.012	拒绝原假设
2	香气量的分布在类别上相同	0.012	拒绝原假设
3	杂气的分布在类别上相同	0.010	拒绝原假设
4	刺激性的分布在类别上相同	0.009	拒绝原假设

续表

序　　号	原　假　设	Sig.	决　策　者
5	干净程度的分布在类别上相同	0.011	拒绝原假设
6	工业适用性的分布在类别上相同	0.009	拒绝原假设
7	细腻程度的分布在类别上相同	0.009	拒绝原假设
8	成团性的分布在类别上相同	0.009	拒绝原假设
9	干燥感的分布在类别上相同	0.009	拒绝原假设
10	甜度的分布在类别上相同	0.010	拒绝原假设
11	丰满度的分布在类别上相同	0.013	拒绝原假设
12	浓度的分布在类别上相同	0.009	拒绝原假设
13	劲头的分布在类别上相同	0.008	拒绝原假设
14	烟碱的分布在类别上相同	0.045	拒绝原假设
15	总糖的分布在类别上相同	0.020	拒绝原假设
16	还原糖的分布在类别上相同	0.026	拒绝原假设
17	总氮的分布在类别上相同	0.017	拒绝原假设
18	钾的分布在类别上相同	0.019	拒绝原假设
19	氯的分布在类别上相同	0.013	拒绝原假设

表 4.17 的结果表明，香气质、杂气、刺激性、工业适用性、细腻程度、干燥感和甜度等指标的分析结果基本一致，4 个类别被分为 3 组，类别 1、类别 2 和类别 3、类别 4 存在差异，其中类别 2 与类别 3 为同一组差异不显著；类别 1 至类别 4，各指标质量得分整体呈上升趋势，类别 1 各指标质量得分均为最低，类别 2 和类别 3 居中且之间差异不大，类别 4 分值最高，与齐性子集分析结果基本一致。

表 4.17　分切叶位类别各指标齐性子集结果

指　　标	子　　集			
	1	2	3	4
香气质	1	2 3	4	
杂气	1	2 3	4	
刺激性	1	2 3	4	
工业适用性	1	2 3	4	
细腻程度	1	2 3	4	

续表

指　标	子　集			
	1	2	3	4
干燥感	1	2 3	4	
甜度	1	2 3	4	
浓度	1	2	4	3
劲头	1	2	4	3
香气量	1	2	4	3
成团性	1	2	3	4
丰满度	1	2	4 3	
干净程度	1 3 2	4		
烟碱	2 1 4	3		
总糖	1 3	4 2		
还原糖	1	2 4 3		
总氮	4 2	2 3	1	
钾	4 3	2 1		
氯	3	4 2	1	

浓度、劲头和香气量 3 个指标的分析结果基本一致，4 个类别被分为 4 组，即各类别指标间均存在差异；类别 3 各指标质量得分最高，其次为类别 4、类别 2，类别 1 最低，各类别间指标差异均较明显，与齐性子集分析结果基本一致。

成团性指标的 4 个类别被分为 4 组，即各类别指标间均存在差异；各指标质量得分整体呈上升趋势，类别 4 各指标质量得分最高，其次为类别 3、类别 2，类别 1 最低，各类别间指标差异均较明显，与齐性子集分析结果基本一致。

丰满度指标的 4 个类别被分为 3 组，类别 1、类别 2、类别 3 和类别 4 三个组之间存在差异，其中类别 3 与类别 4 为同一组差异不显著；类别 1 各指标质量得分最低，类别 2 居中，类别 3 分值最高且和类别 4 之间差异不大，与齐性子集分析结果基本一致。

干净程度指标的 4 个类别被分为 2 组，类别 4 与类别 1、类别 2、类别 3 之间存在差异，其中类别 1、类别 2、类别 3 为同一组差异不显著；类别 1 各指标质量得分最低，类别 4 最高，类别 2 和类别 3 居中且之间差异不大，与齐性子集分析结果稍有差异。

4 个类别的 6 项常规化学成分中除总氮和氯指标被分为 3 个组外其他指标均被分为 2 组。

烟碱指标的类别 3 与类别 1、类别 2、类别 4 差异显著，但类别 1、类别 2、类别 4 间差异不显著；类别 3 的烟碱含量明显高于其他类别。

总氮指标的类别 2 与类别 3、类别 4 差异均不显著，但类别 3 与类别 4 差异显著，类别 1 与其他两组均差异显著；类别 1 的总氮含量明显高于其他类别，类别 2、类别 3、类别 4 之间差别不明显。

总糖指标的类别 1 与类别 3 差异不显著，类别 4 与类别 2 差异不显著，但类别 1 与类别 3、类别 2 与类别 4 两个组之间差异显著；类别 2 和类别 4 的总糖含量明显高于类别 1 和类别 3。

还原糖指标的类别 2、类别 3、类别 4 间差异不显著，但均与类别 1 差异显著；类别 1 的还原糖含量明显低于其他类别。

钾离子指标的类别 1 和类别 2、类别 3 和类别 4 两个组间差异显著，但类别 1 和类别 2、类别 3 和类别 4 两个组内差异不显著；类别 1 和类别 2 的钾离子含量明显高于类别 3 和类别 4。氯离子指标的类别 2 与类别 4 组内差异均不显著，与类别 1、类别 3 组间差异显著；4 个类别的氯离子含量均小于 0.50%，整体差别不明显。

感官质量方面(图 4.3)，类别 1 至类别 4，其香气质、杂气、刺激性、细腻程度、工业适用性、干燥感、甜度和成团性得分整体均呈上升趋势，类别 1 各指标均为最低；浓度、劲头和丰满度相比较，类别 3 最高，类别 4 高于类别 1、类别 2，类别 1 最低；干净程度以类别 1 最低，类别 4 最高。

常规化学成分方面(图 4.3)，总糖和还原糖以类别 1 最低；烟碱含量以类别 3 最高，类别 2 最低；总氮、钾和氯含量从类别 1 到类别 4 整体呈下降趋势；类别 1 总氮、钾和氯含量最高，糖含量最低，可能与其身份较薄，碳氮代谢不充分有关。

综合上述聚类分析结果，将 A_1 至 A_{14} 共计 14 段分切叶位烟叶分为 4 个类别，各类各感官指标和化检指标均存在差异；但指标差异显著性存在不同。4 个类别综合质量整体排序为类别 1＜类别 2＜类别 3＜类别 4。类别 1 最差，其为香气质稍差、香气量稍有、杂气(木质气和青杂气)较显露，刺激性稍大、余味尚净、稍有残留，且总氮、钾和氯含量最高，糖含量最低。以类别 4 综合质量最佳，其感官质量各指标除浓度、劲头、丰满度外，其余各指标均得分最高。

2. 分切方式的确定

综合以上分析结果及实际分切的可操作性，初步确定该等级烟叶分切位置，即将类别 1($A_1+A_2+A_3$)或类别 1＋类别 2($A_1+A_2+A_3+A_4+A_5$)切除；将 C3F-A 烟叶进行分切，共计 4 个梯度处理，分别为切除 16 cm、切除 20 cm、切除 24 cm，并进行感官验证。

表 4.18 数据表明，C3F-A 切除不同长度叶基后，其香气质、香气量、杂气、浓度

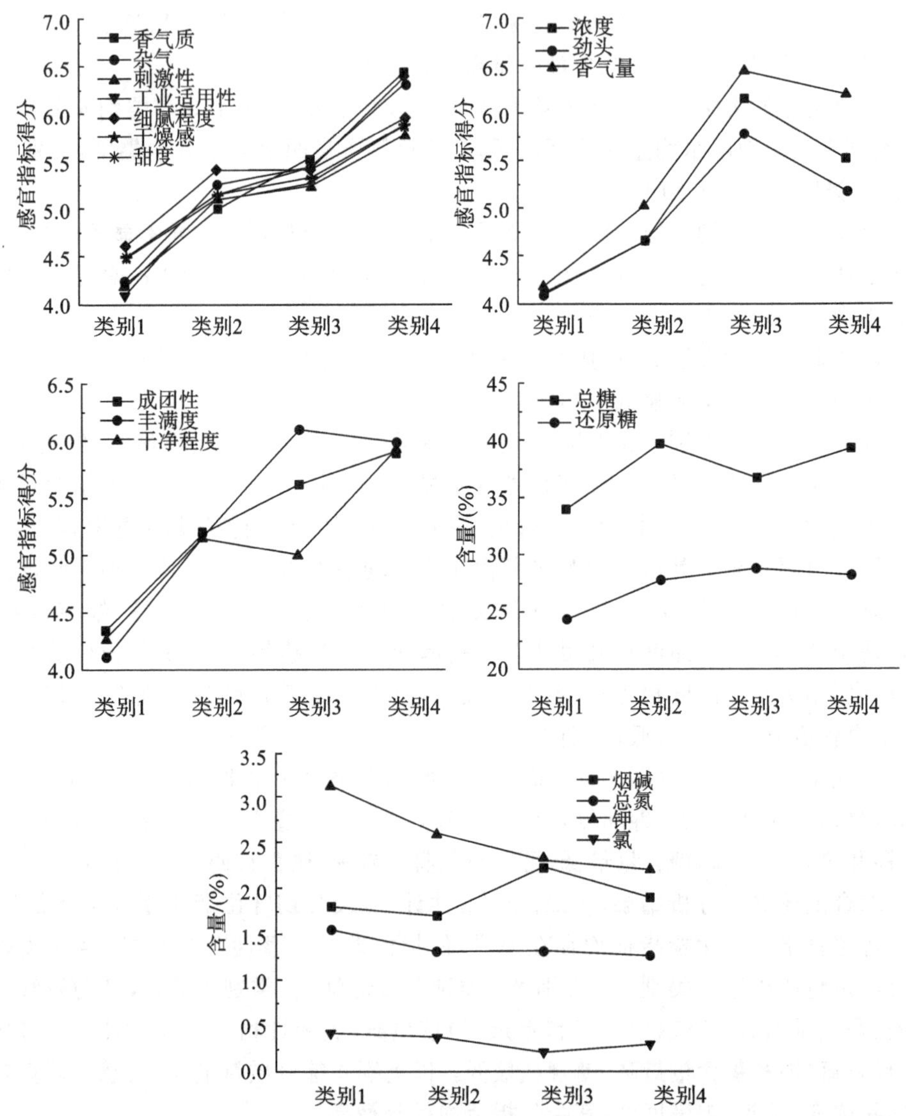

图 4.3　分切叶位不同类别感官得分及常规化学成分含量

和干净程度均有较明显提高。作为细支卷烟原料，其中以切基 20 cm 最佳，但是切基长度达到极限值 24 cm 时，其劲头增大较明显，烟气细腻程度、刺激性和干净程度有降低趋势，细支卷烟原料的整体适用性有所降低。考虑实际铺叶切基误差，将 C3F-A 切基长度确定为 18～22 cm。

表 4.18　不同分切长度烟叶感官质量得分比较

等级	香气质	香气量	丰满度	杂气	浓度	劲头	细腻程度	成团性	刺激性	干净程度	干燥感	甜度	适用性
C3F-A(ck)	6	5.5	5.5	5.5	5	5	6	5.5	5.5	6	6	5.5	6
C3F-A 切 16 cm	6.3	6	6	6	5.2	5	6	5.7	5.7	6	6	6	6.3
C3F-A 切 20 cm	6.5	6	6	6	5.3	5.2	6	5.7	5.8	6.2	6.2	6	6.5
C3F-A 切 24 cm	6.5	6.2	6	6	5.5	5.5	5.8	5.7	5.7	5.8	6	6	6.3

图 4.4 至图 4.6 的数据表明，各产区 C3F 等级烟叶切尖、切基后，与整片进行感官质量比较，感官质量由高到低排序为：C3F 切基＞C3F＞C3F 切尖。C3F 切基后香气质提高，香气量增加，杂气减轻（木质气），烟气更加柔和，口感特性均有所改善。

B2F 等级烟叶切尖、切基后，与整片进行感官质量比较，感官质量由高到低排序为：B2F 切尖＞B2F＞B2F 切基，B2F 切尖后浓度、劲头和香气量均降低，特别是劲头降低较明显，但香气质有所提高，杂气（枯焦气）减轻，烟气细腻程度有所改善，工业可用性提高。

X2F 等级烟叶切基和切尖后与原等级感官质量整体无明显差异。

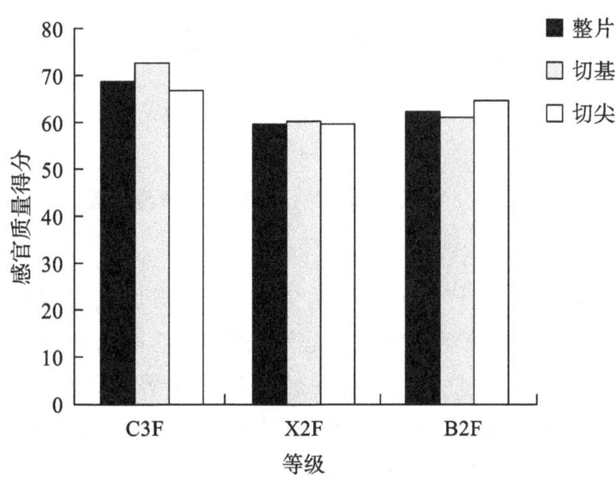

图 4.4　宁化各等级分切前后感官质量比较

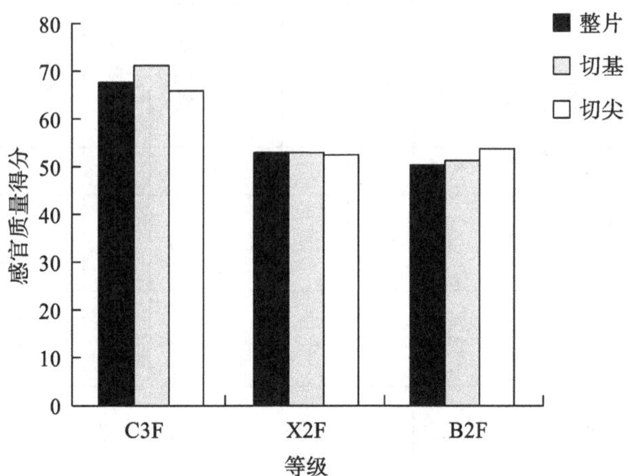

图 4.5 遵义各等级分切前后感官质量比较

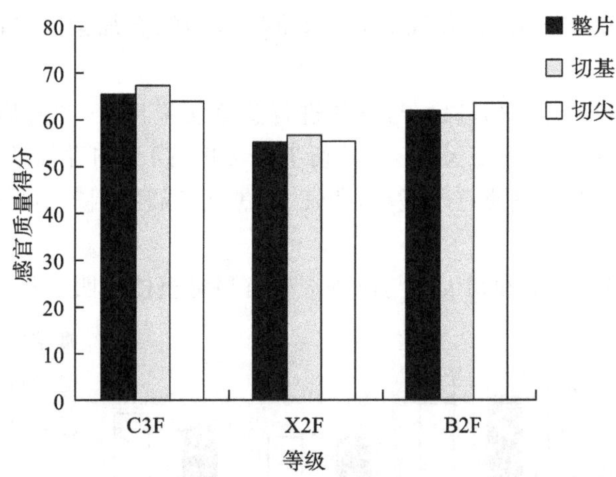

图 4.6 桂阳各等级分切前后感官质量比较

3. 分切段原料综合应用技术

确定 C3F 等级切基、B2F 等级烟叶切尖后，要考虑切去烟叶的综合利用，一是切去烟叶单独打叶复烤后单独使用，二是切去烟叶与其他等级烟叶混打后使用。考虑到烟叶综合利用效果，项目研究切去烟叶与其他等级或分切段烟叶的二次配比；根据 C3F 等级烟叶切基、B2F 等级烟叶切尖实际，分切后重点考虑 C3F 叶基、B2F 叶尖综合利用效果，可形成 4 种不同二次配比模块(表 4.19)，并进行感官质量对比。

表 4.19　不同二次配比模块

序号	1	2	3	4
配比模块	X2F+B2F 尖	X2F+C3F 基	B2F+C3F 基	B2F 尖+C3F 基

如图 4.7 所示，4 种二次配比方式样品感官排序为 X2F+B2F 尖>X2F>X2F+C3F 基，B2F+C3F 基>B2F>B2F 尖+C3F 基。根据打叶复烤需要，结合前期试验结果，选取 X2F+B2F 尖、B2F+C3F 基的二次配比模块提高烟叶综合利用效果，并开展不同比例混配，探寻最佳配比模式。

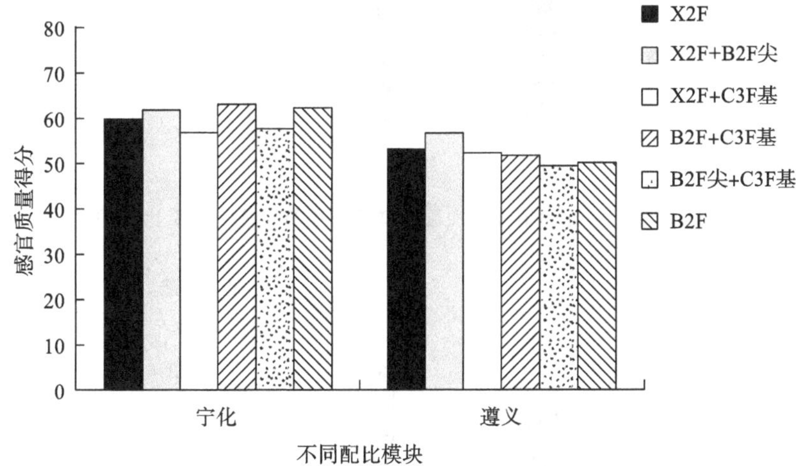

图 4.7　不同二次配比模块与原等级感官质量比较

混配后样品感官质量较原等级均有提升(图 4.8 至图 4.10)，B2F 叶尖与 X2F

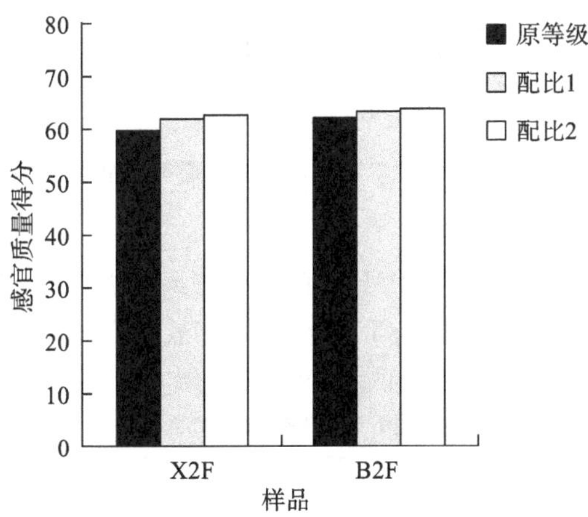

图 4.8　宁化分切烟叶二次配比样品与原等级感官质量比较图

混配后，样品浓度、香气质和香气量均提升，劲头中等，木质气减轻；C3F 叶基与 B2F 混配后，样品劲头降低，烟气稍显柔和，余味有所改善。

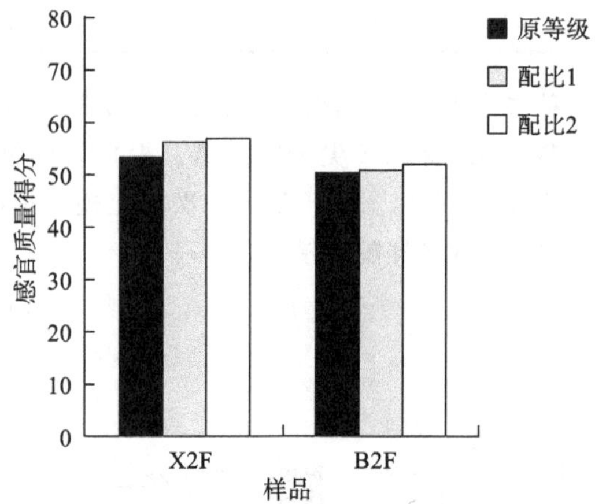

图 4.9　遵义分切烟叶二次配比样品与原等级感官质量比较图

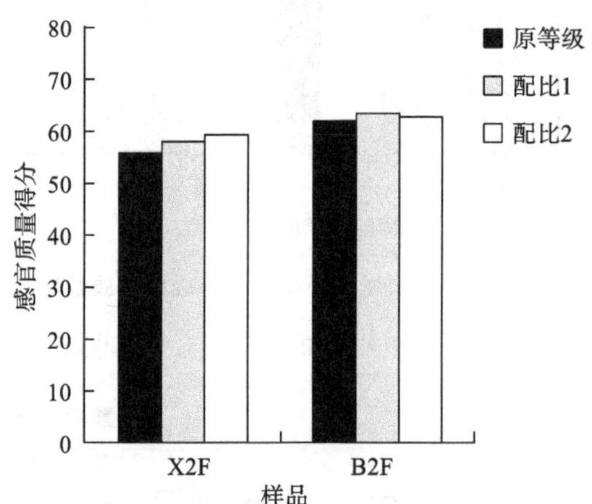

图 4.10　桂阳分切烟叶二次配比样品与原等级感官质量比较图

4. 分切分类加工验证应用

采用湖北恩施 B2F 3000 担、C3F 6000 担，在烟叶进厂时，对烟叶进行抽检，按进料车次将每车烟叶平均抽取 1/3 烟包单独存放，两个批次抽取 B2F 1000 担、C3F 2000 担进行分切后加工。按照表 4.20 所示烟叶分切加工方案开展试验验证。

表 4.20　烟叶分切加工方案

序号	烟叶等级	成品代码	备　注
1	C3F 4000 担	C3F	单打

续表

序号	烟叶等级		成品代码	备　注
2	C3F 中尖(约 1500 担)		C3F-CB	单打
3	C3F 基部(约 250 担)	B2F 尖(约 300 担)	B2F-HBX	混打
4	C3F 基部(约 250 担)	B2F 原级(约 x 担)	B2F-HOX	混打
5	B2F 中基(约 700 担)		B2F-CX	单打
6	B2F 原级(约 2000－x 担)		B2F	单打

表 4.21 中的数据表明，恩施 C3F-CB(C3F 切基)与 C3F 相比，浓度、劲头增大，品质特征各项指标均有不同程度提高，香气质、香气量提升，烟气更加清晰，青杂气和木质气减轻、刺激性和干净程度改善。

表 4.21　烟叶分切加工片烟感官质量比较

等　级	香气质	香气量	丰满度	杂气	浓度	劲头	细腻程度	成团性	刺激性	干净程度	干燥感	甜度	适用性
C3F	5.7	5.7	6.0	5.8	5.5	5.5	5.8	6.0	5.7	5.5	5.5	5.0	5.5
C3F-CB	6.0	6.0	6.0	6.2	6.0	5.8	6.0	6.0	6.0	5.8	5.7	5.2	5.8
B2F	5.6	6.2	6.0	5.5	6.5	6.3	5.5	5.8	5.5	5.3	5.3	5.0	5.3
B2F-CX	5.7	6.0	6.0	6.0	6.2	6.1	5.8	6.0	5.7	5.6	5.3	5.0	5.5
B2F-HOX	5.6	5.8	6.0	5.8	5.8	5.8	5.8	6.0	5.7	5.6	5.4	5.0	5.4
B2F-HBX	5.5	5.5	6.0	5.3	6.0	6.0	5.7	5.8	5.7	5.0	5.3	5.0	5.2

B2F-CX(B2F 切尖)与 B2F 相比，浓度、劲头降低，香气量略减，杂气(枯焦气)降低，烟气特性略有改善，口感特性提升。

B2F-HOX(B2F 与 C3F 叶基混配)与 B2F 相比，浓度、劲头均下降明显，香气量降低，但杂气(枯焦气)改善较明显，烟气特性略有改善，刺激性和干燥感有所改善。

B2F-HBX(B2F 叶尖＋C3F 叶基混配)与 B2F 相比，浓度、劲头均下降明显，香气量降低，杂气有所增加，干净程度稍变差，但烟气特性略有改善，刺激性稍减小。

此次烟叶分切加工试验结果验证了通过烟叶分切及二次配比可提升烟叶整体可用性，即 C3F 等级切基、B2F 切尖可以提高等级可用性，且 C3F 切下的叶基与 B2F 配打后，浓度和劲头下降的同时整体感官质量略有提升。

进一步对福建 B2F 3000 担进行切尖，其叶尖与 2000 担 X2F 进行混配验证应用。表 4.22 数据表明，B2F 切尖与 B2F 相比，香气质和杂气略有改善，劲头均下降较明显，烟气细腻程度增加，刺激性和余味改善，工业可用性增强。X2F＋B2F 切尖混配与 X2F 相比，香气质明显提升，香气量增加，其烟气特性和口感特性及工业可用性均有较大幅度提升。

表 4.22　福建烟叶分切烟叶感官质量比较

等级	香气质	香气量	丰满度	杂气	浓度	劲头	细腻程度	成团性	刺激性	干净程度	干燥感	甜度	适用性
B2F	5.5	5.5	5.5	5.3	5.5	6	5.5	5.5	5.5	5.5	5.5	5	5.5
B2F 切尖	5.6	5.5	5.5	5.5	5.5	5.5	5.7	5.5	5.7	5.7	5.6	5.3	5.7
X2F	4.5	4.5	4.5	4.5	4.5	4.5	5	4.5	4.5	4.5	4.5	4.5	4.5
X2F＋B2F 切尖	5.5	5	5	5.5	5	5	5.5	5.5	5	5	5	5.5	5.5

5. 分选结合分切替代精选技术验证及应用

以 2016 年福建三明 C3F 开展不同分选方式切基替代精选试验。表 4.23 数据表明，精选烟叶选出比例较低，优选其次，普选选出量较高。

表 4.23　福建三明 C3F 烟叶不同分选方式选叶效果比较

分选模式	数量/担	选出数量/担	选出比例/(%)	叶基比例/(%)
C3F-J	4000	677	16.93	—
优选 C3F-A	2579	1622.94	62.93	18.35
普选 C3F-A	2000	1792.78	89.64	21.85

表 4.24 数据表明，感官质量由高到低排序为 C3F-J＞优选 C3F-A 切基＞普选 C3F-A 切基；优选 C3F-A 切基后感官质量整体与 C3F-J 较接近，烟气丰满度、杂气、细腻程度、成团性、刺激性、干净程度略低，除浓度略高外，其他指标持平，经感官综合评定，优选 C3F-A 切基烟叶基本可替代 C3F 精选烟叶。

表 4.24　福建烟叶分切烟叶感官质量比较

等级	香气质	香气量	丰满度	杂气	浓度	劲头	细腻程度	成团性	刺激性	干净程度	干燥感	甜度	适用性
C3F-J	6.50	6.00	6.40	6.50	5.40	5.00	6.60	6.60	6.50	6.40	6.60	6.50	6.50

续表

等级	香气质	香气量	丰满度	杂气	浓度	劲头	细腻程度	成团性	刺激性	干净程度	干燥感	甜度	适用性
优选 C3F-A 切基	6.50	6.00	6.10	6.30	5.60	5.00	6.10	6.40	6.20	6.00	6.50	6.40	6.50
普选 C3F-A 切基	6.00	5.90	5.90	5.90	5.40	5.00	5.96	6.00	5.80	5.80	6.10	6.00	6.10

在 2016 年验证的基础上进一步优化管理，开展常规精选和分选＋分切的新精选模式对比验证。投料进行分选线规模化常规精选和新精选选叶效果比较，其中常规精选投料 4000 担，新精选投料 30000 担。

(1) 分选线理把，三段式装框。

采用新型装烟方式，在分选线码齐把头，并采用三段式装框方式代替传统 2＋2 装框(图 4.11)，且将装载量由 500 kg/框降低为 300 kg/框，减轻装烟重量引起的把头错乱不一致现象，减少铺叶台整理把头时间，为保障铺叶切把的铺叶效率和一致性奠定了坚实基础。

(a)传统2+2装框

(b)三段式装框

图 4.11　不同装框方式比较

(2) N＋1＋2 模式铺叶切基。

采用 N＋1＋2 模式在线铺叶摆把切基。N 个人铺叶线铺叶摆把，1 个人在切基入口二次摆把，更正摆把不到位烟叶；2 个人分别在叶基传送带和叶身传动带旁捡出未切掉叶基的完整烟叶。在铺叶效果一致的前提下，铺叶速度由 1000～2800 kg/h 提升为 2800～6000 kg/h，铺叶效率提高 1 倍以上，基本接近正常加工烟叶铺叶效率。

表4.25和表4.26数据表明，常规精选选出率仅为16.93%，选叶效率为每人每天4.25担，选出烟叶合格率为86.96%；新精选选出率为83.74%，去除切除的叶基重量，实际选出率为71.10%，选叶效率为每人每天10.42担，选出烟叶合格率为88.98%。两者相比，新精选选叶效率提高2.45倍，选出率提高3.2倍，抽检合格率提高2个百分点；其抽检合格率变异系数小于常规精选，表明其选叶质量稳定性更好。

表4.25 烟叶不同分选方式选叶效果比较(生产线)

分选模式	数量/担	选出数量/担	选出率/(%)	叶基比例/(%)	选叶效率/(担/天/人)
常规精选	4000	677	16.93		4.25
新精选	30000	21327.2	83.74	15.1	10.42

表4.26 烟叶不同分选方式选叶稳定性比较(生产线)

分选模式	抽检合格率/(%)			
	均值	最小值	最大值	变异系数
常规精选	86.96	78.43	92.38	5.14
新精选	88.98	85.29	92.45	2.37

表4.27数据表明，生产线取样评吸结果与实验室结果趋势一致，新精选感官质量与常规精选感官质量整体基本一致。但生产线两种模式精选烟叶的香气质、杂气等指标较实验室结果稍低，这与生产线分选混入小比例未选上烟叶有关。

表4.27 常规精选与新精选烟叶感官质量结果比较

等级	香气质	香气量	丰满度	杂气	浓度	劲头	细腻程度	成团性	刺激性	干净程度	干燥感	甜度	适用性
常规精选	6.3	6.0	6.2	6.1	5.3	5.0	6.0	6.0	6.0	6.2	6.1	6.0	6.5
新精选	6.3	6.0	6.0	6.0	5.2	5.0	5.8	5.8	5.8	6.1	6.1	6.0	6.5

(3) 切后叶基的合理使用。

表4.28数据表明，配打模块(混地区上部烟、下部烟配打)加入C3F-A叶基配打后，劲头、浓度均降低，烟气细腻程度稍增加，上部烟气息减弱，其他感官指标整体持平。说明叶基的加入对于平衡烟气、降低劲头有较明显效果，实现了1+1>2的作用。

表 4.28　C3F-A 叶基在配打模块使用前后感官质量比较

等级	香气质	香气量	丰满度	杂气	浓度	劲头	细腻程度	成团性	刺激性	干净程度	干燥感	甜度	适用性
配打模块	5.0	5.0	5.5	5.3	5.5	5.5	5.5	5.5	5.5	5.5	5.5	5	5.5
C3F-A 叶基	4.3	4.3	4.3	4.5	4.3	4.2	5	4.5	4.5	4.5	4.5	4.5	4.3
配打模块+C3F-A 叶基	5.0	5.0	5.5	5.5	5.2	5	5.7	5.5	5.7	5.5	5.5	5.5	5.5

4.2.3　原料片型结构调控技术

由于细支卷烟烟支具有直径小、单支卷烟容纳烟丝量少等典型特征，烟丝结构、纯净度等在细支卷烟质量控制中更容易被叠加和放大。为此，卷烟工业企业在细支卷烟原料打叶复烤加工工艺上开展了研究，形成了打叶复烤环节片型结构调控技术，为满足细支卷烟片烟原料的个性化需求和较高的质量要求提供了解决方案。

1. 片型结构检测方法

(1) 创新改进叶片结构检测设备。

卷烟工业企业在现有叶片筛分筛网的基础上，进一步研发出规格为 38.1 mm×38.1 mm 和 50.8 mm×50.8 mm 两种叶片筛分筛网，可对大片（>25.4 mm×25.4 mm 的叶片）中不同尺寸的叶片比例进行筛分量化，丰富和细化了细支卷烟的片烟质量指标及其目标需求范围。在已开展的叶片筛分工艺中，这两种筛网均取得了较好的筛分效果。

(2) 片烟片形的检测方法。

在对不同形状的片烟片形的研究过程中，研究人员对比分析了内切面积比、内切外接比、面积外接比、面积虚拟矩形比、面积比周长平方等不同片形计算方法，最终确定了圆度率（即内切面积比）为片形检测方法。如图 4.12 所示，该方法可直观、准确的表征叶片片形。

(3) 烟叶片形数据库的建立。

目前，采用圆度率方法建立了数万个烟叶图像，近 30 万个烟叶面积和片形数据的数据库，在此基础上确定了 6 种规格筛网上叶片面积与筛网网孔面积的相关关系（图 4.13），明确了打叶复烤片形分布情况（图 4.14），发现有近 40%的叶片片形系数小于 0.4，为后期片形调控目标明确了方向。

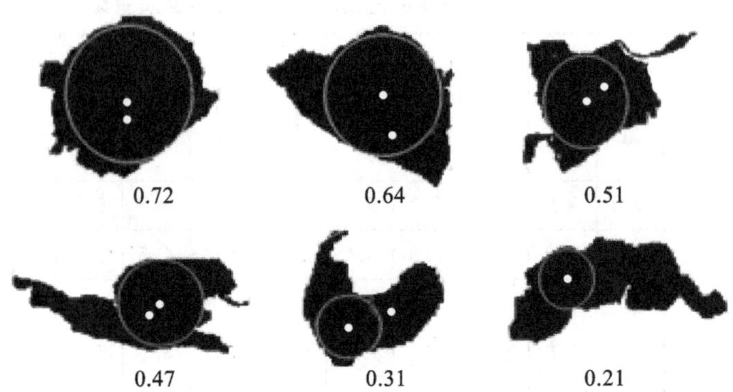

图 4.12　圆度率片形系数计算方法示例

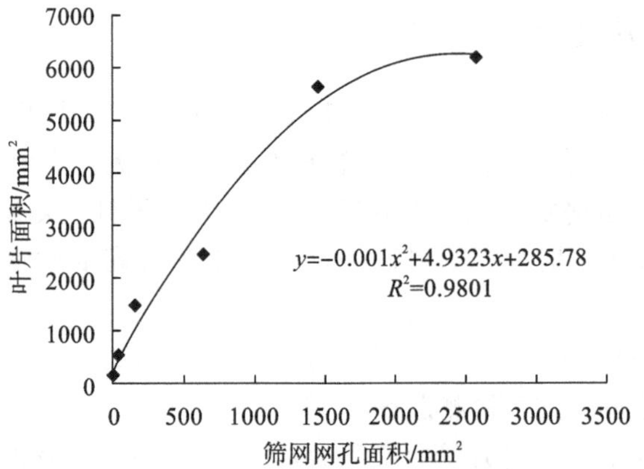

图 4.13　叶片面积与筛网网孔面积的相关关系

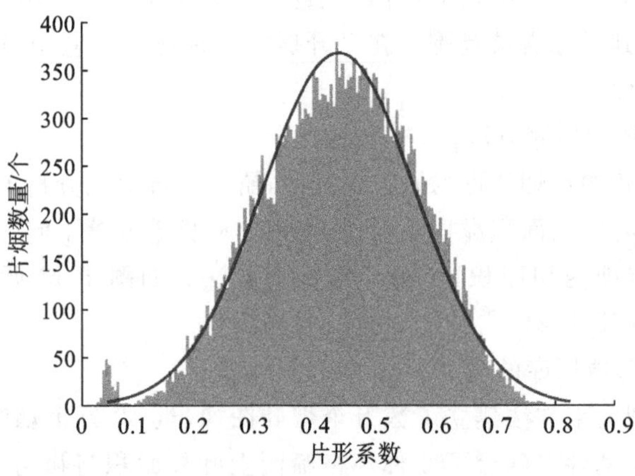

图 4.14　打叶复烤片形分布

2. 叶片尺寸、片形对烟丝尺寸的影响

(1) 叶片面积与烟丝特征尺寸相关关系研究。

根据 6 种规格筛网上叶片面积与筛网网孔面积的相关关系，分别对 6 种规格叶片筛网筛分的叶片进行切丝，检测其烟丝结构和面积分布，确定叶片面积与烟丝特征尺寸的相关关系(图 4.15)。进而分析叶片面积与烟丝结构的关系，发现叶片的面积与烟丝的长丝有很强的相关性。

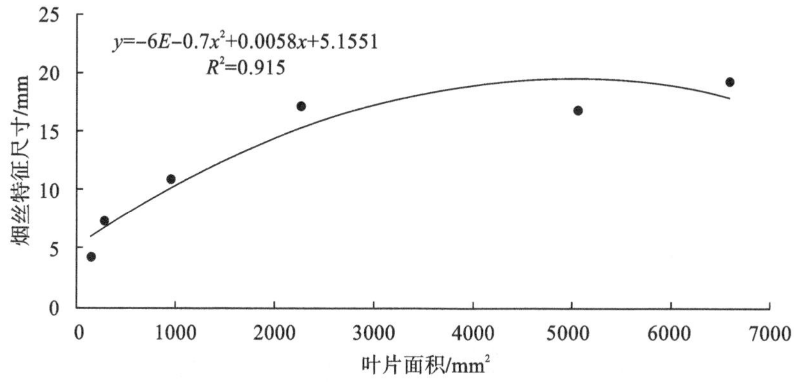

图 4.15　叶片面积与烟丝特征尺寸的相关关系

(2) 烟叶片形与长丝波动及碎丝率之间的关系。

通过模拟并分析烟叶片形与长丝波动的关系，如图 4.16 所示：当叶片片形系数小于 0.4 时，长丝波动的范围和均值均较大；当叶片片形系数大于 0.4 时，长丝的波动基本在 15%范围内，均值基本可控制在 10%范围内。

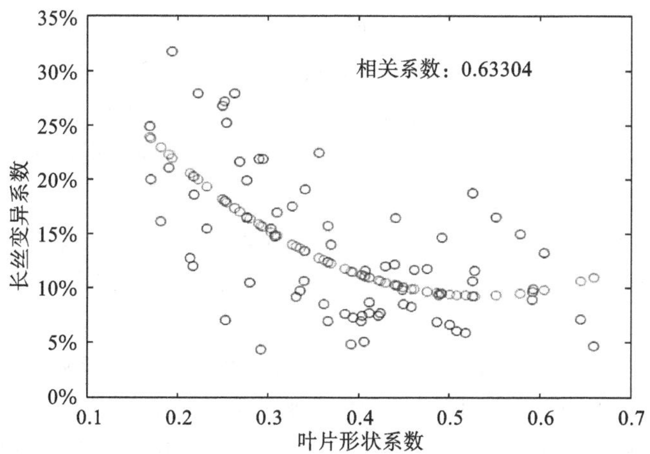

图 4.16　烟叶片形与长丝波动的关系

进一步模拟相同面积的圆形片烟、正方形片烟、长方形片烟(长宽比 1∶2)、正三角形片烟与碎丝率之间的关系,图 4.17 表明:随着片形系数的升高,碎丝率逐步降低。当叶片为圆形时片形系数为 1.0、碎丝率为 0.04%、碎丝波动率为 0.26%;当叶片为长方形时片形系数为 0.41、碎丝率为 5.58%、碎丝波动率为 4.43%;当叶片为正三角形时片形系数为 0.51、碎丝率为 2.08%、碎丝波动率为 1.89%。

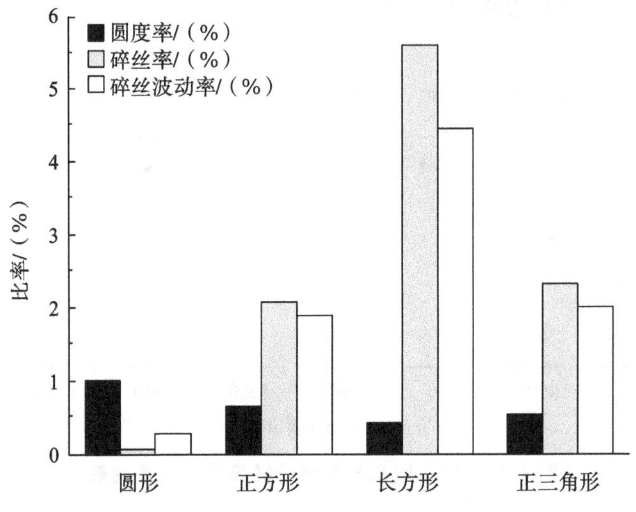

图 4.17 烟叶片形与碎丝率及其波动

3. 叶片结构调控技术

根据叶片面积与叶片结构筛网网孔面积之间相关关系、叶片面积与烟丝相关关系和叶片面积对烟丝结构的影响等研究结果,为更好满足细支卷烟的片烟质量需求,在打叶复烤环节配备的一打打叶框栏包括 3.0"和 3.5"菱形,2.75"改进菱形,3.0"、3.2"和 3.5"六边形;配备的二打打叶框栏包括 2.0"和 2.5"菱形,3.0"六边形;设置了一条大片筛分处理线,大片打叶器框栏包括 2.0"、2.5"和 3.5"菱形。根据不同原料加工特性,以物料流量、打辊转速、润叶水分等指标为关键因素开展了多次叶片结构调控技术研究试验。

(1) 以 2016 年洛阳 C3F(河南烟叶)作为试验原料,以叶片结构和叶含梗为试验指标,以物料流量、一打打辊转速和一打框栏组合为试验因素,采用拟水平法对 L9(34)正交表 4-进行改造设计开展了 9 次试验,考察了各试验中试验指标的位置效应和散度效应,通过各因素的纯偏差平方和计算其对试验指标的贡献度确定了因素主次,采用综合评分法和同一因素各水平间差异显著性 SSR 检验结果确定了各因素的优水平,初步形成了中片率为 30%～45%,大片率为 53%～27%,且造碎无明显增加的叶片结构调控技术。以 2017 年三门峡 C3F 作为试验原料对试验结果进行了验证,优化完善了叶片结构调控技术。

(2) 以 2017 年三明 C3F(福建烟叶)作为试验原料，研究探索了大片筛分处理线的筛分效率和打叶效率，根据大片处理线和不同一打打叶框栏组合设置 12 个试验，形成了中片率为 28%～50%、大片率为 59%～30%，且造碎无明显增加的叶片结构调控技术。

(3) 以 2017 年曲靖 C3F(云南烟叶)作为试验原料，以叶片结构和叶含梗为试验指标，以物料流量、润叶水分和一打框栏为试验因素，各试验因素均设置 3 水平，采用 L9(34)正交表 4-设计试验，研究探索试验因素对试验指标的影响及其交互作用，形成了中片率为 29%～49%、大片率为 52%～25%，且造碎无明显增加的叶片结构调控技术，并在 2017 年丽江对 B2F 烟叶进行验证和推广应用。

4. 片形优化控制技术

根据烟叶片形与长丝波动及碎丝率之间的关系研究结果，通过一打 3.0"和 3.5"菱形、六边形打叶框栏设置开展片形优化控制技术研究。表 4.29 的数据表明，不同框栏片形系数方差不齐次。为此，通过独立样本 Kruskal-Wallils 非参数检测方法考察不同框栏对片形系数影响的差异显著性检验(表 4.30)。结果表明 3 种框栏的片形系数在 1%水平下差异显著。

表 4.29　误差方差等同性的 Levene 检验[a]

因变量:'片形系数'

F	df1	df2	Sig.
1.259	2	1127	0.284

注:检验零假设，即在所有组中因变量的误差方差均相等。

a. 设计:截距＋试验号。

表 4.30　不同框栏片形系数非参数检验结果

指　标	检　验　值
总计 N	1130
检验统计量	16.980
自由度	2
渐进显著性(2-sided 检验)	0.000

图 4.18 和表 4.31 的不同框栏片形系数成对比较结果表明:六边形与两种尺寸菱形框栏的片形系数在 5%水平下差异显著，两种开口尺寸菱形框栏的片形系数在 10%水平下差异不显著。说明通过一打打叶框栏设置可实现叶片片形的调控。

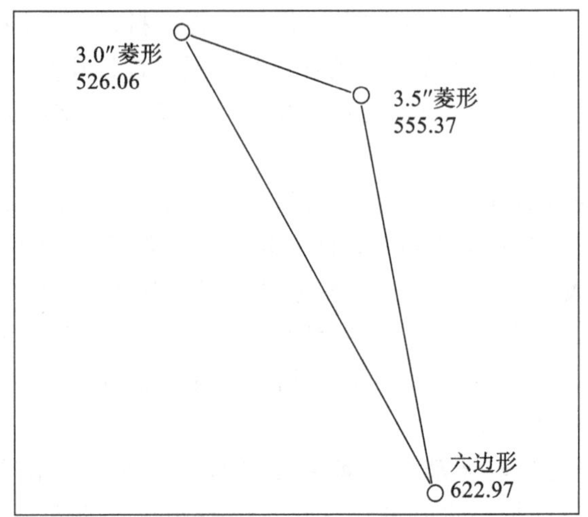

图 4.18 不同框栏成对比较平均秩

表 4.31 不同框栏片形系数成对比较结果

样本 1-样本 2	检验统计量	标准误差	标准检验统计量	Sig.	调整显著性
1-0	29.309	23.307	1.257	0.209	0.626
1-2	−96.908	23.910	−4.053	0.000	0.000
0-2	−67.599	24.269	−2.785	0.005	0.016

注：每行检验原假设：样本 1 和样本 2 分布相同；显示渐进显著性(2-sided 检验)。显著性水平是 0.05。

如图 4.19 所示：六边形框栏的片形系数均值高于菱形框栏，且六边形框栏片

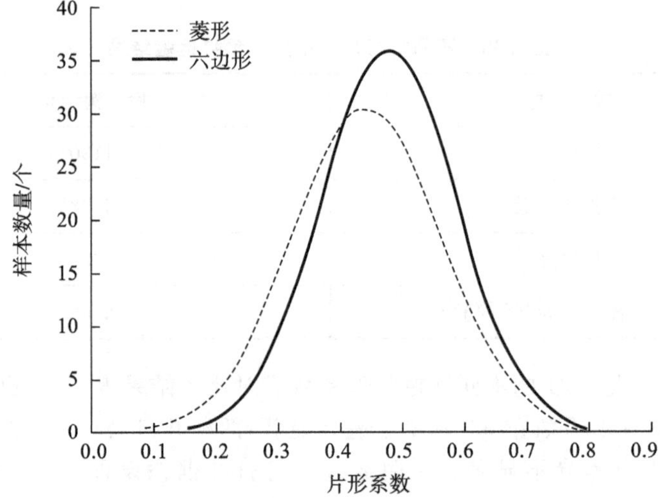

图 4.19 菱形框栏和六边形框栏叶片片形系数分布

形系数大于 0.4 时，样本数量远多于菱形框栏，说明六边形框栏在片形优化方面效果明显。

4.3　细支卷烟配方模块化定向设计技术

配方设计是细支卷烟产品质量和风格形成的关键环节之一。系统定位烟叶质量风格，明晰细支卷烟原料需求、挖掘原料潜能，是提升细支卷烟消费感知效应的基础。根据细支卷烟品牌设计需求，应当充分考虑不同香型风格特征烟叶的不同特点，将细支卷烟烟叶原料准确分类，组成性质稳定的烟叶配方模块，从而进一步拓宽原料使用范围，提升原料使用价值，不断适应细支卷烟配方需求，突出细支卷烟配方特色。

4.3.1　评价方法

1. 烟叶原料

选取 2012—2016 年细支卷烟烟叶配方所需片烟以及再造烟叶，调节片烟含水率并切丝，切丝宽度为(1.0±0.1)mm。切丝后松散，保证叶丝无并条和粘连，低温干燥至含水率符合卷制要求。卷制的烟支物理特性符合 GB5606.3—2005 要求，保存在−6～0 ℃的低温环境中备用。

2. 感官评价方法及感官质量指数计算

按照《烟叶质量风格特色感官评价方法》进行评吸。感官评价包括风格特征评价和品质特征评价，采用 0～5 等距标度评分法(表 4.32)，其中香韵包括甘草香、清甜香、正甜香、焦甜香、青香、木香、豆香、坚果香、焦香、辛香、果香、药草香、花香、树脂香、酒香等；杂气包括青杂气、生杂气、枯焦气、木质气、土腥气、松脂气、花粉气、药草气、金属气等。香韵及杂气要求有 5 位以上评吸人员作出判断方为有效标度值。

表 4.32　烟叶质量风格特色感官评价指标及评分度

一级指标	二级指标	三级指标	评价	分值/分	评价	分值/分	评价	分值/分
风格特征	香型		无至微显		稍显著至尚显著		较显著至显著	
	香韵		无至微显		稍明显至尚明显		较明显至明显	

续表

一级指标	二级指标	三级指标	评价	分值/分	评价	分值/分	评价	分值/分
	香气状态	清香型	欠飘逸		较飘逸		飘逸	
		中间香型	欠悬浮		较悬浮		悬浮	
		浓香型	欠沉溢		较沉溢		沉溢	
	烟气浓度		小至较小		中等至稍大		较大至大	
	劲头		小至较小		中等至稍大		较大至大	
品质特征	香气特征	香气质	差至较差		稍好至尚好		较好至好	
		香气量	少至微有		稍有至尚足		较充足至充足	
		透发性	沉闷至较沉闷		稍透发至尚透发		较透发至透发	
		杂气	无至微有		稍有至有		较重至重	
	烟气特征	细腻程度	粗糙至较粗糙		稍细腻至尚细腻		较细腻至细腻	
		柔和程度	生硬至较生硬		稍柔和至尚柔和		较柔和至柔和	
		圆润感	毛糙至较毛糙		稍圆润至尚圆润		较圆润至圆润	
	口感特性	刺激性	无至微有		稍有至有		较大至大	
		干燥感	无至弱		稍有至有		较强至强	
		余味	不净不舒适至欠净欠舒适		稍净稍舒适至尚净尚舒适		较净较舒适至纯净舒适	

由于感官质量评价指标意义不同，直接将各指标分值相加进行分析，与实际结果差异大，因而对感官质量评价指标数据采用灰色局势决策中的效果测度方法进行标准化。对香气质、香气量、透发性、细腻程度、柔和程度、圆润感、余味、烟气浓度等指标采用上限效果测度（$r_{ij}=u_{ij}/\max u_{ij}$，$u_{ij}$ 为局势的实际效果，$\max u_{ij}$ 为所有局势效果最大值），杂气、刺激性、干燥感等指标采用下限效果测度（$r_{ij}=\min u_{ij}/u_{ij}$，$\min u_{ij}$ 为所有局势效果最小值），劲头指标采用适中效果测度（$r_{ij}=u_{i_0j_0}/(u_{i_0j_0}+|u_{ij}-u_{i_0j_0}|)$，$u_{i_0j_0}$ 为局势效果指定适中值，本章节中取值 3.0）。

采用专家咨询法，通过评吸人员集体讨论，确定感官质量各评价指标的权重（表 4.33）。

根据下式计算烟叶样本的感官质量指数 SQI_i

$$SQI_i=\sum_{j=1}^{12}\beta_j\times r_{ij}\times 100\quad(i=1,2,\cdots,40)\tag{4.5}$$

式中：β_j 为感官质量评价指标权重；r_{ij} 为感官质量评价指标标准化后的数值。

表 4.33 感官质量各评价指标的权重

评价指标	香气质	香气量	透发性	杂气	细腻程度	柔和程度	圆润感	刺激性	干燥感	余味	烟气浓度	劲头
权重	0.15	0.15	0.10	0.10	0.05	0.05	0.05	0.05	0.05	0.10	0.05	0.10

3. 数据处理方法

(1) k-最近邻分类法。

最近邻分类法是近年来发展出的一种智能聚类方法，可根据新案例与其他案例的类似程度来进行分类的方法，可用于聚类，也可用于判别预测，且该方法对数据的分布无要求。在样品类别确定时以代表性样品为分区样品，应用 k-最近邻分类法建立判别预测模型对未确定功能性组别的样品进行判别，并采用自动选择 k 值（范围为 3、4、5）来克服最近邻分类（当 $k=1$ 时）的过拟合现象，降低噪声数据对模型稳定性的影响。同时由于指标较多且指标之间具有较强的相关性，所以按照前进法对输入指标进行筛选，在绝对误差比率变化 $\leqslant 0.01$ 时终止。即引入某变量时，带来分类错误率或误差平方和的下降是否超过 0.01，如果有一个或几个自变量带来分类错误率或误差平方和的下降超过 0.01，则从中选取下降幅度最大的那一个纳入模型，依此类推，可避免存在共线性问题，又可充分应用数据信息。

(2) 逐步判别分析。

判别分析是利用已知的先验概率去推证将要发生的后验概率，其分析结果为每一类均会产生一个函数式，即为判别函数式，可根据判别式计算各类的评分，得分最高的一类就是该样本相应的类别。如果在其分析过程中需要对变量进行筛选，可应用逐步判别分析，分析的思路是不停计算各种自变量组合，看模型的判别效果是否存在差异，其变量筛选方法有多种，其中常用的是 Wiks Lambda 法，该方法在样本数据不服从多元正态分布时也具有稳定性，不像 Box's M 统计量对正态性要求很高。由于指标较多且指标之间具有较强的相关性，所以应用逐步判别分析方法进行变量筛选建立原料识别模型，并采用自身验证和刀切法验证模型判别效果。

（3）方差分析。

方差分析是基于变异分解的思想进行，代表变异大小，并用来进行变异分解的指标是离均差平方和。根据数据形式，方差分析包括单因素、多元素、重复测量等多种形式，本章节运用方差分析旨在比较不同档次烟叶组别间差异水平。

（4）回归分析。

回归分析是一种研究自变量与因变量之间因果关系的分析方法。回归预测的目的在于根据已知自变量来估计因变量的总平均值，可视为相关分析的特例。目前，较为常用的回归方法有一元线性回归、多元线性回归、多元非线性回归、通径分析、主成分回归、Logistic 回归等方法。本章节采用一元线性回归方法建立秩和比 RSR 值与 Probit 值的回归方程，进而根据 Probit 值得出 RSR 值，确定档次边界。

（5）秩和比法。

秩和比法指利用秩和比(Rank Sum Ratio)进行统计分析的系列方法。其基本思想是在一个 n 行 m 列的矩阵中，通过秩转换，获得无量纲统计量 RSR，在此基础上，运用参数统计分析的概念与方法，对评价对象的优劣直接排序或分档排序或比较各组 RSR 的可信区间。秩和比法的理论意义在于扩大了非参数统计的功能，并揭示了近代非参数统计与古典参数统计的结合点，使两者相互补充，相得益彰，为最终实现完全融合创造了条件。该方法目前广泛应用于医疗卫生领域的多指标综合评价、统计预测预报、统计质量控制等方面。

（6）脸谱图。

脸谱图是用脸谱来表达多变量样本的，该方法是将观测的各变量分别用脸的某一部位的形状或大小来表示，一个样本可以画出一张脸谱。利用这些脸谱的差异可反映所对应的样本之间的差异特征。脸谱图采用 R 软件制作。

4.3.2 烟叶原料质量特色定位细化

1. 烟叶风格特征定位

运用烟草行业标准《YC/T 530—2015 烤烟 烟叶质量风格特色感官评价方法》对细支卷烟配方烟叶重新定位评价，并应用脸谱图模型对烟叶风格特征进行比较分析，经过数据分析和统计处理后，对烟叶质量档次进行划分，形成烟叶质量分布表,科学指导配方的使用。

(1) 清香型细化定位。

2012—2016 年所选清香型烟叶风格特征符合性平均分值见表 4.34,依据脸谱图模型分析得出各指标分值脸谱图见图 4.20。

由表 4.34 可知,清香型烟叶中,分值最高的是云南昆明烟叶,分值最低的是云南保山烟叶,不同地区间存在一定的差异,同一地区每年都有一定程度的差异,其中福建南平的变异系数最小,云南曲靖师宗的变异系数最大。

表 4.34 清香型烟叶风格特征符合性分值及变异系数

产区	2012 年	2013 年	2014 年	2015 年	2016 年	平均值	CV
云南楚雄	50.39	55.84	46.60	45.90	51.22	49.99	8.01%
云南大理	38.57	47.36	51.30	50.94	49.32	47.50	11.00%
云南普洱宁洱	45.90	45.92	52.16	40.40	52.68	47.41	10.75%
云南普洱墨江	45.20	51.16	47.70	44.10	49.80	47.59	6.26%
云南曲靖师宗	55.48	39.96	44.64	45.94	50.30	47.26	12.46%
云南曲靖宣威	54.18	49.84	45.70	46.08	45.28	48.22	7.88%
云南昆明	56.80	49.84	50.92	44.86	53.54	51.19	8.68%
云南保山	44.00	47.16	49.86	41.28	45.28	45.52	7.11%
福建三明	48.50	50.44	50.80	54.68	51.14	51.11	4.39%
福建南平	51.10	46.60	46.12	48.08	47.00	47.78	4.17%
四川凉山会东	44.28	44.20	50.60	54.50	51.84	49.08	9.46%

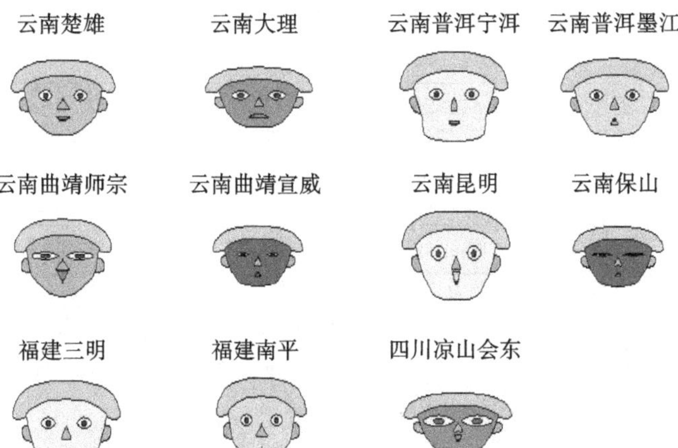

图 4.20 清香型烟叶风格特征指标脸谱图

由图 4.20 结合表 4.34 的数据综合得出以下结论：云南昆明、云南普洱宁洱和福建三明地区烟叶的清香型风格特征彰显度较为接近；云南保山、云南曲靖宣威等地烟叶的清香型风格特征彰显度较为接近。具体分析如下：

①福建南平、福建三明、云南昆明、云南普洱宁洱烟叶的干草香香韵较为接近；四川凉山会东、云南保山、云南大理、云南曲靖宣威烟叶的干草香香韵较为接近；

②云南曲靖宣威、福建南平、云南保山烟叶的清甜香韵较为接近；

③福建南平、云南曲靖师宗烟叶的青香香韵较为接近；

④11 个地区烟叶的辛香香韵较为接近；

⑤除云南大理外，其余地区的正甜香韵较为接近；

⑥四川凉山会东、云南楚雄、云南昆明、云南普洱宁洱、云南曲靖师宗烟叶的飘逸表现较为接近；

⑦云南保山、云南曲靖宣威烟叶的烟气浓度较为接近，其余地区的烟气浓度较为接近；

⑧云南曲靖宣威、四川凉山会东、云南保山、云南曲靖师宗烟叶的浓劲比较为接近，其余地区烟叶的浓劲比较为接近。

(2) 中间香型细化定位。

2012—2016 年所选中间香型烟叶风格特征符合性分值及变异系数见表 4.35，各指标分值脸谱图见图 4.21。

表 4.35　中间香型烟叶风格特征符合性分值及变异系数

产区	2012 年	2013 年	2014 年	2015 年	2016 年	平均值	CV
贵州毕节大方	43.54	47.80	47.00	47.00	53.68	47.80	7.69%
贵州毕节七星关	49.52	45.48	45.88	44.40	55.40	48.14	9.34%
贵州黔西南	44.45	41.32	53.74	52.48	50.38	48.47	11.05%
贵州遵义	39.79	40.20	55.63	47.59	36.34	43.91	17.60%
贵州铜仁	40.94	45.40	55.30	60.18	57.16	51.80	15.87%
重庆彭水	43.32	39.78	38.70	48.00	40.80	42.12	8.80%
山东临沂	41.32	39.62	45.04	49.12	45.36	44.09	8.45%

由表 4.35 可知，中间香型烟叶中，分值最高的是贵州铜仁烟叶，分值最低的是重庆彭水，不同地区间存在一定的差异，同一地区每年都有一定程度的差异，其中贵州毕节大方的变异系数最小，贵州遵义的变异系数最大。

由图 4.21 结合表 4.35 的数据综合得出以下结论：贵州毕节大方、贵州毕节七星关、贵州铜仁烟叶的中间香型风格特征彰显度较为接近。具体分析如下：

①贵州毕节大方、毕节七星关、黔西南、铜仁烟叶的干草香香韵较为接近；山东

图 4.21　中间香型烟叶风格特征指标脸谱图

临沂、重庆彭水烟叶的干草香香韵较为接近；

②贵州毕节大方、毕节七星关、黔西南、铜仁烟叶的正甜香香韵较为接近；山东临沂、重庆彭水烟叶的正甜香香韵较为接近；

③贵州毕节七星关和山东临沂烟叶的木香香韵较为接近；其余地区烟叶的木香香韵较为接近；

④贵州毕节大方、毕节七星关、黔西南、铜仁烟叶的香气状态较为接近，其余地区烟叶的香气状态较为接近；

⑤贵州毕节大方、毕节七星关、黔西南、铜仁、遵义烟叶的烟气浓度较为接近；

⑥贵州毕节大方、毕节七星关、铜仁、遵义烟叶的浓劲比较为接近；贵州黔西南、山东临沂、重庆彭水烟叶的浓劲比较为接近。

（3）浓香型细化定位。

2012—2016 年所选浓香型烟叶风格特征符合性平均分值见表 4.36，各指标分值脸谱图见图 4.22。

表 4.36　浓香型烟叶风格特征符合性分值及变异系数

产区	2012 年	2013 年	2014 年	2015 年	2016 年	平均值	CV
湖南郴州	35.00	42.20	52.50	48.28	51.20	45.84	15.80%
湖南永州	56.58	52.40	38.70	48.00	51.10	49.36	13.59%
河南三门峡	35.62	49.14	58.80	48.72	61.48	50.76	20.08%

续表

产区	2012年	2013年	2014年	2015年	2016年	平均值	CV
河南洛阳	47.66	53.04	58.46	51.02	59.72	53.98	9.40%

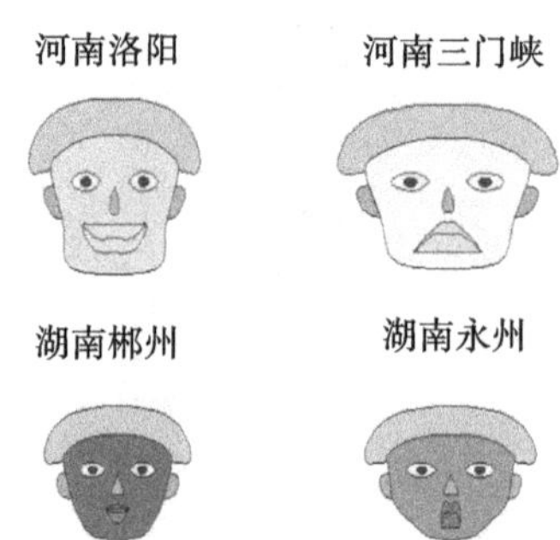

图4.22 浓香型烟叶基地风格特征指标脸谱图

由表4.36可知，所选浓香型烟叶中，分值最高的是河南洛阳，分值最低的是湖南郴州，不同地区间存在一定的差异，同一地区每年都有一定程度的差异，其中河南洛阳的变异系数最小，河南三门峡的变异系数最大。

由图4.22结合表4.36的数据综合得出以下结论：河南三门峡和河南洛阳烟叶的浓香型风格特征彰显度较为接近；湖南永州、湖南郴州烟叶的浓香型风格特征彰显度较为接近。具体分析如下：

①河南洛阳和三门峡烟叶的干草香香韵较为接近；湖南永州、湖南郴州烟叶的干草香香韵较为接近；

②河南洛阳、湖南永州烟叶的焦甜香香韵较为接近；

③河南洛阳和三门峡烟叶的焦香香韵较为接近；

④四个地区所选烟叶的烟气状态较为接近；

⑤河南洛阳和湖南郴州烟叶的浓劲比较为接近。

2. 烟叶感官品质排序定位

将烟叶感官品质特征质量分值进行编秩和升序排列后，把获得的秩和比法结果进行分析，整理后部分RA、RSR、Probit值见表4.37。

表4.37 烟叶感官品质特征分值秩和比法部分分析结果

年份	产区	分值	RA	RSR	Probit
2014	山东临沂	22.84	1	0.001443	2.020374
2015	福建三明	74.30	675	0.974026	6.943564

建立Probit值与RSR_{fit}值回归方程，并检验，结果如表4.38所示。

表 4.38　感官品质特征质量档次秩和比与累积频率回归方程结果

ab	stats			
－0.9117	0.955308	23919.27	0	0.003731
0.2823				

由表 4.38 可知，回归方程拒绝原假设，方程表达式为：$RSR_{fit}=-0.91201+0.282295\times Probit$。

拟将感官品质特征质量档次划分为 4 档，根据《常用分档情况百分位数临界值及其对应概率单位表》，针对 Probit 进行合理分档。合理分档边界确定见表 4.39。

表 4.39　感官品质特征质量档次合理分档结果

RA	RSR	p	Probit	RSR_{fit}
74	0.066012	0.066012	3.493836	0.074435
560	0.499554	0.500446	5.001118	0.499878
1046	0.933095	0.933095	6.499249	0.922737

最佳分档法在合理分档基础上进行必要调整，使各档方差相差具有显著性。合理分档与最佳分档结果在大部分情况下是重合的，为检验不同档次间差异是否显著，进行方差分析和多重比较进行多独立样本非参数检验，结果表明，感官品质特征质量各档次之间秩和比差异显著，故合理分档即为最佳分档，最佳分档结果见表 4.40。

表 4.40　感官品质特征档次划分区间

较　差	中　等	较　好	好
[0,46.28]	(46.28,55.12]	(55.12,65.86]	(65.86,100]

进一步分析 2012—2016 年不同地区的 22 个不同部位烟叶样品，感官品质特征指标量化平均值结果见表 4.41。

表 4.41　烟叶样品感官品质特征指标量化平均值结果

地　区	部位	香气质	香气量	透发性	杂气	细腻程度	柔和程度	圆润感	刺激性	干燥感	余味
云南楚雄	B	2.8	2.8	3.0	1.3	2.0	2.8	2.8	2.6	2.6	2.7
	C	3.1	3.1	3.0	1.3	3.2	3.2	3.2	2.4	2.4	0.1
	X	0.7	2.6	2.7	1.5	2.8	2.8	2.8	2.5	2.5	2.8

续表

地　区	部位	香气质	香气量	透发性	杂气	细腻程度	柔和程度	圆润感	刺激性	干燥感	余味
云南大理	B	2.9	2.9	2.9	1.5	2.8	2.7	2.7	2.7	2.6	2.7
	C	3.3	3.3	3.5	1.1	3.2	3.2	3.2	2.0	2.0	3.2
	X	2.5	2.5	2.6	1.2	2.8	2.8	2.8	2.5	2.5	2.7
云南普洱宁洱	B	0.4	2.5	3.1	2.0	2.4	2.4	2.4	2.7	2.8	2.3
	C	3.0	3.1	3.1	1.5	3.0	3.0	2.9	2.4	2.4	3.0
	X	2.5	2.5	2.6	2.0	2.6	2.6	2.5	2.6	2.6	2.5
云南普洱墨江	B	2.7	2.7	3.2	2.1	2.5	2.5	2.4	2.6	2.7	2.5
	C	3.0	3.1	3.0	1.6	2.9	2.9	2.9	2.3	2.3	2.9
	X	2.6	2.4	2.5	1.9	2.8	2.8	2.6	2.4	2.4	2.7
云南曲靖师宗	B	2.5	2.7	2.9	1.9	2.4	2.5	2.4	2.7	2.7	2.4
	C	3.0	2.9	0.1	1.5	3.1	3.1	3.0	2.3	2.2	2.9
	X	2.1	2.1	2.3	2.4	2.5	2.6	2.5	2.5	2.6	2.4
云南曲靖宣威	B	2.7	2.8	3.1	1.8	2.7	2.7	2.6	2.5	2.5	2.5
	C	3.3	3.2	3.0	1.2	3.1	3.1	3.1	2.1	2.1	3.1
	X	—	—	—	—	—	—	—	—	—	—
云南昆明	B	2.9	3.0	3.4	1.7	2.7	2.6	2.6	2.6	2.6	2.6
	C	0.5	3.4	3.0	1.2	3.3	3.3	3.3	2.0	2.0	3.5
	X	2.6	2.6	2.6	1.7	2.9	2.9	2.8	2.3	2.4	2.8
云南保山	B	—	—	—	—	—	—	—	—	—	—
	C	2.7	2.8	3.1	1.9	2.9	2.9	2.8	2.5	2.5	2.9
	X	—	—	—	—	—	—	—	—	—	—
福建三明	B	2.7	2.8	0.9	1.8	2.6	2.6	2.6	2.7	2.7	2.6
	C	3.4	3.3	3.5	1.2	3.2	3.2	0.2	2.1	2.0	3.4
	X	2.7	2.6	2.7	1.7	2.8	2.8	2.7	2.4	2.4	2.8
福建南平	B	2.8	3.0	3.3	1.7	2.7	2.7	2.7	2.5	2.5	2.8
	C	3.1	3.0	3.1	1.4	3.0	3.0	3.0	2.2	2.2	3.0
	X	2.8	2.5	2.7	1.5	2.8	2.8	2.8	2.3	2.4	2.8

续表

地　　区	部位	香气质	香气量	透发性	杂气	细腻程度	柔和程度	圆润感	刺激性	干燥感	余味
四川凉山会东	B	2.9	3.1	3.2	1.5	2.7	2.8	2.7	2.6	2.6	2.8
	C	3.2	3.0	3.2	1.0	3.0	3.0	3.1	2.1	2.1	3.1
	X	2.5	2.4	2.7	1.5	2.9	2.8	2.7	2.6	2.6	2.8
贵州毕节大方	B	2.6	2.7	3.0	2.2	2.4	2.4	2.4	3.0	3.0	2.3
	C	3.4	3.3	3.4	1.1	3.2	3.2	3.2	2.1	2.1	3.3
	X	2.6	2.5	2.6	1.6	2.7	2.0	2.7	2.6	2.6	2.6
贵州毕节七星关	B	2.5	2.7	2.9	2.1	2.3	2.3	2.3	3.0	3.0	2.2
	C	3.2	3.1	3.1	1.2	3.2	3.1	3.0	2.0	2.2	2.9
	X	2.8	2.6	2.8	1.5	2.9	2.9	2.8	2.3	2.3	2.5
贵州黔西南	B	2.7	2.7	3.0	1.9	2.6	2.5	2.5	2.8	2.8	2.3
	C	3.2	3.1	3.1	1.3	3.0	2.9	2.8	2.4	2.4	2.8
	X	2.0	2.3	2.5	2.0	2.5	2.7	2.6	2.7	2.7	2.3
贵州遵义	B	2.6	2.9	3.0	0.6	2.5	2.5	0.5	2.7	2.7	2.4
	C	3.2	3.2	3.0	1.2	3.0	3.0	3.1	2.1	2.1	3.1
	X	2.4	2.3	2.5	1.8	2.7	2.7	2.6	2.4	2.5	2.6
贵州铜仁	B	2.7	2.9	3.2	1.9	2.6	2.5	2.5	2.8	2.8	2.5
	C	3.3	3.3	3.0	1.2	3.1	3.1	3.0	2.0	2.3	2.9
	X	2.5	2.5	2.8	2.0	2.7	2.7	2.8	2.5	2.5	2.6
重庆彭水	B	2.3	2.5	0.1	2.1	2.3	2.3	2.2	3.2	3.2	2.2
	C	2.5	2.6	3.0	1.8	2.5	2.5	2.4	3.0	3.1	2.5
	X	2.3	2.3	2.6	1.9	2.5	2.4	2.4	2.8	2.7	2.4
山东临沂	B	2.3	2.5	3.1	1.8	2.3	2.2	2.1	3.0	3.0	2.2
	C	2.7	2.6	2.6	1.0	2.7	2.6	2.6	2.4	2.4	2.6
	X	2.3	2.2	2.7	1.7	2.4	2.4	2.4	0.6	2.6	2.3
湖南郴州	B	2.6	2.7	3.1	1.7	2.4	2.4	2.3	2.5	2.6	2.4
	C	3.2	3.0	3.1	1.0	3.0	3.0	3.0	2.3	2.2	2.9
	X	2.4	2.3	2.5	1.6	2.5	2.7	2.7	2.5	2.5	2.4

续表

地区	部位	香气质	香气量	透发性	杂气	细腻程度	柔和程度	圆润感	刺激性	干燥感	余味
湖南永州	B	2.6	2.7	3.0	1.8	2.6	2.6	2.6	2.7	2.8	2.2
	C	3.2	3.3	3.1	1.2	3.0	3.1	3.0	2.3	2.3	3.0
	X	2.4	2.3	2.4	0.1	2.3	2.3	0.2	2.6	2.6	2.3
河南三门峡	B	2.5	2.6	3.2	1.9	2.5	2.4	2.4	2.6	2.3	2.4
	C	3.1	3.2	3.0	1.4	2.9	2.9	2.9	2.3	2.2	3.0
	X	2.4	2.3	2.8	1.8	2.6	2.6	2.6	2.5	2.4	2.7
河南洛阳	B	2.6	2.6	3.1	1.7	2.7	2.6	2.5	2.5	2.6	2.5
	C	3.2	3.1	3.1	1.4	3.0	2.9	2.9	2.3	2.3	3.0
	X	2.6	2.5	0.8	1.7	2.7	2.7	2.7	2.5	2.5	2.7

结合表 4.40 和表 4.41，对比分析两者数据结果，可得 22 个地区不同部位烟叶样品感官品质特征档次分布，如表 4.42 所示。经过统计分析，所选择的烟叶感官品质均值均处于“好”“较好”及“中等”档次。

表 4.42 烟叶样品感官品质特征档次百分比

感官品质特征档次	下部烟	中部烟	上部烟
好	0	4%	0
较好	4%	16%	5%
中等	16%	2%	16%

4.3.3 质量风格相似性评价定位

为了实现烟叶分类统筹使用，优化配方模块化定向设计，挖掘非主导烟叶的互补性或替代性，可以通过统计分析方法进行烟叶关键指标的筛选，利用脸谱图来辅助判定烟叶原料风格特征相似度。

香型是香韵和香气状态的综合体现，在特定的香气状态和部分主体香韵达到一定程度时才能判定为该香型。根据香型的定义可知，香型是在香韵和香气状态标度值基础上的综合判定值，多倾向于香气类型或格调的定性评价，不适宜作为评价指标。所以需要综合香韵（15 种）、香气状态、烟气状态（烟气浓度和劲头）作为评价指标。而风格特征评价也多在特定香型及一定范围内进行比较，所以根据不同香型分别进行指标筛选、建立评价方法。

(1) 清香型。

通过表 4.43 清香型其他香韵描述统计可知：2013—2015 年清香型评价数据中标度值均不为 0 的情况为：干草香、清甜香、青香和木香均为 100%，辛香、正甜香分别为 98.67% 和 93.33%，焦香为 24.00%，坚果香为 4.00%，焦甜香、豆香和果香等 7 种香韵均为 0。说明焦甜香、豆香和果香等 7 种香韵以及坚果香在清香型风格特征评价中基本不具代表性，所以坚果香、焦甜香、豆香和果香等 8 种香韵不作为清香型风格特征评价指标。

表 4.43　清香型其他香韵描述统计

香韵	最大值	最小值	均值	标准偏差	变异系数	标度值不为 0 的比例	样本总数
干草香	3.50	2.50	3.03	0.20	6.75%	100.00%	75
清甜香	3.20	1.00	2.29	0.43	18.83%	100.00%	
青香	2.70	1.00	1.81	0.35	19.48%	100.00%	
木香	1.80	1.00	1.33	0.24	18.04%	100.00%	
辛香	2.00	1.00	1.11	0.22	20.33%	98.67%	
正甜香	2.00	1.00	1.42	0.26	18.08%	93.33%	
焦香	1.50	1.00	1.07	0.15	13.87%	24.00%	
坚果香	2.00	1.00	1.50	0.50	33.33%	4.00%	
焦甜香	0.00	0.00	—	—	—	0	
豆香	0.00	0.00	—	—	—	0	
果香	0.00	0.00	—	—	—	0	
药草香	0.00	0.00	—	—	—	0	
花香	0.00	0.00	—	—	—	0	
树脂香	0.00	0.00	—	—	—	0	
酒香	0.00	0.00	—	—	—	0	

清香型香韵聚类树状图(图 4.23)显示，可将除坚果香之外 7 种标度值不为 0 的香韵指标按照相似度分为五类，其中第一类指标包括干草香和焦香，第二类指标为正甜香，第三类指标包括木香和辛香，第四类指标为青香，第五类为清甜香。

以清香型为因变量，以干草香、清甜香、青香、木香、辛香、正甜香、焦香为自变量建立逐步回归模型(表 4.44)可知：模型 5 的 R^2 最大为 0.714，说明模型对清香型

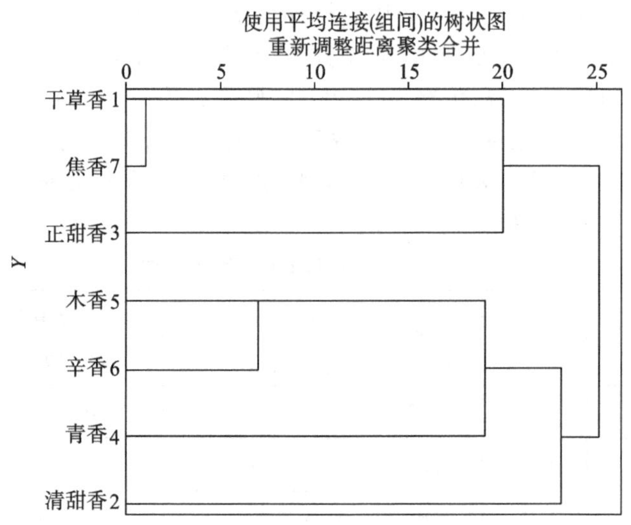

图 4.23 清香型香韵聚类树状图

的拟合优度相对较好，调整 $R^2=0.694$，说明回归方程具备一定预测能力；通过回归模型方差检验可知 $P<0.001$，说明回归模型有统计学意义。根据模型非标准化系数(表 4.45)可知，干草香和清甜香对清香型的影响程度相对较大，其次为青香和辛香，最后为正甜香，而木香和焦香与清香型的相关性较小。

综合指标聚类分析和回归分析确定清香型香韵指标为干草香、清甜香、青香、辛香和正甜香。

表 4.44 逐步回归模型

模型	R	R^2	调整 R^2	标准估计的误差
1	0.736[a]	0.541	0.535	0.196
2	0.783[b]	0.614	0.603	0.181
3	0.809[c]	0.655	0.641	0.173
4	0.833[d]	0.694	0.677	0.164
5	0.845[e]	0.714	0.694	0.159

注：a. 预测变量：(常量)，清甜香。

b. 预测变量：(常量)，清甜香，干草香。

c. 预测变量：(常量)，清甜香，干草香，青香。

d. 预测变量：(常量)，清甜香，干草香，青香，辛香。

e. 预测变量：(常量)，清甜香，干草香，青香，辛香，正甜香。

表 4.45　模型非标准化系数

模型		非标准化系数		标准系数	t	Sig.
		B	标准误差	试用版		
5	(常量)	−0.022	0.349	—	−0.064	0.949
	清甜香	0.359	0.050	0.538	7.201	0.000
	干草香	0.514	0.110	0.365	4.670	0.000
	青香	0.155	0.054	0.190	2.892	0.005
	辛香	0.219	0.090	0.171	2.445	0.017
	正甜香	0.099	0.045	0.149	2.211	0.030

综上分析，清香型风格特征评价指标为干草香、清甜香、青香、辛香、正甜香、飘逸、烟气浓度和劲头。

(2) 中间香型。

通过表 4.46 中间香型其他香韵描述统计可知：2013—2015 年中间香型评价数据中标度值均不为 0 的情况为：干草香和正甜香均为 100%，木香和辛香分别为 98.81%、97.62%，青香和焦香均为 52.38%，清甜香、焦甜香、坚果香分别为 7.14%、4.76%、3.57%，豆香、果香和药草香等 6 种香韵均为 0。说明清甜香、焦甜香、豆香和果香等 9 种香韵以及坚果香在清香型风格特征评价中基本不具代表性，所以清甜香、焦甜香、豆香和果香等 9 种香韵不作为中间香型风格特征评价指标。

表 4.46　中间香型其他香韵描述统计

香韵	最大值	最小值	均值	标准偏差	变异系数	标度值不为 0 的比例	样本总数
干草香	4.00	2.00	2.83	0.33	11.74%	100.00%	84
正甜香	3.50	1.50	2.80	0.33	11.78%	100.00%	
木香	1.70	1.00	1.30	0.23	17.40%	98.81%	
辛香	1.50	1.00	1.09	0.16	15.00%	97.62%	
青香	1.50	1.00	1.15	0.17	14.82%	52.38%	
焦香	2.00	1.00	1.12	0.22	20.08%	52.38%	
清甜香	2.10	1.13	1.71	0.45	26.01%	7.14%	
焦甜香	1.20	1.00	1.10	0.12	10.50%	4.76%	
坚果香	1.00	1.00	1.00	0.00	0.00%	3.57%	
豆香	0.00	0.00	—	—	—	0	
果香	0.00	0.00	—	—	—	0	
药草香	0.00	0.00	—	—	—	0	
花香	0.00	0.00	—	—	—	0	
树脂香	0.00	0.00	—	—	—	0	
酒香	0.00	0.00	—	—	—	0	

图 4.24 为中间香型香韵聚类树状图。由图可知，6 种中间香型香韵指标按照相似度分为四类，其中第一类指标包括干草香和青香，第二类指标包括木香和辛香，第三类指标为正甜香，第四类指标为焦香。

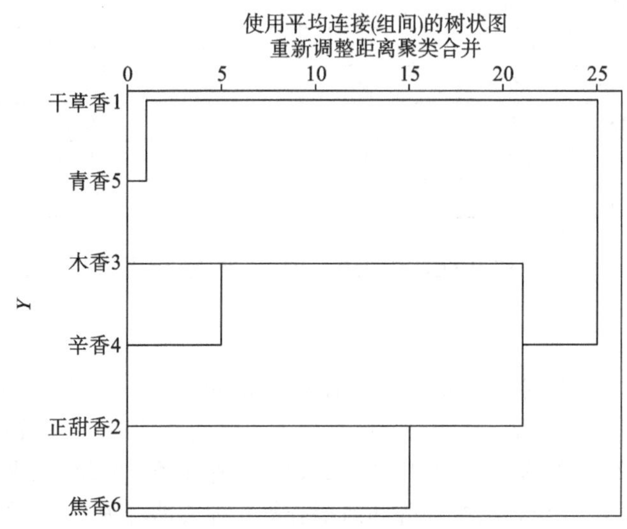

图 4.24　中间香型香韵聚类树状图

以中间香型为因变量，以干草香、正甜香、木香、辛香、青香、焦香为自变量建立逐步回归模型(表 4.47)可知：模型 4 的 R^2 最大为 0.496，说明模型对中间香型的拟合优度相对较好，调整 $R^2=0.470$，说明回归方程的具备一定预测能力；通过回归模型方差检验可知 $P<0.001$，说明回归模型有统计学意义。根据模型非标准化系数(表 4.48)，干草香对中间香型的影响程度相对较大，其次为木香和正甜香，最后为焦香，而辛香、青香与中间香型的相关性较小。

综合指标聚类分析和回归分析确定中间香型香韵评价指标为干草香、正甜香、木香、焦香作为评价指标。

表 4.47　逐步回归模型

模型	R	R^2	调整 R^2	标准估计的误差
1	0.513[a]	0.263	0.254	0.28638
2	0.646[b]	0.417	0.403	0.25615
3	0.682[c]	0.465	0.445	0.24692
4	0.704[d]	0.496	0.470	0.24135

注：a. 预测变量：(常量)，干草香。

b. 预测变量：(常量)，干草香，焦香。

c. 预测变量：(常量)，干草香，焦香，木香。

d. 预测变量：(常量)，干草香，焦香，木香，正甜香。

表 4.48　模型非标准化系数

模型		非标准化系数		标准系数	t	Sig.
		B	标准误差	试用版		
4	（常量）	0.293	0.302	—	0.972	0.334
	干草香	0.505	0.109	0.502	4.631	0.000
	焦香	0.191	0.051	0.336	3.733	0.000
	木香	0.377	0.120	0.257	3.140	0.002
	正甜香	0.246	0.113	0.228	2.176	0.033

综上分析，中间香型风格特征评价指标为：干草香、正甜香、木香、焦香、悬浮、烟气浓度和劲头。

（3）浓香型。

浓香型烟叶其他香韵描述统计结果如表 4.49 所示。2013—2015 年浓香型评价数据中标度值均不为 0 的情况：干草香、焦甜香、焦香和木香均为 100%，辛香、正甜香分别为 84.06%和 68.12%，坚果香为 33.33%，青香为 2.90%，清甜香、豆香和果香等 7 种香韵均为 0。说明清甜香、豆香和果香等 7 种香韵以及坚果香在浓香型风格特征评价中基本不具代表性，所以青香、清甜香和果香等 8 种香韵不作为浓香型风格特征评价指标。

表 4.49　浓香型其他香韵描述统计

香韵	最大值	最小值	均值	标准偏差	变异系数	标度值不为 0 的比例	样本总数
干草香	3.50	2.00	2.93	0.27	9.15%	100.00%	69
焦甜香	3.00	1.00	1.77	0.46	26.07%	100.00%	
木香	1.90	1.00	1.33	0.24	17.70%	100.00%	
焦香	2.50	1.00	1.85	0.35	19.16%	100.00%	
辛香	1.50	1.00	1.04	0.12	11.57%	84.06%	
正甜香	1.50	1.00	1.12	0.19	16.83%	68.12%	
坚果香	2.00	1.00	1.16	0.32	27.21%	33.33%	
青香	1.00	1.00	1.00	0.00	0.00%	2.90%	
清甜香	0.00	0.00	—	—	—	0	
豆香	0.00	0.00	—	—	—	0	
果香	0.00	0.00	—	—	—	0	
药草香	0.00	0.00	—	—	—	0	
花香	0.00	0.00	—	—	—	0	
树脂香	0.00	0.00	—	—	—	0	
酒香	0.00	0.00	—	—	—	0	

浓香型香韵聚类树状图结果如图 4.25 所示。7 种相关香韵指标按照相似度可以分为三类，其中第一类指标包括木香、辛香和焦香，第二类指标包括焦甜香和坚果香，第三类指标为干草香和正甜香。

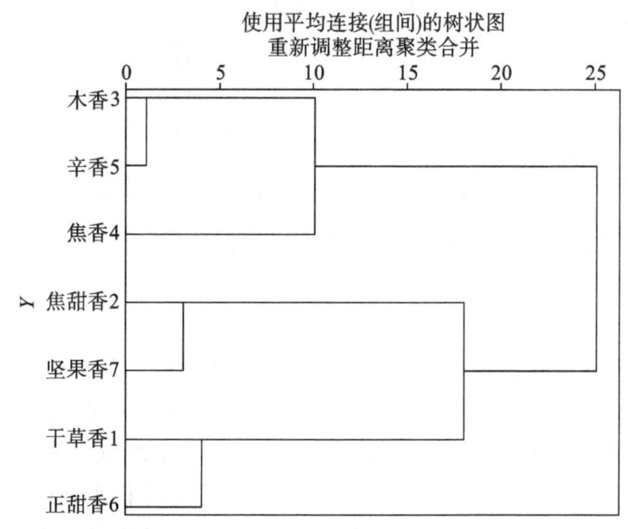

图 4.25　浓香型香韵聚类树状图

以浓香型为因变量，以干草香、焦甜香、焦香、木香、辛香、正甜香、坚果香为自变量建立逐步回归模型(表 4.50)可知：模型 3 的 R^2 最大为 0.671，说明模型对浓香型的拟合优度相对较好，调整 $R^2=0.656$，说明回归方程的具备一定预测能力；通过回归模型方差检验可知 $P<0.001$，说明回归模型有统计学意义。根据模型非标准化系数(表 4.51)可知：干草香和焦甜香对浓香型的影响程度相对较大，其次为焦香，而木香、辛香、正甜香、坚果香与浓香型的相关性较小。

综合指标聚类分析和回归分析确定浓香型香韵指标为干草香、焦甜香、焦香。

表 4.50　逐步回归模型

模型	R	R^2	调整 R^2	标准估计的误差
1	0.743[a]	0.551	0.545	0.17376
2	0.791[b]	0.626	0.615	0.15981
3	0.819[c]	0.671	0.656	0.15100

注：a. 预测变量：(常量)，焦甜香。

b. 预测变量：(常量)，焦甜香，焦香。

c. 预测变量：(常量)，焦甜香，焦香，干草香。

表 4.51　模型非标准化系数

模型		非标准化系数		标准系数	t	Sig.
		B	标准误差	试用版		
3	（常量）	1.110	0.242	—	4.596	0.000
	焦甜香	0.286	0.063	0.512	4.556	0.000
	焦香	0.161	0.054	0.221	3.002	0.004
	干草香	0.322	0.108	0.335	2.987	0.004

综上分析，浓香型风格特征评价指标为干草香、焦甜香、焦香、沉溢、烟气浓度和劲头。因此，清香型、中间香型和浓香型风格特征评价指标如表 4.52 所示。

表 4.52　不同香型烟叶风格特征评价指标

香　型	风格特征评价指标
清香型	干草香、清甜香、青香、辛香、正甜香、飘逸、烟气浓度和劲头
中间香型	干草香、正甜香、木香、焦香、悬浮、烟气浓度和劲头
浓香型	干草香、焦甜香、焦香、沉溢、烟气浓度和劲头

4.3.4　配方功能识别模型的构建

围绕规模化细支卷烟产品的风格和质量特征，需要对细支卷烟配方需求原料进行模块化分析和定向设计，对烟叶原料进行功能性判别，形成由不同产区、不同等级质量的烟叶组成的相对固化、科学合理的配方模块单元，从而提高叶组组分单元的稳定性和规模。

1. 各等级烟叶感官质量和常规化学成分的基本描述统计

围绕细支卷烟需求原料，选取具有代表性的 216 个等级烟叶，对感官质量和常规化学成分等指标的定量及描述进行统计，结果如表 4.53 所示。感官指标均不服从正态分布，化学成分指标除了氯以外，其他指标的数据服从正态分布。

表 4.53　各等级烟叶感官质量和常规化学成分的描述统计分析

指　标	变幅	均值	标准差	偏度系数	峰度系数	K-S 检验概率
烟气浓度(x_1)	2.0～3.8	2.919	0.356	0.016	0.012	0.005
劲头(x_2)	2.0～4.0	2.891	0.428	0.111	−0.180	0.031
香气质(x_3)	2.0～4.0	2.840	0.372	0.600	1.286	0.000
香气量(x_4)	2.0～4.0	2.843	0.374	0.112	0.349	0.006
透发性(x_5)	1.0～4.0	2.999	0.378	−0.190	−0.232	0.000

续表

指　　标	变幅	均值	标准差	偏度系数	峰度系数	K-S 检验概率
杂气(x_6)	2.0～4.0	3.439	0.399	−0.447	0.156	0.000
细腻程度(x_7)	2.0～3.7	2.824	0.300	0.126	0.349	0.000
柔和程度(x_8)	2.0～3.5	2.809	0.291	0.114	0.415	0.000
圆润感(x_9)	2.0～3.8	2.796	0.293	0.189	0.672	0.000
刺激性(x_{10})	1.5～3.0	2.476	0.329	−0.086	−0.699	0.001
干燥感(x_{11})	1.5～3.5	2.485	0.331	0.129	−0.379	0.000
余味(x_{12})	2.0～3.8	2.749	0.318	0.221	0.414	0.004
总糖/(%)(x_{13})	17.76～45.13	31.072	5.196	0.135	−0.095	0.978
还原糖/(%)(x_{14})	16.28～37.99	25.810	4.147	0.285	−0.227	0.476
总植物碱/(%)(x_{15})	0.90～4.51	2.337	0.837	0.474	−0.403	0.081
钾/(%)(x_{16})	0.73～4.17	1.834	0.537	0.490	2.244	0.379
氯/(%)(x_{17})	0.05～1.27	0.342	0.223	4.263	25.115	0.000
总氮/(%)(x_{18})	0.82～3.86	1.898	0.506	0.221	−0.156	0.894

注:单样本 K-S 检验,原假设为指标数据的分布为正态分布,显著水平是 0.05。

2. 确定烟叶分组及各组分特性

根据细支卷烟配方原料使用特点确定 4 个功能组分,并确定各组分的代表性样品,其中 H_1、H_2、H_3、H_4样品数量分别为 26、24、22、24。选取 4 个组分的代表样品作为训练集样品,通过 k-近邻方法建立分类预测模型对另外 120 个样品进行分类。预测模型的 $k=3$,特征变量为烟气浓度、香气质、余味、柔和程度、香气量和透发性等 6 个指标,模型对训练样品类别预测的准确率达到了 99%,结果见表 4.54。同时对 120 个样品进行类别划分,确定 216 个等级原料功能组分。其中 H_1组分 60 个,H_2组分 43 个,H_3组分 66 个,H_4组分 47 个。

表 4.54　模型对训练样品类别预测结果

分　区	观　察	预测分组数量				准确率/(%)
		H_1	H_2	H_3	H_4	
训练	H_1	25	0	1	0	96.2
	H_2	0	24	0	0	100
	H_3	0	0	22	0	100
	H_4	0	0	0	24	100
	总体百分比	26.0%	25.0%	24.0%	25.0%	99.0%

通过表 4.55 可知各组分指标间关系如下：钾指标在 5%水平下差异不显著，还原糖和氯指标在 5%水平下差异显著，其他指标在 1%水平下差异显著。说明各组分指标间差异显著，进行判别分析有意义。

表 4.55　各组分感官指标和化学成分均值及 WH 检验表

指标	H_1		H_2		H_3		H_4		K-W 检验概率
	均值	标准差	均值	标准差	均值	标准差	均值	标准差	
烟气浓度	3.117	0.185	3.314	0.232	2.764	0.158	2.517	0.224	0.000
劲头	3.062	0.326	3.374	0.234	2.741	0.240	2.428	0.276	0.000
香气质	3.225	0.315	2.802	0.130	2.836	0.189	2.377	0.175	0.000
香气量	3.245	0.248	2.933	0.176	2.764	0.142	2.349	0.186	0.000
透发性	3.297	0.221	3.253	0.227	2.891	0.171	2.574	0.231	0.000
杂气	3.687	0.316	3.284	0.363	3.523	0.333	3.149	0.375	0.000
细腻程度	3.078	0.243	2.656	0.162	2.905	0.194	2.538	0.255	0.000
柔和程度	3.070	0.231	2.635	0.145	2.888	0.173	2.526	0.237	0.000
圆润感	3.058	0.248	2.640	0.158	2.856	0.174	2.519	0.247	0.000
刺激性	2.742	0.258	2.200	0.233	2.520	0.295	2.330	0.246	0.000
干燥感	2.765	0.294	2.205	0.222	2.511	0.266	2.347	0.244	0.000
余味	3.047	0.257	2.533	0.210	2.826	0.183	2.457	0.212	0.000
总糖/(%)	31.590	5.364	28.596	4.473	32.148	5.038	31.163	5.237	0.007
还原糖/(%)	26.511	4.385	24.253	3.445	26.349	4.332	25.580	3.873	0.046
总植物碱/(%)	2.450	0.722	3.272	0.660	1.964	0.668	1.863	0.561	0.000
钾/(%)	1.747	0.445	1.712	0.363	1.904	0.584	1.958	0.668	0.141
氯/(%)	0.304	0.202	0.333	0.143	0.333	0.233	0.411	0.277	0.047
总氮/(%)	2.001	0.524	2.190	0.475	1.778	0.467	1.667	0.405	0.000
样品量	60		43		66		47		216

3. 建立判别函数

对 4 个组分 216 个样品的 18 个指标进行逐步判别分析，判别函数引入 7 个指标，分别为烟气浓度(x_1)、香气量(x_4)、透发性(x_5)、柔和程度(x_8)、干燥感(x_{11})、余味(x_{12})和总植物碱(x_{15})，得到3个典型判别函数为：

(1) $D_1(x)=0.308x_1+0.488x_4+0.319x_5+0.060x_8+0.079x_{11}+0.325x_{12}+0.185x_{15}$

(2) $D_2(x)=0.696x_1+0.085x_4+0.215x_5+0.426x_8+0.240x_{11}+0.213x_{12}-0.248x_{15}$

(3) $D_3(x)=-0.258x_1+0.379x_4+0.062x_5-0.612x_8+0.943x_{11}-0.452x_{12}+0.145x_{15}$

3个典型判别函数特征根分别为4.278、1.467、0.081，携带的信息量分别为73.4%、25.2%、1.4%，Wilks值分别为0.071、0.375和0.925，卡方统计量值分别为553.984、205.476和16.316，显著性概率分别为0.000、0.000和0.006，说明这7个指标可以反映各组分的特征，虽然第3个判别函数携带的信息量很少，但其具有统计学意义，应当保留。

从图4.26判别函数联合分布图中可以看出，4个组分在空间上可以明显区分。为更好的对原料组分判定，建立4个组分的Fisher判别函数分别为：

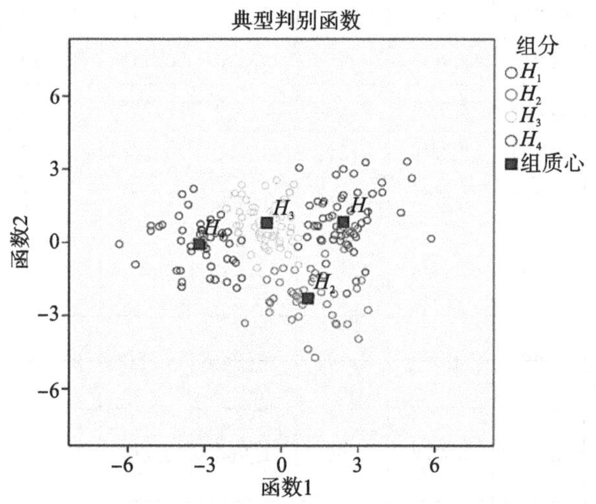

图4.26 判别函数联合分布图

(1) $H_1(x)=-362.252+43.588x_1+23.006x_4+53.741x_5+36.557x_8+23.515x_{11}+46.933x_{12}+5.643x_{15}$

(2) $H_2(x)=-318.682+52.919x_1+17.453x_4+48.345x_5+30.518x_8+19.040x_{11}+42.473x_{12}+6.356x_{15}$

(3) $H_3(x)=-292.889+39.822x_1+14.197x_4+49.003x_5+37.471x_8+20.369x_{11}+43.709x_{12}+4.681x_{15}$

(4) $H_4(x) = -232.321 + 37.875x_1 + 8.395x_4 + 44.284x_5 + 32.782x_8 + 21.176x_{11} + 37.480x_{12} + 4.411x_{15}$

4. 判别结果检验

通过表 4.56 可知：自身验证方法的判别正确率整体为 93.1%，留一交互验证方法的判别整体正确率整体为 92.6%，说明验证结果较好，模型拟合较优。

表 4.56　对各等级样品预测模型的判别结果

验证方法	组分	H_1		H_2		H_3		H_4		样品总数/个	正确率/(%)
		样品数量/个	比例/(%)	样品数量/个	比例/(%)	样品数量/个	比例/(%)	样品数量/个	比例/(%)		
自身验证	H_1	50	83.3	5	8.3	5	8.3	0	0	60	83.3
	H_2	2	4.7	41	95.3	0	0	0	0	43	95.3
	H_3	0	0	1	1.5	65	98.5	0	0	66	98.5
	H_4	0	0	0	0	2	4.3	45	95.7	47	95.7
交互验证	H_1	50	83.3	5	8.3	5	8.3	0	0	60	83.3
	H_2	2	4.7	41	95.3	0	0	0	0	43	95.3
	H_3	0	0	1	1.5	65	98.5	0	0	66	98.5
	H_4	0	0	0	0	3	6.4	44	93.6	47	93.6

5. 判别决策

分别从 4 种组分中各取 5 个样品，用于回判检验，判别结果见表 4.57。判别情况与实际结果完全一致，判别正确率均为 100%。因此，判别函数的预测效果较好，具有实际应用价值。

表 4.57　各等级预测样本的判别结果

样品	$H_1(x)$	$H_2(x)$	$H_3(x)$	$H_4(x)$	判别类型	正确率/(%)
$H_1$1	342.35	340.65	340.22	328.27	H_1	100
$H_1$2	346.87	340.66	343.27	328.71	H_1	
$H_1$3	381.80	377.66	374.58	355.73	H_1	
$H_1$4	341.82	333.53	338.90	323.78	H_1	
$H_1$5	412.12	407.83	400.03	379.37	H_1	

续表

样品	$H_1(x)$	$H_2(x)$	$H_3(x)$	$H_4(x)$	判别类型	正确率/(%)
$H_2$1	334.43	343.22	330.60	326.98	H_2	100
$H_2$2	353.80	355.58	349.39	341.62	H_2	
$H_2$3	346.40	350.36	341.31	334.54	H_2	
$H_2$4	321.85	323.54	318.65	314.23	H_2	
$H_2$5	345.06	350.62	339.63	333.13	H_2	
$H_3$1	297.32	294.90	299.89	295.71	H_3	100
$H_3$2	282.95	279.17	285.97	281.54	H_3	
$H_3$3	304.00	302.91	309.27	303.77	H_3	
$H_3$4	301.99	295.34	303.81	296.46	H_3	
$H_3$5	306.55	305.51	309.89	302.93	H_3	
$H_4$1	237.45	243.33	244.40	248.17	H_4	100
$H_4$2	259.26	260.87	267.38	267.86	H_4	
$H_4$3	217.25	218.38	227.59	233.08	H_4	
$H_4$4	104.74	116.69	126.47	141.29	H_4	
$H_4$5	163.69	165.50	178.75	188.64	H_4	

参考文献

[1] 阚宏伟，胡亚杰，张纪利. 加强原烟精选提高烟叶等级质量[J]. 天津农业科学，2016. 22(7)：98-101.

[2] 王信民，李锐，魏春阳. 烤烟外观区域特征感官评价指标的筛选[J]. 烟草科技，2011(3)：59-68.

[3] 赵炜，吉松毅，任艳萍. 云南烤烟外观质量综合评价及指标间的关系分析[J]. 郑州轻工业学院学报(自然科学版)，2010，25(5)：53-56.

[4] 左天觉. 烟草的生产、生理和生物化学[M]. 朱尊权译. 上海. 远东出版社，1993：441-445.

[5] 邱慧慧，史宏志，马永建，等. 浓香型烤烟不同叶点生物碱含量的分布[J]. 中国农学通报，2009，25(19)：113-115.

[6] 户艳霞，周志刚，杨艾勇，等. 烤烟叶片总多酚积累的位置差异分析[J]. 云南农业大学学报，2009，24(6)：825-828.

[7] 聂荣帮，聂紫. 烤烟叶片钾含量分布规律研究[J]. 作物研究，2009，23(3)：194-196.

[8] 刘晓乐，窦家宇，陈清. 烟叶不同位置常规化学成分比较[J]. 上海烟草，2010(4)：30-34.

[9] 王晓耕，江家洪，冉宁，等. 烟叶分切工艺在打叶复烤生产中的应用[J]. 烟草科技，2005(2)：3-4.

[10] 刘其聪，夏正林，罗登山. 影响打叶质量的因素分析与降低烟叶损耗[J]. 烟草科技，1998(3)：3.

[11] Jakob Stephen W. Flue-cured strip/cut filler particle size correlation[EB/OL]. (2002-02-01) [2009-02-05]. http://leguey. 1ibrary. ucsf. edu/tid/tsj33a00.

[12] 张忠峰，张世成，齐海涛. 分切打叶工艺设备的研究与应用[J]. 烟草科技，2011(6)：16-19.

[13] 符再德，张其龙，张晖，等. 张家界桑植浓香型烤烟烟叶分切研究[J]. 烟草科技，2012(5)：51-55.

[14] 邹阳，李俊，李文彪，等. 烟叶标准化生产在楚雄烟区的发展及展望[J]. 安徽农业科学，2015，(34)：389-392.

第5章 细支卷烟质量稳定性控制技术

与常规卷烟(圆周设计值为24 mm左右)相比,细支卷烟辅材参数发生较大变化。例如,滤棒吸阻变大、丝束的单旦变大、总旦变小等。在卷烟物理形态的变化上,细支卷烟降低了卷烟圆周,获得与常规卷烟相似的烟支密度(230 mg/mm^3左右),势必造成填充时出现烟丝状态与常规卷烟加工工艺过程不匹配的问题。此外,由于细支卷烟圆周大幅降低,会导致卷烟抽吸时空气流速大幅增加,燃烧锥处单位烟丝接触的氧气量会更高,燃烧状态相对常规卷烟来讲会更加剧烈,从而影响烟气中化学成分的产生。

Debardeleben等[1]报道了随着烟支圆周的减小,卷烟烟气的焦油、烟碱和CO释放量减小。Yamamoto等[2]研究了烟支圆周对焦油和烟碱总释放量的影响,结果表明,焦油和烟碱的总释放量和烟支抽吸时所消耗的烟丝量成正比。Yamamoto等[3]研究发现卷烟主流烟气中CO_2、NO、CO和乙醛的释放量均随烟支圆周的减小而呈现线性降低的趋势,但其斜率存在较大差异,而苯并[a]芘(BaP)的释放量则随烟支圆周的减小呈现指数性降低的趋势,氢氰酸(HCN)的释放量则基本无变化。Irwin等[4]考察了烟支圆周对主流烟气中焦油、烟碱、CO、NO、HCN、挥发性醛类化合物的影响。结果显示,随着烟支圆周降低,主流烟气中除HCN外,其余检测物质的释放量均呈降低趋势。Egilmez等[5]研究了细支卷烟和常规卷烟烟气中气溶胶粒径的差异,显示细支卷烟气溶胶粒径要小于常规卷烟。

目前,烟草行业对细支卷烟卷制质量的评价方法主要基于常规卷烟的质量评价方法。但是,这种质量评价方法在细支卷烟中是否完全适用,仍有待于进一步验证。多年来对常规卷烟的研究过程中形成共识的观点是,烟丝结构的波动是影响卷烟质量波动的重要根源之一。因此,烟丝结构特征及加工工艺研究在近些年的工艺发展中得到较大的关注[6~8]。罗登山[8]认为,虽然近年来烟草工艺技术和水平得到了快速发展和提高,但是相关基础研究仍然较为薄弱。打叶复烤(烟叶—叶片)、制丝(叶片—烟丝)和卷制(烟丝—卷烟)贯穿了从烟叶原料到卷烟产品的整个过程,加工工艺的整体性是烟草工艺研究的核心和基础。余娜[6]、夏营威[9]等人先后利用筛分方法、机器视觉方法研究建立了烟丝结构、烟丝尺寸分布、烟丝宽度及分布等的测试方法。通过检测与表征方法的建立，研究了烟丝结构对卷烟卷制质量的影响规律[10,11]和片烟尺寸分布对烟丝结构的影响规律[7]。结果表明，烟丝结构特征对卷烟单支质量、端部落丝、空头率等指标及其稳定性影响显著。

细支卷烟烟丝填充量少，相较于常规卷烟，烟丝结构的波动在细支卷烟质量稳定性方面具有放大效应。因此，立足于细支卷烟的特点，从原料均匀性、叶组配比等方面入手，结合细支卷烟燃烧状态变化，开展烟丝状态、烟丝结构等因素对细支卷烟烟气成分释放量的影响研究，对于稳定细支卷烟产品质量，保持细支卷烟低焦、低害特色具有非常重要的意义。

5.1　烟丝形态控制的关键技术研究

5.1.1　概述

叶丝形态与烟支理化指标和感官质量之间密切相关。不同结构的烟丝在抽吸过程中的燃烧状态不同，尤其是细支卷烟，因其烟支规格与常规卷烟存在明显差异，在抽吸过程中，烟丝的燃烧性状也异于常规卷烟。因此，对于细支卷烟而言，烟丝的形态控制技术更为重要。

陶芳[12]运用均匀性检验方法，采用方差分析，判断卷烟加工过程中反映烟丝质量的结构、水分等指标的一致性和均匀性，并以此来衡量卷烟加工工艺水平的高低，从而为稳定和提高卷烟质量提出改进方向。刘博[13]对分组加工过程中不同叶丝组分在加香过程中的混合均匀性进行了研究，采用分离称重法精确地测定了烟丝混合均匀度。杜启云等[14]通过连续流动分析法对叶丝、梗丝和薄片丝中总糖、总植物碱、氯、钾、总氮和挥发碱的测定，建立了一种基于定量分析软件、应用化学常规指标评价叶丝、梗丝和薄片丝掺配均匀性的方法。

为了满足细支卷烟对烟丝形态的特殊需求，有必要开展烟丝形态结构影响因素及控制技术研究，探索烟丝形态、梗丝形态控制的关键技术，从而优化出适于细支卷烟的加工工艺参数；同时，通过关键环节设备改造，突破加工技术瓶颈，形成细支卷烟烟丝形态控制设备保障技术，实现控制细支卷烟质量稳定的关键技术。

5.1.2　材料与方法

材料：江苏中烟工业有限责任公司提供细支卷烟各品牌原料和卷烟材料。

仪器与设备：Binder 烘箱（德国 Brabender 公司）、KBF240 恒温恒湿箱（德国 Binder 公司）、AL204-IC 电子天平（Precisa 公司）、DD61-A 型烟丝填充值测定仪（BORGWALDT 公司）、AS200 筛分仪（RETSCH 公司）。SD508 切丝机（Garbuio

公司)、SD512 切丝机(Garbuio 公司)、SIROX 型叶丝回潮机(Hauni 公司)、HXD 管式气流烘丝机(Garbuio 公司)、CTD 塔式气流烘丝机(昆明船舶设备集团有限公司)、PTS1-8 卷接机组。

样品制备方法:

①不同切丝宽度样品的制备:在 SD512 切丝机上,制备不同宽度的烟丝,并上机卷制成烟支,检测烟支样品的烟气指标。

②不同烟丝结构样品的制备:掺兑不同比例的各尺寸烟丝,制作 7 组不同特征尺寸的烟丝样品,并上机卷制,根据 7 组样品焦油的稳定性对比情况,采用烟丝长度控制技术,制备 3 组优选结构的配方烟丝,并上机卷制成烟支进行验证,检测烟支样品的烟气指标。

样品检测方法:

①烟丝特征面积检测:采用图像法,以烟丝面积的平均值作为该组烟丝的特征面积。

②烟丝碎末分维数的计算方法:烟丝碎末分维数的计算根据分形理论,计算公式如下:

$$\lg Y = \frac{2-D}{2}\lg S_i + \frac{2-D}{2}\lg S_{max} \tag{5.1}$$

其中,$\lg Y$ 为面积的对数;$\lg S_i$为累积百分比的对数;$\lg S_{max}$为常数;D 为该类型分布的分维数。

③烟丝结构:每个梯度取三个样品测试烟丝结构,测试方法按照行业标准 YC/T 178—2003 执行。

④烟丝水分:采用 LAB 红外水分仪测定,每个梯度测 5 组。

⑤烟丝填充值:采用 DD60 烟丝密度仪,按照行业标准 YC/T 28.8—1996 测定烟丝填充值,每个梯度测 5 组。

⑥卷烟物理指标测试:采用称重法每个梯度挑拣出合格卷烟 150 支,分为 5 组,利用综合测试台测试。测试指标包括:卷烟重量、卷烟硬度、卷烟吸阻、卷烟滤嘴通风率、卷烟总通风率。

⑦卷烟烟气指标测试:采用称重法每个梯度挑拣出合格卷烟 60 支,分为 2 组,在恒温恒湿箱内平衡 48 小时,采用转盘吸烟机捕集主流烟气并测试。

⑧卷烟感官评吸:采用称重法每个梯度挑拣出合格卷烟 50 支,采用对比评吸法打分,对样品按从优到劣排序。

5.1.3 烟丝结构对细支卷烟均匀性的影响

制作切丝宽度分别为 0.8 mm(1#)和 1.0 mm(2#)的烟丝样品 2 组;取某品牌细支卷烟(0.9 mm 切丝宽度)储丝柜出口烟丝样品 300 kg,取其中 100 kg 烟丝样品用烟丝结构振动分选筛进行烟丝分选，分选标准为：烟丝长度≥3.35 mm、3.35～2.5 mm、2.5～1.0 mm、≤1.0 mm，共四种长度的烟丝；以 10 kg 正常烟丝主体，分别制作 4 组对比烟丝结构的样品：掺入 3 kg 长丝(3＃)、掺入 1 kg 中丝和 1 kg 短丝(4＃)、掺入 2 kg 中丝和 2 kg 短丝(5＃)、掺入 3 kg 中丝和 3 kg 短丝(6＃)，并将对比烟丝样品和原样共 7 组样品在同一机台上进行卷接，卷接过程参数相同。

1. 不同结构烟丝特征尺寸差异

将 7 组不同结构的烟丝进行图像法检测，以不同像素来表征烟丝的尺寸，用图像法检测结果中的均值来表征烟丝的特征尺寸，结果见表 5.1。

表 5.1　烟丝尺寸检测结果

样品编号	原样	1＃	2＃	3＃	4＃	5＃	6＃
特征尺寸面积/mm^2	23.07	16.20	29.89	20.75	15.71	14.78	14.01

从表 5.1 可以看出，不同样品烟丝的特征尺寸存在明显差异。切丝宽度增加，对应的烟丝特征尺寸变大。随着长丝、中丝及短丝的掺入，烟丝特征尺寸明显改变。6 组样品及原样的特征尺寸的顺序为：2＃＞原样＞3＃＞1＃＞4＃＞5＃＞6＃。

2. 烟支内部密度分布差异

利用微波水分密度仪，分别检测不同烟丝结构的样品烟支内烟丝密度分布情况，取 20 支密度分布平均值进行对比，结果如图 5.1 所示。在不考虑压实端的情况下，烟支内烟丝密度曲线最平稳的是 6＃和 4＃样品，其余 5 组样品密度波动都比较大。这说明改变烟丝的切丝宽度对烟支烟丝密度均匀性的影响不大；增加烟

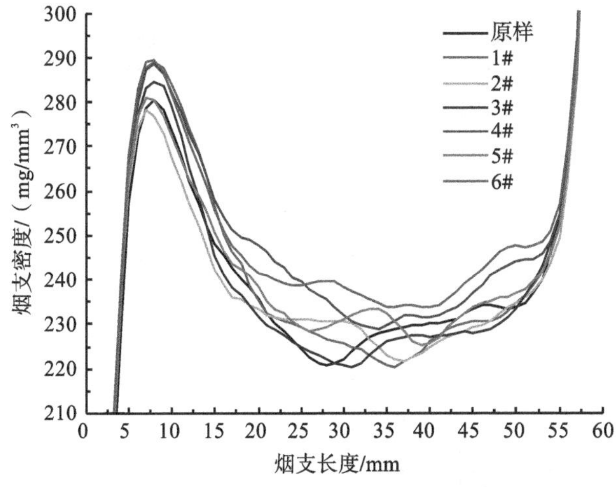

图 5.1　原样及 6 组样品烟丝密度分布平均值对比图

丝中中丝和短丝的比例、降低烟丝特征尺寸的长度，可以提高细支卷烟的烟支内均匀性，即虽然特征尺寸相近，但烟丝中中丝和短丝的比例对烟支内密度分布均匀性的影响更为突出。

3. 物理指标稳定性差异

分别检测7组卷烟样品的物理指标，在单重均值和滤嘴通风度均值相近的条件下，计算组内物理指标（单重、吸阻、硬度等）的标准偏差。如表5.2所示，在卷接物理指标相同的前提下，不同结构烟丝所卷接的烟支，其各项物理指标的稳定性相近，说明卷制的卷烟样品的组内物理指标稳定性较好。

表5.2 物理指标稳定性差异对比数据

指　　标	样品编号						
	原样	1#	2#	3#	4#	5#	6#
单重标偏/g	0.0156	0.0145	0.0157	0.0148	0.0158	0.0146	0.0150
吸阻标偏/kPa	0.0950	0.0879	0.0805	0.0826	0.0915	0.0952	0.0814
硬度标偏/(%)	2.2650	2.7427	2.7115	2.8940	2.8755	2.6207	2.7617

4. 烟气指标稳定性差异

在对7组卷烟样品组内常规烟气指标（焦油、烟碱、CO）进行6平行检测后，通过分析各项指标的极差和标偏（表5.3）可以发现，不同特征尺寸样品的烟气指标稳定性差异较为明显。随着特征尺寸的减小，特征尺寸面积在14～16 mm^{2}的样品的焦油、烟碱、CO释放量的标偏和极差最小，即烟气成分释放量呈现更稳定性的趋势。

表5.3 烟气指标稳定性差异对比数据

指　　标		样品编号						
		原样	1#	2#	3#	4#	5#	6#
特征尺寸面积/mm^2		23.07	16.20	29.89	20.75	15.71	14.78	14.01
焦油释放量/(mg/支)	标偏	0.27	0.28	0.25	0.20	0.13	0.08	0.08
	极差	0.75	0.45	0.66	0.72	0.63	0.24	0.21
烟碱释放量/(mg/支)	标偏	0.03	0.02	0.03	0.03	0.02	0.01	0.01
	极差	0.08	0.04	0.07	0.07	0.05	0.02	0.02
CO释放量/(mg/支)	标偏	0.20	0.21	0.21	0.19	0.14	0.11	0.11
	极差	0.45	0.54	0.61	0.54	0.48	0.29	0.27

综合上述研究结果可以看出，由于烟丝结构中不同尺寸烟丝比例引起的特征尺寸变化，烟丝结构对细支卷烟质量的稳定性，尤其是烟气指标的稳定性影响较为明显。

5.1.4　烟丝结构均匀性评价方法研究

烟丝形态结构对烟支卷接设备运行状态和卷烟质量指标均有显著影响，细支卷烟由于烟支直径小，烟丝在其中分布均匀性较差，导致烟丝形态结构对烟支吸阻、重量等指标的影响更加显著，也影响消费者对烟支的抽吸感受。因此，建立烟丝形态检测方法，研究影响烟丝形态特征的关键因素，提升烟丝形态均匀度，构建能够强化消费感知的细支卷烟烟丝加工技术具有非常重要的意义。

Campell 和 Bauer 研究发现当颗粒密度比小于 3∶1 时，颗粒的粒径差异对分离的作用更显著，CO_2 膨胀烟丝的特征尺寸比叶丝小 0.31 mm，比梗丝小 0.06 mm，粒径分布整体差异不大，而其表观密度与其他烟丝组分有明显差异。因此，选用 CO_2 膨胀烟丝作为标记物可以通过比重法测定其在烟丝中的含量，且在试验中不会造成显著的分离作用。

1. 图像法提取烟末特征尺寸

将烟丝碎末进行筛分后，取碎末 0.2 g，置于 A4 大小的白纸上，均匀平铺并且没有重叠，在环形光源下进行图像采集(图 5.2)。运用 MATLAB 软件识别烟末图像并编写分析程序，以像素表征烟丝碎末的面积大小，对像素大小为 10～70 的烟末进行划分，共分 12 个区间，提取烟丝碎末结构特性数据，统计结果见表 5.4。

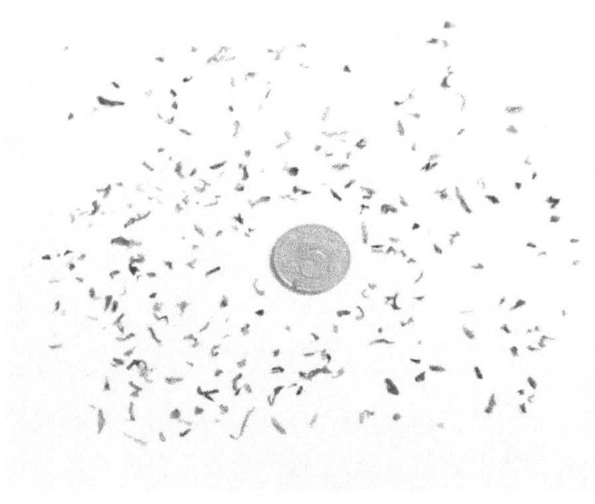

图 5.2　碎末图像

表 5.4　M 品牌烟丝碎末图像分析结果

区间	ys1	ys2	ys3	ys4
s0	359428	390372	306690	362138
s1	354811	387424	304116	360798
s2	347892	378026	292511	354304
s3	325112	358670	272061	328052
s4	288931	323771	245899	292291
s5	256759	290967	202551	241118
s6	222228	250027	178784	189142
s7	172834	206008	147726	168003
s8	149112	176202	113546	135684
s9	115208	163263	95103	110103
s10	99733	139193	89224	101215
s11	95971	124920	85648	94318

2. 烟丝碎末分维数的计算

根据分形理论公式(5.1)计算，不同粒径的累积百分比的对数与粒径的对数之间应存在线性关系，可根据该线性关系拟合方程的斜率计算出分维数。根据该理论，计算不同组烟丝碎末的分维数。将表 5.4 中的计算结果换算成不同面积下烟丝碎末的百分比含量，统计结果见表 5.5。

表 5.5　不同面积下烟丝碎末的百分比含量　（单位：%）

编号	10～20	20～25	25～30	30～35	35～40	40～45	45～50	50～55	55～60	60～65	65～70
1	1.28	1.93	6.34	10.07	8.95	9.61	13.74	6.60	9.43	4.31	1.05
2	0.76	2.41	6.96	8.94	8.40	10.49	11.28	7.64	5.31	6.17	3.66
3	0.84	3.78	6.67	8.53	11.13	9.75	10.13	9.14	6.01	1.92	1.17
4	0.37	1.79	7.25	9.87	10.13	10.35	9.84	8.92	7.06	2.45	1.90
5	0.81	2.47	6.30	9.35	11.40	10.55	10.25	8.57	6.45	3.71	1.95
6	0.88	2.53	6.27	9.89	9.88	10.24	11.35	6.58	7.42	3.29	1.05

分别将不同烟丝碎末面积和累积百分比求取对数，再进行线性回归，得出两者对数之间的线性回归曲线及回归方程，根据分形理论公式计算回归方程的斜率，可得 6 组烟丝碎末的分维数平均值(表 5.6)。

表 5.6 分维数平均值计算结果

编号	1	2	3	4	5	6
斜率	0.9312	0.9402	0.9344	0.9289	0.9308	0.9377
分维数	0.1376	0.1196	0.1312	0.1422	0.1384	0.1246

3. 分维数与关键烟丝结构特征值相关性研究

为充分说明分维数与烟丝结构中某一特征值之间的关系，跟踪 M 品牌共 6 批烟丝，每批次烟丝取 5 组样品，检测烟丝结构(长丝率、中丝率、整丝率)，并取碎末样品 5 组计算分维数，将烟丝结构数据和分维数值分别取平均值，作为该批次烟丝的烟丝结构数据和分维数值，将分维数平均值分别与烟丝长丝率、中丝率、整丝率进行相关性分析，结果如表 5.7 所示。

表 5.7 M 品牌烟丝分维数平均值与烟丝结构数据相关性分析

编号	分维数平均值	长丝率/(%)	中丝率/(%)	整丝率/(%)
1	0.1376	66.9	15.5	82.4
2	0.1196	68.3	14.3	82.6
3	0.1312	67.2	16.0	83.2
4	0.1422	66.6	15.8	82.4
5	0.1384	66.7	15.9	82.6
6	0.1246	67.9	14.7	82.6

通过对分维数平均值与长丝率、中丝率、整丝率分别进行线性回归分析，发现分维数平均值与长丝率之间存在强相关(图 5.3)，与中丝率及整丝率相关性不强。其中，分维数平均值与长丝率存在显著的负相关，说明分维数平均值越大，长丝率

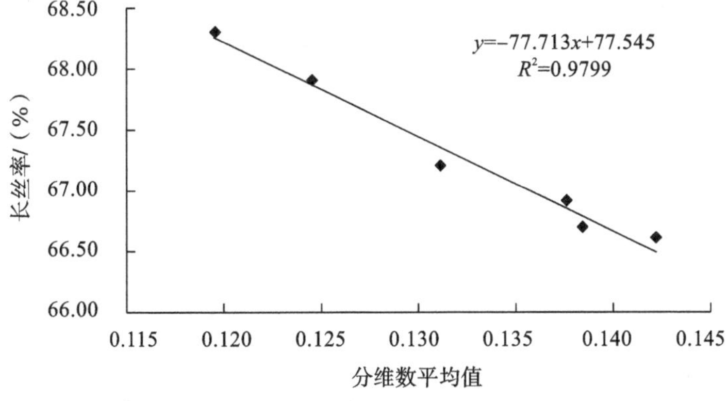

图 5.3 M 品牌烟丝分维数均值与长丝率线性拟合曲线

越低，相应的中丝率与长丝率差异越小。这个结论与分维数的定义一致，即分维数越大，样品中结构分布越均匀。

跟踪 11 批 M 品牌烟丝，每批次分别取 5 组烟丝和碎末，分别测定其分维数值和长丝率，取 5 组平均值作为本批次烟丝的分维数均值和长丝率均值，并将分维数均值代入图 5.3 中所示的线性回归方程中，计算出长丝率的预测值，结果见表 5.8。

表 5.8　M 品牌长丝率预测结果

批次	分维数均值	长丝率预测值/(%)	长丝率实际值/(%)	相对误差/(%)
1	0.1273	67.7	68.1	0.650
2	0.1446	66.3	66.9	0.877
3	0.1352	67.0	67.3	0.381
4	0.1366	66.9	66.8	0.202
5	0.1424	66.5	65.9	0.886
6	0.1109	68.9	68.2	1.073
7	0.1129	68.8	68.9	0.179
8	0.1320	67.3	67.1	0.287
9	0.1297	67.4	67.5	0.043
10	0.1099	69.0	68.4	0.891
11	0.1440	66.4	65.9	0.698

采用分维数与长丝率线性拟合曲线预测的长丝率与实际测得的长丝率非常接近，相对误差均值仅为 0.561%，说明该方法可以准确地预测出烟丝结构中的长丝率。

为了进一步验证上述方法在预测烟丝结构中长丝率的准确性，另取在产的 N 品牌 7 批次 VAS 出口烟丝进行相同步骤分析，结果见表 5.9。

表 5.9　N 品牌分维数均值与烟丝结构数据

批　次	分维数均值	长丝率/(%)	中丝率/(%)	整丝率/(%)
1	0.112	67.6	15.6	83.2
2	0.106	68.0	14.8	82.8
3	0.115	67.2	16.0	83.2
4	0.0969	69.2	13.2	82.4
5	0.103	68.4	14.4	82.8
6	0.0994	68.8	14.4	83.2
7	0.108	67.9	14.9	82.8

将 N 品牌所用烟丝的分维数均值与长丝率进行线性回归拟合，结果如图 5.4 所示。同样地，N 品牌烟丝的分维数均值与长丝率之间也存在很强的负相关。并且不同品牌的烟丝，在整丝率相同的情况下，长丝率不同，分维数值也不同，但分维数均值与长丝率之间均存在强负相关性。因此，在细支卷烟加工工艺中，为了提高烟丝结构的均匀性，必须要控制烟丝长度。

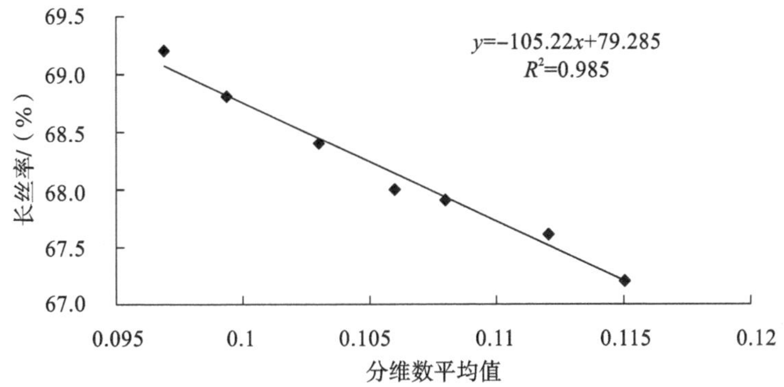

图 5.4　N 品牌烟丝分维数均值与长丝率拟合曲线

5.1.5　定长切丝技术研究

烟丝长度控制在烟丝结构均匀性方面有着重要影响，在细支卷烟制丝工艺中，可以采用定长切丝模式来调控烟丝结构。为了更好地了解不同定长刀片在切丝工艺中的作用，分别采用定长宽度为 30 mm 和 40 mm 两种规格的定长刀片在某品牌细支卷烟工艺线上开展对比试验，以下分别对烟丝造碎、烟丝结构、特征尺寸、物理指标稳定性、烟支内密度分布、烟气指标稳定性等指标进行比较。

1. 加香前筛分烟末比例的影响

制丝生产线上，筛分装置配置于切丝工序与加香工序之间，其筛分量的大小反映了切丝后到加香前的叶丝造碎情况，可影响叶组的成丝率。进行对比试验时，由人工进行烟末收集称重，计算筛分烟末比例，试验结果如表 5.10 所示。

表 5.10　加香前筛分烟末比例数据

试验项目	筛分烟末重量/kg	烟丝重量/kg	烟末比例/(%)
常规切丝	105	4750	2.21
40 mm 定长切丝	112.7	4806	2.34
30 mm 定长切丝	115.6	4794	2.41

与常规切丝模式相比，定长切丝模式下切丝后的烟末比例仅增加了 0.13%和 0.20%。这说明，定长切丝对该品牌细支卷烟的造碎影响在可接受范围内。

2. 定长切丝对加香出口烟丝结构的影响

加香出口烟丝结构基本反映成品烟丝的结构情况，与烟丝的填充性能、烟支的物理指标密切相关。在验证定长切丝对加香出口烟丝结构的影响试验中，待加香出口烟丝含水率稳定后人工取样三组，每组 1000 g，进行烟丝结构平行检测。检测结果如表 5.11 所示。

表 5.11 加香出口烟丝结构数据

检测指标	常规切丝	40 mm 定长切丝	变化情况	30 mm 定长切丝	变化情况
长丝率均值/(%)	72.53	67.33	−5.2	58.53	−14
中丝率均值/(%)	12.33	14.13	1.80	18.33	6.00
短丝率均值/(%)	13.93	16.80	2.87	21.07	7.14
碎丝率均值/(%)	1.20	1.73	0.53	2.07	0.87
整丝率均值/(%)	84.87	81.46	−3.41	76.86	−8.01
填充值均值/(cm^3/g)	4.26	4.29	0.03	4.34	0.08

为了更加直观地对比分析不同宽度定长刀片对烟丝结构的影响，将表 5.11 中数据转化为柱状图，如图 5.5 至图 5.10 所示。

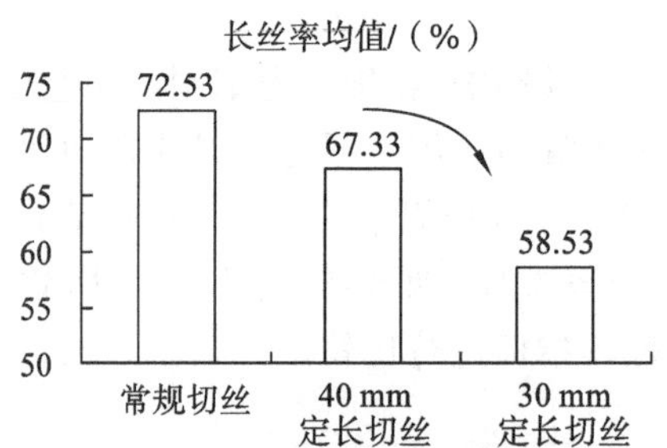

图 5.5 三组样品烟丝长丝率均值对比图

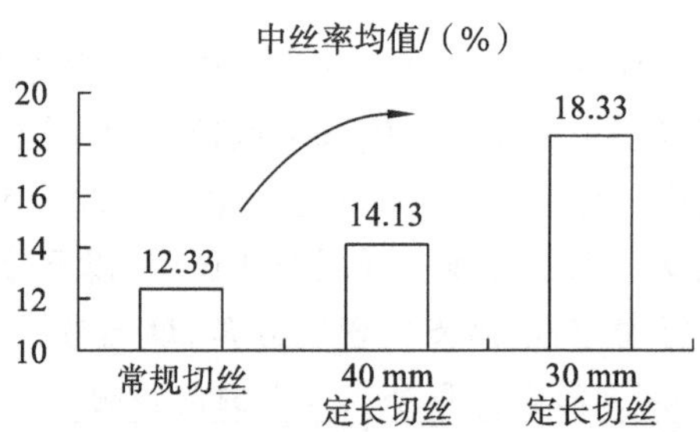

图 5.6 三组样品烟丝中丝率均值对比图

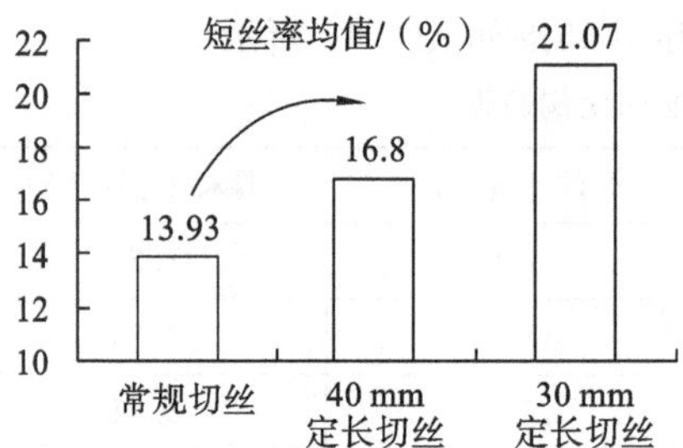

图 5.7 三组样品烟丝短丝率均值对比图

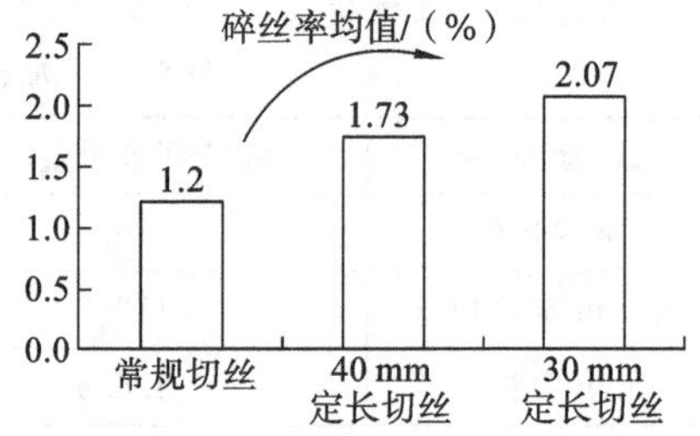

图 5.8 三组样品烟丝碎丝率均值对比图

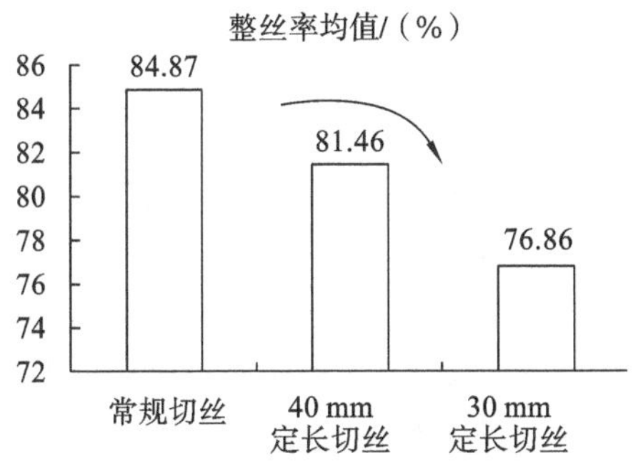

图 5.9　三组样品烟丝整丝率均值对比图

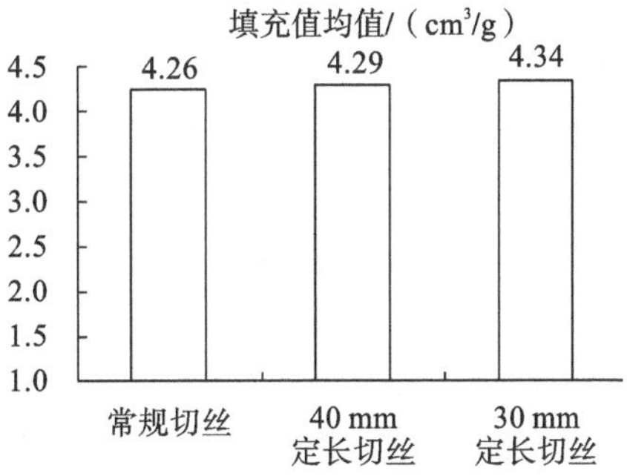

图 5.10　三组样品烟丝填充值均值对比图

与常规切丝相比，40 mm 和 30 mm 定长切丝后长丝率均值分别降低了 5.20% 和 14.00%(图 5.5)，降低幅度明显；中丝率均值分别增加了 1.80%和 6.00%(图 5.6)，短丝率均值分别增加了 2.87%和 7.14%(图 5.7)，增加幅度明显；碎丝率均值分别增加了 0.53%和 0.87%(图 5.8)，在可接受范围内；虽然整丝率均值分别下降了 3.41%和 8.01%(图 5.9)，但是该项指标对生产的实际指导意义不大，因为短丝也是烟丝中的有效组分；填充值均值分别增加 0.03 cm^3/g 和 0.08 cm^3/g(图 5.10)，变化不明显。

综合上述数据可以发现：定长切丝可以明显降低长丝率，降低的长丝基本转化为中丝和短丝，碎丝率略有增加，且 30 mm 定长切丝更为明显，损耗情况在可接受范围内，填充值基本不变。根据表 5.11 中数据可以计算出 40 mm 定长切丝和 30 mm 定长切丝的长丝有效转化率分别为 89.8%和 93.8%，说明定长切丝模式并没有造成较大的烟丝损耗，从绝对碎丝增加量的数值来看，在可接受的范围内。因此，定长切丝有效地降低了长丝率，明显提高了中丝率和短丝率，且对碎丝率的影响较小，对填充值也没有产生明显影响。

3. 定长切丝对烟丝特征尺寸的影响

为了进一步考察三种切丝模式对烟丝特征尺寸的影响，将三种烟丝采用 4 分法进行混合，各取三组，每组约 1 g，进行烟丝特征尺寸检测，结果如表 5.12 所示。

表 5.12　烟丝特征尺寸数据对比

样 品 名 称	特征尺寸面积/mm^2
常规切丝	23.04
40 mm 定长切丝	14.35
30 mm 定长切丝	10.72

常规切丝样品的特征尺寸最大，其次为 40 mm 定长切丝样品，30 mm 定长切丝样品最小。且 40 mm 定长切丝样品的特征尺寸介于掺入 2 kg 中丝及 2 kg 短丝

和掺入 3 kg 中丝及 3 kg 短丝的样品之间，说明定长切丝可以实现改变烟丝结构的目标。

4. 定长切丝对烟支物理指标的影响

烟丝结构对烟支物理指标的影响主要体现在烟支单重及标偏、烟支封闭吸阻及标偏、烟支开放吸阻及标偏等方面。为了讨论定长切丝对烟支物理指标的影响，分别在固定机台卷接常规切丝样品、40 mm 定长切丝样品和 30 mm 定长切丝样品。所得烟支各取 16 组，每组 30 支，重点检测分析烟支单重、封闭吸阻和开放吸阻的变化情况。剔除异常值后，计算出各项指标的均值和标偏均值，检测结果如表 5.13 至表 5.15 所示。

表 5.13 单重均值及标偏均值数据对比

样品名称	单重均值/g	单重标偏均值/g
常规切丝	0.527	0.0141
40 mm 定长切丝	0.524	0.0118
30 mm 定长切丝	0.527	0.0122

表 5.14 封闭吸阻均值及标偏均值数据对比

样品名称	封闭吸阻均值/kPa	封闭吸阻标偏均值/kPa
常规切丝	2.028	0.096
40 mm 定长切丝	2.009	0.089
30 mm 定长切丝	2.049	0.109

表 5.15 开放吸阻均值及标偏均值数据对比

样品名称	开放吸阻均值/kPa	开放吸阻标偏均值/kPa	打孔通风率标偏/(%)
常规切丝	1.223	0.0490	1.418
40 mm 定长切丝	1.238	0.0421	1.413
30 mm 定长切丝	1.237	0.0494	1.615

从表 5.13 中可以看出，三组样品的单重均值非常接近，最大相差仅为 0.003 g/支，说明三组样品在卷接过程中，没有人为因素和设备突发状况对烟支单重产生影响。三组样品的单重标偏均值中，40 mm 定长切丝样品最优，即单重控制最稳定，30 mm 定长切丝样品和常规切丝样品相近。其原因可能是，在卷接机 VE 吸丝带部分，单重的稳定性受长丝率、中丝率和短丝率的影响，跑条烟丝中中丝和短丝可以有效填充长丝的间隙，提高单重的稳定性；长丝会造成烟支内烟丝缠绕成团，

降低单重的稳定性。三组样品的跑条烟丝中，40 mm 定长切丝样品的中丝率和短丝率之和最大，30 mm 定长切丝样品与常规切丝样品接近。因此，卷接时三组样品的单重标偏稳定性顺序应为：40 mm 定长切丝样品＞30 mm 定长切丝样品＞常规切丝样品。

此外，在搓接、输送和包装过程中，存在搓板挤压、烟支间的挤压、提升带的挤压等一定的外力作用，较高的中丝率和长丝率可以避免烟支内烟丝的脱落，提高单重的稳定性。

综合而言，最终的单重稳定性顺序应为：40 mm 定长切丝样品＞常规切丝样品＞30 mm 定长切丝样品。

封闭吸阻是指将滤嘴上的激光打孔封闭后吸阻的检测值，该值是滤嘴压降、水松纸和卷烟纸透气度及烟丝吸阻的综合表现。定长切丝工艺对烟支封闭吸阻的影响如表 5.14 所示。三组样品的封闭均值非常接近，最大相差仅为 0.040 kPa，说明三组样品的烟丝从长期表现来看，封闭吸阻均值并不存在差异。三组样品的封闭吸阻标偏均值中，40 mm 定长切丝样品最优，其次为常规切丝样品，30 mm 定长切丝样品最差。如不考虑卷烟纸、水松纸、滤嘴等烟用材料质量指标波动的影响，该变化规律与单重标偏的变化规律一致，这也与单重和封闭吸阻之间存在着强相关性的结论一致。

开放吸阻指考虑激光打孔的影响后的吸阻检测值，反映了卷烟抽吸的轻松感。定长切丝工艺对烟支开放吸阻的影响如表 5.15 所示。三组样品的开放吸阻均值同样非常接近，最大相差仅 0.015 kPa，说明三组样品的烟丝从长期表现来看，开放吸阻并不存在差异。三组样品的开放吸阻标偏均值中，40 mm 定长切丝样品最优，30 mm 定长切丝样品最差。其原因在于，开放吸阻稳定性是封闭吸阻稳定性和打孔通风率稳定性的综合表现，40 mm 定长切丝样品的封闭吸阻稳定性和打孔通风率稳定性最优，所以开放吸阻的稳定性最优；30 mm 定长切丝样品的封闭吸阻稳定性和打孔通风率稳定性最差，所以开放吸阻的稳定性最差。

进一步考察定长切丝对烟支内烟丝密度均匀性的影响。考虑到水松纸对烟支轴向密度的影响，每支卷烟从烟支的烟丝端开始检测，取 60 个数据，即从 1～61 mm，每个检测点间隔 1 mm，结果如图 5.11 所示。

从图 5.11 中密度值来看，在烟支点燃端附近的压实点，常规切丝样品密度最大；在烟支中部，三组样品差异不明显；在接滤嘴端附近，三组样品的密度趋于一致。

从图 5.11 中密度变化曲线的斜率来看，在点燃端附近的压实点的密度最大值到烟支中部的密度最小值的变化过程中，常规切丝样品的斜率最大，30 mm 定长切丝样品的斜率最小；在烟支中部密度最小值到接滤嘴端附近的密度最大值的变化过程中，三组样品的斜率较为接近。

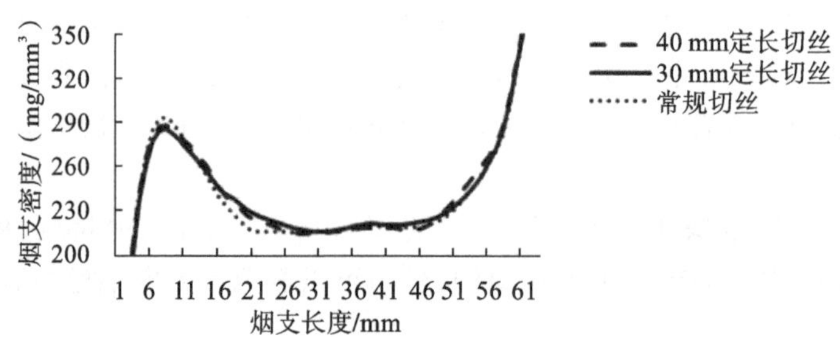

图 5.11　烟支内烟丝密度分布图

综上所述，常规切丝样品的烟支内轴向密度分布均匀性最差，30 mm 定长切丝样品均匀性最优。其原因在于，常规切丝样品中，长丝率最高，较多的长丝容易缠绕成团，导致密度不均匀；定长切丝样品中，长丝率较低，中丝率和短丝率较高，中丝和短丝可以有效地填补长丝间的空隙，从而在卷接过程中，烟支内的烟丝分布更为均匀。

5. 定长切丝对卷烟烟气常规成分释放量的影响

卷烟烟气指标稳定性是烟丝均匀性、烟支单重稳定性、滤嘴通风率稳定性、烟用材料质量稳定性等因素的综合表现。以下通过分析三种切丝模式下卷烟烟气常规成分释放量，利用极差和标偏两个指标来表征烟气指标的稳定性（表 5.16）。

表 5.16　三种切丝模式下细支卷烟烟气指标极差、标偏值汇总

指　标		常规切丝	40 mm 定长切丝	30 mm 定长切丝
总粒相物释放量/（mg/支）	极差	0.68	0.32	1.15
	标偏	0.16	0.11	0.30
焦油释放量/（mg/支）	极差	0.41	0.32	0.76
	标偏	0.12	0.09	0.24
烟碱释放量/（mg/支）	极差	0.07	0.05	0.08
	标偏	0.02	0.01	0.02
一氧化碳释放量/（mg/支）	极差	0.43	0.28	0.76
	标偏	0.11	0.09	0.22

将表 5.16 中数据转换为柱状图（图 5.12 和图 5.13），可以更加直观地看出，无论用极差还是标偏（标准偏差）来表征，40 mm 定长切丝样品的烟气指标稳定性都是最优的，而 30 mm 定长切丝样品稳定性则是最差的，且 30 mm 定长切丝样品稳定性明显劣于常规切丝样品和 40 mm 定长切丝样品。

卷烟烟气常规成分释放量的稳定性受烟支单重稳定性和滤嘴通风率稳定性的影响较大。40 mm 定长切丝样品的烟丝均匀性、烟支单重稳定性和滤嘴通风率稳

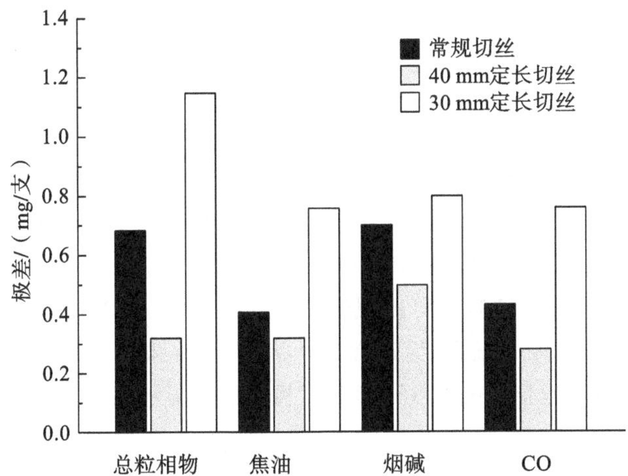

图 5.12　三种切丝模式下细支卷烟烟气指标极差值对比图

注：图中烟碱数据为实际数值×10。

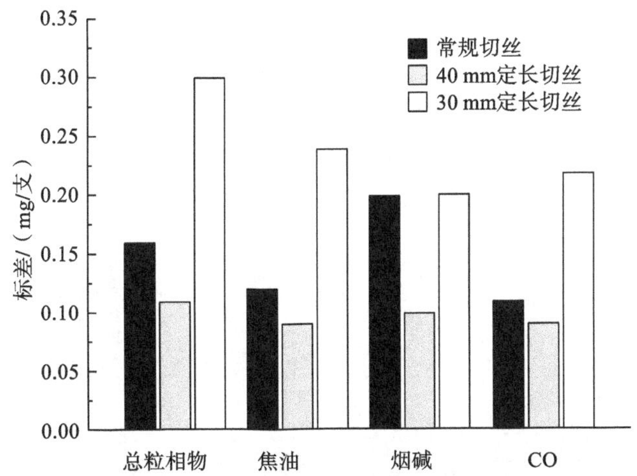

图 5.13　三种切丝模式下细支卷烟烟气指标标偏值对比图

注：图中烟碱数据为实际数值×10。

定性最优，所以烟气指标稳定性最优；30 mm 定长切丝样品的滤嘴通风率稳定性、单重稳定性最差，所以烟气指标稳定性最差。

5.1.6　定长切丝设备改造及应用效果

目前卷烟企业使用的切丝机上的刀片为平面型，磨刀出来的刀刃为直线型。然而，复烤厂复烤出的烟叶大小并不一致，导致切丝机切出来的烟丝长短不一，均匀性较差。从设备的角度看，长丝很容易互相缠绕，不适于高速卷烟机吸丝成型；

从产品的角度看，细支卷烟烟支直径小，需要均匀的烟丝才能满足对烟支重量、吸阻、硬度等指标稳定性控制需求。因此，对切丝机的定长切丝设备进行改造具有非常重要的意义。

1. 切丝机改造部位

常用卷烟切丝机所用刀片为直刃刀片和曲刃刀片，为了满足定长切丝要求，需要对刀片进行重新设计改造。如图 5.14 所示，在直刃刀片和曲刃刀片的基础上设计了切丝长度控制刀片。切丝长度控制刀片的厚度为 3 mm，较普通 1.5 mm 刀片要厚。刀片的 V 形齿凹槽侧面可以限制切丝的长度，V 形齿侧面间距决定最大切丝长度。此间距长度并无限定，但通常设计为 40 mm 或 50 mm。刀片下衬有与 V 形齿和凹槽相配的导丝条（图 5.15）和盖刀板（图 5.16）。

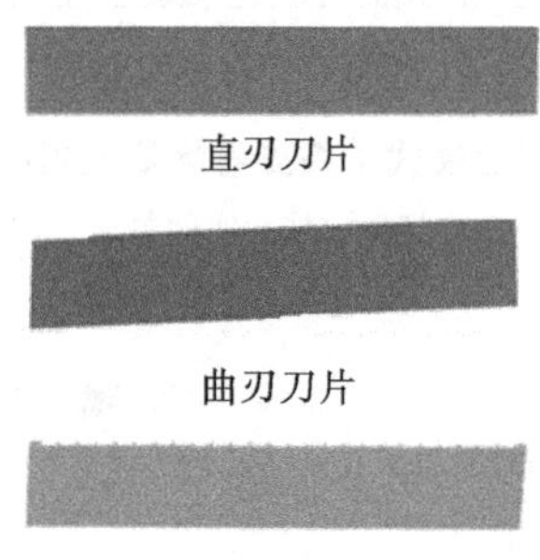

图 5.14　三种刀片外形对比

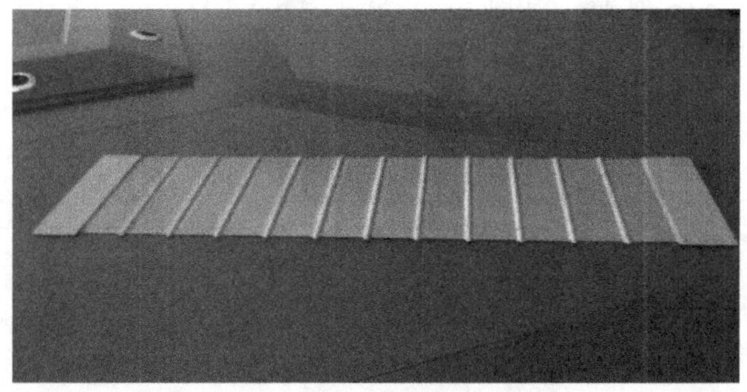

图 5.15　导丝条外形

因切丝长度控制刀片的厚度及刀刃形状发生变化，切丝机需要相应做出调整：①更换刀门系统，按设备部件的安装技术尺寸进行调整，调试好刀门间隙；②刀片断丝间隔，刀片厚度增加至 3 mm，根据定长要求把刀片断丝间隔改为 30 mm 或 40 mm；③导丝条，根据设备配合要求，导丝条与切丝长度控制刀片之间是间隙配合，要求以生产过程中不塞烟垢为准；④推刀螺母，按要求改造定长推刀螺母；⑤压刀板，按要求改造定长压刀板。

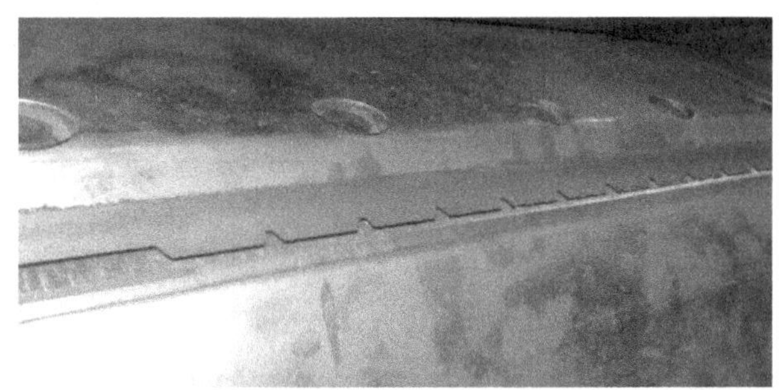

图 5.16　盖刀板外形

2. 改造效果验证

切丝机设备经过改造后，为了验证 40 mm 定长切丝技术对细支卷烟物理指标稳定性和烟气指标稳定性的影响，选择 A、B 两种规格的细支卷烟进行验证试验。

对比 40 mm 定长切丝模式与常规切丝模式对细支卷烟批间物理指标的稳定性的影响，以标准偏差表征稳定性(表 5.17)。采用 40 mm 定长切丝模式后，A、B 两种规格的细支卷烟批间物理指标稳定性有明显提高。其中，A 卷烟的单重、开放吸阻、总通风度的标准偏差分别降低 14.3%、32.6%和 29.1%；B 卷烟的单重、开放吸阻、总通风度的标准偏差分别降低 15.4%、38.1%和 31.0%。

表 5.17　两种切丝模式对细支卷烟批间物理指标的影响

指　　标	A		B	
	常规切丝	40 mm 定长切丝	常规切丝	40 mm 定长切丝
单重标偏/g	0.014	0.012	0.013	0.011
开放吸阻标偏/kPa	0.086	0.058	0.0084	0.0052
总通风度标偏/(%)	2.23	1.58	2.16	1.49

对比 40 mm 定长切丝模式与常规切丝模式对细支卷烟烟气指标的批间稳定性的影响，以极差表征稳定性(表 5.18)。采用 40 mm 定长切丝模式后，A、B 两规格的细支卷烟的批间烟气指标稳定性也有明显提高。其中 A 卷烟烟气的焦油、烟碱、CO 的批间极差分别降低 20.9%、18.2%和 39.3%；B 卷烟烟气的焦油、烟碱、CO 的批间极差分别降低 15.1%、11.1%和 36.9%。

表 5.18　两种切丝模式对细支卷烟批间烟气指标的影响

指　　标	A		B	
	常规切丝	40 mm 定长切丝	常规切丝	40 mm 定长切丝
焦油释放量极差/(mg/支)	1.10	0.87	0.73	0.62

续表

指　　标	A		B	
	常规切丝	40 mm定长切丝	常规切丝	40 mm定长切丝
烟碱释放量极差/(mg/支)	0.11	0.09	0.09	0.08
CO释放量极差/(mg/支)	1.45	0.88	1.22	0.77

通过验证试验进一步证实了40 mm定长切丝模式对提高细支卷烟物理指标和烟气指标的稳定性具有显著作用。其他卷烟工业企业也可依据本企业细支卷烟的设计要求探索适宜的切丝长度，从而提高细支卷烟的质量稳定性。

5.1.7 切丝宽度对细支卷烟质量的影响

1. 对细支卷烟烟气成分释放量的影响

在切丝长度一定的条件下，切丝宽度对细支卷烟质量稳定性的影响同样重要。在现有切丝宽度的基础上，进一步将细支卷烟烟丝的切丝宽度设定为0.8 mm、0.9 mm和1.0 mm，均匀掺配5%梗丝后上机卷制，分析不同切丝宽度对细支卷烟烟支物理指标的影响。表5.19中数据显示，切丝宽度对烟支单重、吸阻、硬度标准偏差和端部落丝量不存在显著差异，说明在试验范围内切丝宽度对细支卷烟物理指标影响较小。

表5.19　切丝宽度与细支卷烟物理指标的关系统计结果(n=60)

不同切丝宽度/mm	0.8	0.9	1.0
单重标偏/g	0.0119	0.0117	0.0138
吸阻标偏/kPa	0.076	0.076	0.075
硬度标偏/(%)	3.10	2.97	2.72
端部落丝量/(mg/支)	2.11	2.04	2.22

进一步将两种配方烟丝按照切丝宽度要求进行切丝并卷制成一类和二类试验卷烟样品。在相同试验条件下，考察不同切丝宽度对细支卷烟静燃时间的影响，并作柱状图(图5.17)进行对比。

从图5.17中可以看出，随着切丝宽度从0.8 mm增至1.0 mm，一类、二类试验卷烟的静燃速度均增大，烟支燃烧更充分。这说明较大的烟丝宽度有利于空气扩散进入烟支内部，提高烟支的静燃速度。

切丝在整个制丝工艺中具有重要的作用，切丝宽度的稳定性直接影响卷烟产品的烟气理化指标的稳定。不同切丝宽度细支卷烟样品的常规烟气指标结果如表

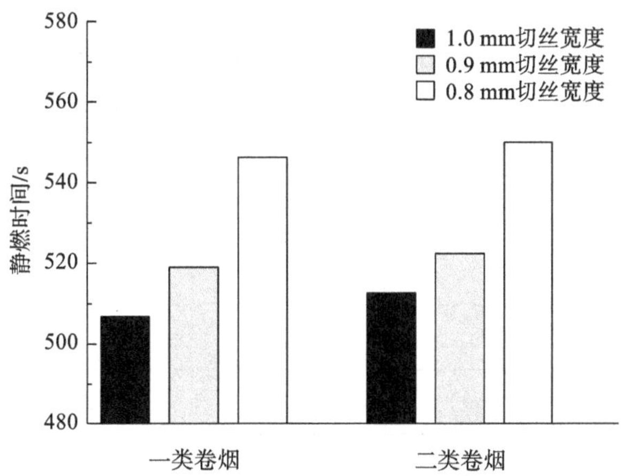

图 5.17　不同切丝宽度对细支卷烟静燃时间的影响

5.20所示。随着切丝宽度的增大，一类、二类试验卷烟烟气焦油释放量均逐步降低。其中，切丝宽度为 0.9 mm 和 1.0 mm 的一类试验卷烟比切丝宽度为 0.8 mm 的一类试验卷烟的焦油释放量分别降低 4.16% 和 5.16%。同样的结果在二类试验卷烟上也得以验证，切丝宽度为 0.9 mm 和 1.0 mm 的二类试验卷烟比切丝宽度为 0.8 mm 的二类试验卷烟的焦油释放量分别降低了 0.6%和 5.10%。

表 5.20　不同切丝宽度细支卷烟的常规烟气指标结果

种类	切丝宽度/mm	口数	总粒相物/(mg/支)	一氧化碳释放量/(mg/支)	水分/(%)	烟碱释放量/(mg/支)	焦油释放量/(mg/支)
一类烟	0.8	8.03	17.39	13.35	2.30	1.14	13.95
	0.9	8.28	16.81	12.65	2.35	1.10	13.37
	1.0	8.34	16.22	12.25	1.90	1.12	13.23
二类烟	0.8	7.94	15.57	11.12	2.03	1.19	12.36
	0.9	7.93	15.63	11.14	2.17	1.19	12.28
	1.0	8.19	15.12	10.80	1.74	1.16	11.73

2. 对细支卷烟烟支均匀性的影响

切丝宽度是引起烟丝结构变化的重要因素之一，而烟丝结构的变化对于卷烟烟支卷接质量会有较大影响。因此，了解叶丝切丝宽度对烟支掺配均匀性的影响，对于改进卷烟烟支质量稳定性具有重要意义。将三种切丝宽度，即 0.8 mm、0.9

mm和1.0 mm的叶丝与5%梗丝混合均匀。如表5.21所示，当切丝宽度为0.9 mm时，叶丝与梗丝的掺配均匀性最佳，混合均匀度为85.3%。但是，无论切丝宽度大于还是小于0.9 mm，叶丝与梗丝的混合均匀性都开始下降。

表5.21 不同切丝宽度叶丝掺配梗丝对细支卷烟烟支密度均匀性影响

不同切丝宽度/mm	0.8	0.9	1.0
混合均匀度/(%)	80.2	85.3	82.0
烟支密度标偏均值/(mg/cm³)	32.3	31.5	32.5
烟支密度标偏波动/(mg/cm³)	3.39	4.25	4.26

进一步分析三种切丝宽度叶丝与梗丝掺配后卷制的细支卷烟烟支轴向密度均匀性。当切丝宽度分别为0.8 mm、0.9 mm和1.0 mm时，掺配梗丝对细支卷烟烟支密度标准偏差均值分别为32.3 mg/cm³、31.5 mg/cm³、32.5 mg/cm³，三个切丝宽度对细支卷烟烟支密度标准偏差均值影响不显著，批内烟支密度标准偏差波动值分别为3.39 mg/cm³、4.25 mg/cm³、4.26 mg/cm³，说明切丝宽度较小时通过掺配梗丝可在一定程度上减小细支卷烟批内烟支密度标准偏差的波动。

综上可知，不同切丝宽度对细支卷烟样品的物理指标影响较小，但是对常规烟气指标、掺配均匀性和密度均匀性方面均有一定程度影响。综合各因素考虑，0.9 mm切丝宽度对细支卷烟的质量稳定性具有较好的作用。

5.2 梗丝形态控制技术研究

5.2.1 概述

梗丝作为卷烟产品中的常用掺配物，具有填充值高、燃烧性好、低焦、低危害的优点。在配方中合理使用梗丝，可以有效控制卷烟中的有害成分及焦油释放量。但是工艺线上梗丝通常被切成片状结构，与叶丝在形态结构和物理特性等方面存在较大差别，不利于均匀掺兑。而且细支卷烟的烟支直径和烟管容量较之常规卷烟均有明显减小，梗丝的不利因素在细支卷烟上会进一步放大。

刘德强等[15]探索了烟梗成丝的最佳工艺参数及在制作高档烟中的应用，通过进行压梗、切梗厚度参数调整试验，寻求烟梗成丝效果较好的工艺参数，把成丝效果最好的梗丝按不同的比例掺兑到某牌号一类烟中进行卷制，然后对卷烟进行感官质量评价以及卷烟烟气的分析检测。于建春等[16]研究表明，梗丝整丝率、梗丝填充值、切梗丝厚度均匀性是影响卷烟吸阻大小和稳定性的关键梗丝指标。高尊华等[17]研究了梗丝结构对卷烟质量稳定性的影响，结果表明，在相同梗丝掺配比例下，随着梗丝长度缩短，卷烟单支重量、吸阻的标准偏差总体呈下降趋势；圆周、硬度及卷烟主流烟气总粒相物、焦油和CO的标准偏差呈先下降后上升趋势；配方中掺兑的梗丝长度控制在3.17～6.35 mm范围内，卷烟的总体感官质量最好。陈景云等[18]研究结果表明，梗丝规格为3～7 mm时，其形态最稳定，而且该规格梗丝占全部梗丝的80%以上时，成品烟支中的梗丝掺配均匀度最好。不同分布形态的梗丝对烟支吸阻无明显影响，但对烟支吸阻的波动程度影响较大。李坚等[19]研究了碎烟梗筛分对卷烟梗丝加工质量的影响，结果表明，提高来料烟梗中碎梗的筛分力度，减小来料烟梗中碎梗的比例，能较好地提高梗丝加工质量，改善切梗丝效果，减少梗丝中梗块、梗签的含量，减少梗丝中的碎末含量，可提高梗丝的膨胀效果，稳定梗丝含水率及改善烟支卷制质量。

卷烟工业企业在设计细支卷烟配方时，一直对梗丝的使用比较谨慎，在一定程度上难以满足细支卷烟进一步降焦和降本增效需求。开展细支卷烟专用梗丝研究，有利于细支卷烟合理使用梗丝，对细支卷烟的降本增效、降焦减害具有重要意义。

5.2.2　梗丝物理特性分析

1. 材料与方法

材料：通用梗丝烟梗配方、再造梗丝、细支卷烟叶丝。

仪器：烟丝结构振动分选筛（郑州烟草研究院，三层振筛）、MWS220微波密度仪、综合测试台（Borgwaldt kc，DT-5）、吸烟机（Borgwaldt kc，RM20H）、压梗机（Garbuio，SR12）、切梗丝机（Garbuio，SD512）。

形态相似度评价方法：利用相似度的方法评价不同形态梗丝与叶丝之间的相似程度。首先构建叶丝结构数据特征的集合，将梗丝结构特征集合与叶丝进行比较，以此用来判断两个数据样本之间的差异程度，使用距离来描述数据之间的相似程度。距离越大，两组数据样本的相似度越小，反之相似度越大。运用标准化、欧氏距离分析梗丝与叶丝形态接近程度。

2. 梗丝形态尺寸检测及相似度分析

制备出6种不同形态特征的梗丝，如图5.18所示，分别为再造梗丝压0.8 mm、切0.12 mm（GS1），压0.5 mm、切0.11 mm梗丝（GS2），压0.8 mm、切0.11 mm梗丝（GS3），压1.0 mm、切0.13 mm梗丝（GS4），不压梗、切0.13 mm梗丝（GS5），细支卷烟纯叶丝（YS）。

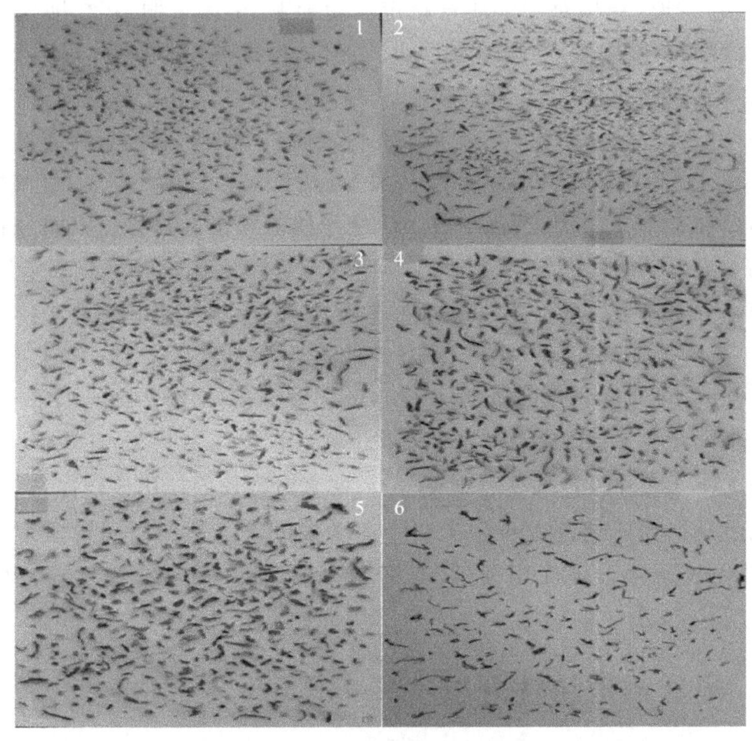

图 5.18 不同形态梗丝外形图

1—压 0.8 mm、切 0.12 mm(GS1)；2—压 0.5 mm、切 0.11 mm 梗丝(GS2)；
3—压 0.8 mm、切 0.11 mm 梗丝(GS3)；4—压 1.0 mm、切 0.13 mm 梗丝(GS4)；
5—不压梗、切 0.13 mm 梗丝(GS5)；6—细支卷烟纯叶丝(YS)

表 5.22 中，不同梗丝宽度下所对应的数值为该尺寸梗丝所占的百分比含量。其中，GS1 和 GS2 梗丝的尺寸较小，主要分布在宽度为 1.0～3.5 mm 区间(42.5%、39.73%)和 3.5～5.5 mm 区间(27.08%、27.51%)，且梗丝宽度均值(1.01 mm、0.89 mm)与叶丝宽度均值 0.94 mm 较为接近；GS3 梗丝中，各宽度区间分布较为均匀，无明显集中分布的区间；而 GS4、GS5 梗丝宽度主要分布在 7.5 mm 以上区间(42.47%、43.40%)，两者的梗丝宽度均值(1.42 mm、2.17 mm)与叶丝的差异也较大。基于上述分析，采用薄压薄切梗丝技术处理得到的 GS1 和 GS2 两种梗丝，尺寸较小，不易卷曲结团，在烟丝中分布更均匀，从而使其在细支卷烟中混合均匀度提高；此外，经薄压处理后梗丝的片状结构比例下降，丝状比例提高，形态上与烟丝更为接近。

表 5.22　梗丝与叶丝尺寸分布百分比及宽度值统计结果

样品	<1.0 mm	1.0～2.5 mm	2.5～3.5 mm	3.5～4.5 mm	4.5～5.5 mm	5.5～6.5 mm	6.5～7.5 mm	>7.5 mm	宽度均值/mm
GS1	10.46	23.12	19.38	16.72	10.36	9.32	4.14	6.51	1.01
GS2	10.53	26.26	13.47	16.22	11.29	9.44	4.37	8.42	0.89
GS3	10.23	13.68	9.61	10.95	10.28	11.62	8.41	25.23	1.37
GS4	8.35	8.35	4.36	8.71	10.16	9.26	8.35	42.47	1.42
GS5	7.02	5.53	3.62	7.66	9.79	10.21	12.77	43.40	2.17
YS	5.64	26.18	14.3	9.97	6.45	5.44	6.04	25.98	0.94

通过对梗丝和叶丝形态进行欧氏距离相似矩阵计算(表 5.23)，五种不同宽度的梗丝与叶丝结构相似度排序为 GS2>GS1>GS3>GS4>GS5，即 GS2 梗丝结构最接近叶丝结构。GS5 梗丝与叶丝结构相似性最差。说明在试验范围内梗丝压梗间隙和切丝厚度越小梗丝长宽比越大，成丝状越好，与叶丝结构最相似；梗丝压梗间隙和切丝厚度越大长宽比越小，梗丝成片状，与叶丝结构相似度最差。

表 5.23　梗丝与叶丝欧氏距离相似矩阵计算

样品	欧氏距离					
	GS1	GS2	GS3	GS4	GS5	YS
GS1	0	0.157	0.446	0.581	1.24	0.246
GS2	0.157	0	0.545	0.669	1.353	0.231
GS3	0.446	0.545	0	0.215	0.832	0.491
GS4	0.581	0.669	0.215	0	0.752	0.55
GS5	1.24	1.353	0.832	0.752	0	1.265
YS	0.246	0.231	0.491	0.55	1.265	0

3. 不同形态梗丝的含签量、结构和填充值

梗丝形态的差异对于梗丝的含签量、结构和填充值也有影响(表 5.24)。随着压梗间隙和切丝厚度逐渐变小，梗丝整丝率会逐渐降低，碎丝率逐渐增高。在试验范围内，当压梗厚度小于 0.8 mm 时，整丝率和碎丝率变化不显著；随着压梗间隙和切丝厚度变小，填充值也随之变小，有很强的正相关效应。由于再造梗丝经过萃取再回填工艺处理，梗丝内部成分改变较大，因此填充值较高；通过减小压梗间隙和切丝厚度使梗丝形态由片状向丝状变化，梗丝含签量逐渐降低，进而提高梗丝利用率和减少烟丝含梗量。

表 5.24　不同形态梗丝含签量、结构和填充值统计

样品	整丝率/(%)	碎丝率/(%)	填充值/(cm^3/g)	单位烟丝含签量/(%)
GS1	55.4	6.2	9.99	2.91
GS2	64.8	8.5	7.49	1.93
GS3	65.7	7.4	7.51	2.13
GS4	75.3	6.4	7.53	3.34
GS5	81.6	2.3	7.92	4.97

GS2 样品与 GS5 样品相比，整丝率由 81.6%降低为 64.8%，碎丝率由 2.3%增大为 8.5%，填充值由 7.92%降低为 7.49%，单位烟丝含签量由 4.97%降低为 1.93%。

4. 不同形态梗丝的保润性能

改变压梗间隙和切丝厚度，梗丝表面的截面形状发生了变化，对于梗丝的保润性能具有一定影响。在温度为 25 ℃，湿度为 50%条件下，24 h 内定时检测不同形态梗丝单位质量水分散失情况(图 5.19)。其中，GS1 梗丝的水分散失速度最小，且与其他形态的梗丝存在显著差异；说明在试验范围内当压梗间隙为 0.8 mm，切丝厚度为 1.2 mm 时梗丝水分散失速度最小。当压梗间隙和切丝厚度大于或者小于这个值时，梗丝水分散失速度都较高。为了提高梗丝的保润效果，可以适量添加保润剂。例如在制造适宜细支卷烟掺配的梗丝时，可以通过添加保润效果较好的糖料提高梗丝的保润性。

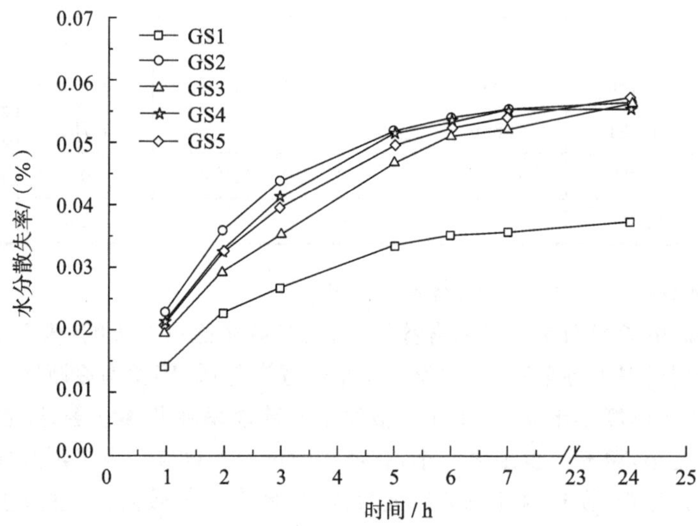

图 5.19　在相同时间内不同形态梗丝单位水分散失量趋势

综上所述，GS2（压 0.5 mm、切 0.11 mm）样品梗丝在二维形态（长度、宽度）上与叶丝接近一致；与 GS5（不压梗、切 0.13 mm）相比含签量明显降低，整丝率和填充值有所降低，碎丝率有所升高；添加保润剂可提高梗丝保润性。

5.2.3　掺配不同形态梗丝对细支卷烟质量的影响

1. 样品制作方法

将再造梗丝 GS1（压 0.8 mm、切 0.12 mm）、GS2（压 0.5 mm、切 0.11 mm）、GS3（压 0.8 mm、切 0.11 mm）、GS4（压 1.0 mm、切 0.13 mm）、GS5（不压梗、切 0.13 mm）五个规格梗丝染色后平衡水分至 12%。选定 0.9 mm 切丝宽度的纯配方烟丝，通过掺配相同比例（10%）的梗丝，混合均匀后进行卷制。样品卷烟分别编号为 1＃、2＃、3＃、4＃、5＃及不掺配梗丝的原样 6＃。

2. 对卷烟烟丝混合均匀性的影响

随机挑选 20 支同一规格的卷烟，剖开烟支将烟丝摊平无重叠，在相同条件下拍摄制图，通过图像分析软件提取烟丝中梗丝面积在烟丝面积中的比例，计算出梗丝在烟丝中的面积比值，通过梗丝与叶丝质量系数 K_i 换算出梗丝质量（$m_g = K_i \cdot s_g$），计算梗丝在烟丝中的质量比值。

从表 5.25 中的数据可以看出，不同形态梗丝掺配分布状态具有显著差别，2＃梗丝利用率最高，5＃梗丝利用率最低；2＃梗丝在烟丝中混合均匀度最好，5＃梗丝在烟丝中混合均匀度最差，2＃较 1＃、3＃、4＃和 5＃梗丝掺配混合均匀度分别提高了 4.16%、1.24%、5.90%和 13.24%；由此表明，在试验范围内梗丝压梗间隙在 0.5 mm，切丝厚度为 0.11 mm 时，梗丝在细支卷烟中利用率较高，分布均匀性较好。

表 5.25　不同形态梗丝在烟支内的掺配比例

序号	1＃	2＃	3＃	4＃	5＃
特征值均值/(%)	9.41	9.46	9.37	9.34	9.30
特征值标准差/(%)	1.48	0.82	1.02	1.52	1.66
混合均匀度/(%)	85.16	91.84	89.82	84.78	83.44

3. 对卷烟物理指标稳定性的影响

烟支吸阻和硬度的波动可以作为反映细支卷烟质量稳定性的重要物理指标，其均值和相对标准偏差的大小常用来表征样品的均匀性。将 5 种不同形态梗丝相同掺配比例下（10%）的细支卷烟样品，在标准条件下通过综合测试台检测吸阻和硬度指标，使用欧氏距离计算各样品与设计值的相似度，并进行排序（表 5.26、表 5.27）。

表 5.26 掺配不同形态梗丝的细支卷烟吸阻和硬度与设计值(均值)相似度

指标均值	吸阻	硬度	欧氏距离	排序
特征值(设计值)	−1.90	0.41		
1#	−0.10	1.56	2.09	2
2#	0.00	0.71	1.90	1
3#	0.30	−0.42	2.33	3
4#	−0.30	−1.56	2.48	4
5#	1.40	−0.44	3.39	6
6#	0.50	−0.25	2.49	5

表 5.27 掺配不同形态梗丝的细支卷烟吸阻和硬度标准偏差相似度

指标标偏	吸阻	硬度	欧氏距离	排序
特征值(设计值)	−2.04	−2.09		
1#	−0.26	−0.10	1.20	5
2#	0.45	0.88	0.87	2
3#	0.27	0.03	0.23	1
4#	0.07	0.15	1.11	3
5#	1.17	0.26	3.99	6
6#	0.34	0.87	1.14	4

从表 5.26 和表 5.27 可知,掺配不同形态梗丝的细支卷烟样品,其吸阻和硬度指标稳定性存在差异。其中,2#的吸阻和硬度均值和标准偏差稳定性都优于其他样品卷烟,这与 2#梗丝在烟丝中混合均匀度最好的评价结果一致。

4. 对卷烟烟丝轴向密度的影响

烟支密度是烟丝分布均匀性的外在体现,掺配不同形态梗丝对细支卷烟烟丝轴向密度的影响,可以通过微波水分密度仪进行检测。从烟支的烟丝端开始扫描至接装纸前端,扫描间距 1 mm,根据不同位置密度值分别得到单支烟的密度标准偏差,再求组内密度标准偏差均值。通过分析数据可以获得烟支轴向密度均匀性统计分析结果。

表 5.28 为掺配不同形态梗丝的细支卷烟烟支密度标准偏差结果。不同形态梗丝在相同掺配比例下(10%),细支卷烟样品之间的密度标准偏差具有一定趋势性。在试验范围内,掺配的梗丝宽度与叶丝越接近,烟支密度均匀性越好;2#较 5#和 6#组内均值和组内标偏分别提高了 4.91%、11.1%和 6.96%、38.27%。因

此 2# 卷烟样品烟支密度标偏均值和组内烟支密度标偏都最优。

表 5.28　掺配不同形态梗丝的细支卷烟烟支密度标准偏差结果

烟支密度标准偏差	1#	2#	3#	4#	5#	6#
组内均值/(mg/cm^3)	34.7	33.3	34.3	35.7	37.4	35.0
组内标偏/(mg/cm^3)	5.7	4.2	5.9	5.9	6.8	4.5

5. 对卷烟静燃速率的影响

烟支静燃速率是烟丝分布均匀性的另一种外在体现。为了考察不同形态梗丝对细支卷烟静燃速率的影响，将样品卷烟从距离点烟端每 10 mm 标注一个点，共标注六个点，以第一个标注点为燃烧起点，记录阴燃时间，燃烧线达到下一个点记录一个阴燃时间。通过分析比较整支卷烟静燃时间和分段静燃时间，判断掺配不同形态梗丝后烟丝分布的均匀性。

由表 5.29 可知，2# 和 3# 卷烟样品的全段静燃速率较大，且单位距离静燃速率的波动也较小；随着掺配梗丝压梗厚度增大，烟支静燃速率减小，说明掺配梗丝越厚，烟支的静燃速率越小；综合上述结果，细支卷烟中掺配梗丝的压梗厚度为 0.5～0.8 mm 范围内能显著提高细支卷烟的燃烧性。

表 5.29　烟支静燃时间检测结果

样品	全段(50 mm)均值/s	SD/s	分段(10 mm)均值/s	SD/s
1#	341.6	9.2	85.2	3.0
2#	323.7	5.9	80.9	1.5
3#	324.2	8.0	81.1	2.0
4#	337.1	13.2	84.3	3.3
5#	341.8	15.8	85.5	4.0
6#	350.6	15.6	87.7	3.9

6. 对卷烟端部落丝量的影响

掺配不同形态梗丝对细支卷烟端部落丝量的影响如表 5.30 所示。掺配 5 种不同形态梗丝卷制样品端部落丝量无显著性差别，均满足烟草行业标准要求(≤8 mg/支)。仅 1# 样品端部落丝量高于不添加梗丝的原样卷烟(6#)，其他 4 种形态梗丝掺配的样品都低于原样 6#，说明掺配较优形态的梗丝对降低细支卷烟端部落丝量具有较好的效果。

表 5.30　烟支端部落丝量检测结果

样品	1#	2#	3#	4#	5#	6#
端部落丝量/(mg/支)	2.66	2.04	1.29	1.69	1.44	2.30

7. 对卷烟刺破率的影响

细支卷烟由于圆周较小，烟丝中夹带的梗签无规则排布，容易造成烟支卷接过程中刺破卷烟纸。为此，将掺配不同形态梗丝的细支卷烟(1＃～5＃)与不掺配梗丝(纯叶丝)的细支卷烟(6＃)进行烟支刺破率的比较(表5.31)。结果显示，掺配梗丝后，细支卷烟的刺破率都低于纯叶丝(6＃)细支卷烟。说明掺配合适形态的梗丝不会增加细支卷烟的刺破率。

表5.31 烟支刺破率检测结果

样品	1＃	2＃	3＃	4＃	5＃	6＃
梗丝含签量/(%)	5.9	3.9	4.7	6.3	6.8	0
刺破率/(%)	0.428	0.462	0.337	0.332	0.529	0.533

8. 对细支卷烟主流烟气常规化学指标的影响

梗丝形态对于细支卷烟主流烟气常规化学指标也有一定影响。如表5.32所示，1＃～5＃样品主流烟气的焦油均值和标偏都低于6＃原样，说明掺配梗丝后细支卷烟的焦油量明显低于不掺配梗丝的原样，掺配梗丝对卷烟降焦具有一定的效果。此外，掺配梗丝后细支卷烟的焦油波动也同步降低，更加有利于提升烟支控焦稳焦的效果。1＃～5＃样品主流烟气一氧化碳均值与6＃原样无显著差异。1＃和2＃样品一氧化碳标偏均显著低于6＃原样，说明1＃和2＃样品的主流烟气一氧化碳稳定性有显著提高，即样品的烟气指标稳定性提高。且梗丝经过薄压薄切处理后，其掺配样品的焦油和一氧化碳稳定性均有提高。

表5.32 主流烟气指标相对标准偏差统计结果

样品		1＃	2＃	3＃	4＃	5＃	6＃
焦油	均值/(mg/支)	8.02	7.88	7.92	7.70	7.65	8.50
	标偏/(mg/支)	0.17	0.08	0.16	0.17	0.17	0.20
	变异系数	0.022	0.010	0.020	0.022	0.022	0.024
CO	均值/(mg/支)	6.94	6.98	7.05	7.13	6.85	6.94
	标偏/(mg/支)	0.10	0.09	0.14	0.10	0.17	0.14
	变异系数	0.014	0.013	0.020	0.015	0.025	0.021

综合5.2.3节分析讨论结果，掺配GS2(压0.5 mm、切0.11 mm)梗丝的2＃细支卷烟，其烟支吸阻、硬度、密度分布均匀性均比其余样品更好，端部落丝量降低，卷烟燃烧性显著提高，焦油明显降低，烟气指标稳定性提高。因此，采用压梗0.5 mm、切丝0.11 mm的梗丝形态更适宜掺配进细支卷烟中。

5.2.4　掺配不同比例梗丝对细支卷烟的影响

根据前面章节所述，筛选出最优切丝宽度为 0.9 mm 纯配方烟丝，以及效果最好的 GS2 梗丝，进一步研究 GS2 梗丝掺配比例对细支卷烟的影响。按照 0%、2%、4%、5%、6%的掺配比例将 GS2 梗丝与配方烟丝混合均匀后上机卷制，所得样品在标准条件下进行物理指标、混合均匀性和轴向密度的测定。

1. 对细支卷烟物理指标的影响

烟支单支重量、吸阻和硬度的波动作为反映细支卷烟品质稳定性的重要指标，其相对标准偏差的大小常用来表征样品的均匀性。掺配 5 个梯度梗丝的细支卷烟样品单支重量、吸阻和硬度标偏结果如表 5.33 所示。随着梗丝掺配比例的提高，烟支单支重量、吸阻和硬度标偏先降低后少量增高，说明掺配适当比例的梗丝有利于提高烟支单重、吸阻和硬度的稳定性；梗丝掺配比例对细支卷烟端部落丝量无显著影响。根据各物理指标的标偏差异，掺配 4%～6%的 GS2 梗丝对提高细支卷烟物理指标的稳定性具有较好的促进作用。

表 5.33　烟支物理指标相对标准偏差统计结果($n=120$)

掺配比例/(%)	0	2	4	5	6
单支重量 SD/g	0.0143	0.0135	0.0112	0.0121	0.0136
吸阻 SD/kPa	0.0949	0.0908	0.0710	0.0730	0.0848
硬度 SD/(%)	3.5	3.5	2.4	2.7	2.7
端部落丝量/(mg/支)	2.3	2.6	2.5	2.0	2.1

2. 对卷烟混合均匀性的影响

梗丝掺配比例不同对细支卷烟烟丝混合均匀性有较大影响(表 5.34)。随着梗丝掺配比例增大，烟丝混合均匀度提高，但是梗丝掺配比例达到 6%时，掺配混合均匀度开始下降。因此，GS2 梗丝掺配比例在 5%时细支卷烟的混合均匀度最好。

表 5.34　烟丝混合均匀度统计结果($n=20$)

掺配比例/(%)	2	4	5	6
特征值标准差/(%)	0.0093	0.0095	0.0075	0.0108
特征值均值/(%)	0.020	0.041	0.050	0.060
混合均匀度/(%)	53.7	76.3	84.9	82.1

3. 对烟支轴向密度的影响

梗丝掺配比例对细支卷烟烟支轴向密度分布的标准偏差结果如表 5.35 所示。

随着梗丝掺配比例的增大，烟支轴向密度的标准偏差均值呈现先减小后增大的趋势。其中，梗丝掺配比例为5%时样品烟支轴向密度的标准偏差最小，掺配较小比例或不掺配梗丝的样品烟支轴向密度标准偏差值均较大。由此可知，掺配5%的GS2梗丝可提高烟支内烟丝分布均匀性。

表5.35 烟支密度标准偏差统计结果($n=40$)

掺配比例/(%)	0	2	4	5	6
均值/(mg/cm^3)	34.57	34.58	32.83	30.83	32.29
SD/(mg/cm^3)	7.1	5.4	5.1	4.9	4.6

综合5.2.4节内容，细支卷烟中掺配5%的GS2梗丝，烟支混合均匀度最好，密度分布最均匀，烟支物理指标稳定性明显提高。

5.2.5 梗丝掺配均匀性对细支卷烟烟支稳定性的评价及应用

1. 烟支稳定性评价方法

灰色关联分析是指对一个系统发展变化态势的定量描述和比较的方法。其基本思想是通过确定参考数据列和若干个比较数据列的几何形状相似程度来判断其联系是否紧密，它反映了曲线间的关联程度。此方法通过对动态过程发展态势的量化分析，完成对系统内时间序列有关统计数据几何关系的比较，求出参考数列与各比较数列之间的灰色关联度。与参考数列关联度越大的比较数列，其发展方向和速率与参考数列越接近，与参考数列的关系越紧密。灰色关联分析方法要求样本容量可以少到4个，对无规律数据同样适用，不会出现量化结果与定性分析结果不符的情况。

灰色关联分析方法的具体计算步骤如下：

第一步：确定分析数列。

确定反映系统行为特征的参考数列和影响系统行为的比较数列。反映系统行为特征的数据序列，称为参考数列。影响系统行为的因素组成的数据序列，称为比较数列。

设参考数列(又称母序列)为$Y=\{Y(k)\mid k=1,2,\cdots,n\}$；比较数列(又称子序列)$X_i=\{X_i(k)\mid k=1,2,\cdots,n\},i=1,2,\cdots,m$。

第二步：变量的无量纲化。

由于系统中各因素列中的数据可能因量纲不同，不便于比较或在比较时难以得到正确的结论。因此在进行灰色关联度分析时，一般都要进行数据的无量纲化处理。计算公式为

$$X_i(k)=\frac{X_i(k)}{X_i(l)},k=1,2,\cdots,n;\quad i=0,1,2,\cdots,m \tag{5.2}$$

第三步：计算关联系数。

$X_0(k)$与 $X_i(k)$的关联系数计算公式为

$$\xi_i(k)=\frac{\min_i\min_k|y(k)-x_i(k)|+\rho_i\max_i\max_k|y(k)-x_i(k)|}{|y(k)-x_ik|+\rho_i\max_i\max_k|y(k)-x_i(k)|} \tag{5.3}$$

记 $\Delta_i(k)=|y(k)-x_i(k)|$，则

$$\xi_i(k)=\frac{\min_i\min_k\Delta_i(k)+\rho_i\max_i\max_k\Delta_i(k)}{\Delta_i(k)+\rho_i\max_i\max_k\Delta_2(k)} \tag{5.4}$$

其中，$\rho\in(0,\infty)$为分辨系数。ρ越小，分辨力越大。一般 ρ 的取值区间为(0,1)，具体取值可视情况而定。当 $\rho\leqslant 0.5463$ 时，分辨力最好，通常取 $\rho=0.5$。

第四步：计算关联度。

因为关联系数是比较数列与参考数列在各个时刻(即曲线中的各点)的关联程度值，所以它的数不止一个，而信息过于分散不便于进行整体性比较。因此有必要将各个时刻(即曲线中的各点)的关联系数集中为一个值，即求其平均值，作为比较数列与参考数列间关联程度的数量表示，关联度 r_i公式为

$$r_i=\frac{1}{n}\sum_{k=0}^{n}\xi_i(k),\quad k=1,2,\cdots,n \tag{5.5}$$

第五步：关联度排序。

关联度按大小排序，如果 $r_1<r_2$，则参考数列 y 与比较数列 x_2更相似。

在算出 $X_i(k)$序列与 $Y(k)$序列的关联系数后，计算各类关联系数的平均值，平均值 r_i就称为 $Y(k)$与 $X_i(k)$的关联度。

以掺配相同比例 5 种不同形态梗丝为例，对烟支均匀性的差异性分析，通过灰色关联模型计算，确定分析灰度关联因素及数值(表 5.36)。

表 5.36　烟支关联指标统计结果($n=60$)

	单支重量 SD /g	吸阻 SD /kPa	硬度 SD /(%)	混合度 CV	烟支密度 SD /(mg/cm³)	焦油 SD /(mg/支)
标准列	0.0001	0.0001	0.0001	0.0001	0.0001	0.0001
1	0.0159	0.0992	2.81	0.1484	34.71	0.1726
2	0.0148	0.0949	2.89	0.0816	33.26	0.0751
3	0.0156	0.0837	3.14	0.1018	34.30	0.1619
4	0.0183	0.1073	3.54	0.1522	35.69	0.1662
5	0.0172	0.1283	3.53	0.1656	37.41	0.1686
max	0.0183	0.1283	3.54	0.1656	37.41	0.1726
min	0.0148	0.0837	2.81	0.0816	33.26	0.0751

将表 5.36 中各项指标统计结果进行对数归一化处理，统一指标量纲，结果如

表 5.37 所示。

表 5.37 烟支关联指标归一化结果

	单支重量 SD /g	吸阻 SD /kPa	硬度 SD /(%)	混合度 CV	烟支密度 SD /(mg/cm³)	焦油 SD /(mg/支)
标准列	0.0001	0.0001	0.0001	0.0001	0.0001	0.0001
1	−1.7986	−1.0034	0.4487	−0.8285	1.5404	−0.7629
2	−1.8297	−1.0227	0.4608	−1.0883	1.5219	−1.1243
3	−1.8068	−1.0772	0.4969	−0.9922	1.5352	−0.7907
4	−1.7375	−0.9694	0.5490	−0.8175	1.5525	−0.7793
5	−1.7644	−0.8917	0.5477	−0.7809	1.5729	−0.7731

由表 5.37 结果可知，掺配不同形态梗丝对细支卷烟均匀性影响排序为 2＃＞3＃＞1＃＞4＃＞5＃。其中采用薄压薄切结合气流干燥技术处理的 GS2（压 0.5 mm、切 0.11 mm）梗丝掺配进细支卷烟，对烟支均匀性起到较好的提升作用；采用薄压薄切结合气流干燥技术处理的常规梗丝（不压梗、切 0.13 mm）掺配进细支卷烟，对烟支均匀性的提升作用并不明显。

掺配薄压薄切梗丝的细支卷烟，其烟支单重、吸阻、硬度、烟支密度分布及烟气焦油释放量的稳定性方面都优于不掺配梗丝的细支卷烟样品。其中，梗丝掺配比例为 4%～6%的细支卷烟，烟支物理指标及烟气指标稳定性最好。综合对比，薄压薄切结合气流干燥技术处理的梗丝在改善细支卷烟的物理指标及烟气指标稳定性方面优于常规流化床梗丝。其中，2＃样品即掺配薄压薄切气流干燥处理的 GS2（压 0.5 mm、切 0.11 mm）梗丝效果最优，并且在细支卷烟烟丝中的混合均匀度最好。因此，可选择在细支卷烟中配伍 GS2 梗丝来改善烟支的品质稳定性。

2. 烟支稳定性评价方法的效果验证

为了进一步验证灰色关联分析法在评价烟支稳定性方面的效果，将 GS2 梗丝按照 5%比例添加进不同规格细支卷烟中，其中 G 品牌和 M 品牌细支卷烟均掺配 5%GS2 梗丝，X 品牌细支卷烟不掺配梗丝，C 品牌细支卷烟掺配 5%常规通用梗丝。各品牌细支卷烟物理指标和主流烟气常规成分指标的标偏结果如表 5.38 所示。

表 5.38 细支卷烟掺配稳定性验证结果

样品	单支重量 SD /g	吸阻 SD /Pa	硬度 SD /(%)	烟支密度 SD /(mg/cm³)	焦油 SD /(mg/支)	烟碱 SD /(mg/支)	CO SD /(mg/支)
M	0.0137	71.3	3.0	35.7	0.16	0.014	0.18
X	0.0145	88.7	3.1	37.2	0.19	0.024	0.17

续表

样品	单支重量 SD /g	吸阻 SD /Pa	硬度 SD /(%)	烟支密度 SD /(mg/cm³)	焦油 SD /(mg/支)	烟碱 SD /(mg/支)	CO SD /(mg/支)
C	0.0258	49.6	3.6	34.7	0.30	0.037	0.25
G	0.0238	46.1	2.8	33.3	0.27	0.033	0.24

由表 5.38 可知，掺配 GS2 梗丝的 G 品牌细支卷烟的烟支质量稳定性高于掺配同比例常规梗丝的 C 品牌；掺配 5%比例 GS2 梗丝的 M 品牌细支卷烟的烟支质量稳定性高于不掺配梗丝的 X 品牌。由此可见，利用现有制梗丝设备，通过改变切梗丝形态和加料工艺，可以实现适用于细支卷烟掺配梗丝的制备。掺配 GS2 梗丝有利于提高细支卷烟单支重量、吸阻、混合均匀性、烟支密度均匀性等物理指标的稳定性，降低细支卷烟主流烟气常规成分指标的波动，在 M 品牌细支卷烟中应用效果最佳。

5.3　细支卷烟卷接质量稳健设计技术研究

对比常规卷烟，细支卷烟在烟支外观、烟气状态等方面存在诸多差异，在加工过程中，存在烟支质量不稳定的问题，尤其在吸阻、重量、硬度等物理指标上波动较大。目前针对细支卷烟卷接质量的研究并不多见，烟草行业主要围绕常规卷烟而展开，分析方法一般采取传统的正交试验设计法与常规统计技术，如武凯等[20]通过对关键因素的调整，降低卷制过程中的烟丝整丝减少率，提高了烟丝端部落丝量合格率；姚光明等[21]通过将风力送丝系统改为小车送丝系统、提高各工序的掺配精度、提高喂丝的均匀性、合理设置筛分环节等措施，使输送至卷烟机的烟丝结构更加合理，烟支的卷接质量稳步提高；李志明[22]通过对卷烟设备中有关部件的改进与调整，提高了卷烟包装与卷制质量。利用稳健设计技术对卷接质量的研究并不多见，如徐秀峰等[23]在正交试验的基础上，识别影响卷烟卷制质量及其稳定性的重要因素、稳健因素、调节因素和次要因素，为科学调节卷制质量指标的特性值、有效控制卷制质量指标的波动，提供理论依据。

为提高细支卷烟卷接质量的稳定性，需要对细支卷烟卷接过程中卷接质量特性进行研究。根据细支卷烟特点，识别影响卷接质量特性的因子，选择关键控制因子与不同水平进行稳健优化设计，确定控制因子最佳水平组合并预测，通过验证试验，评价优化效果，降低系统对噪声变化的敏感性，从而提高细支卷烟卷接质量的稳定性。

5.3.1 材料与方法

1. 材料、仪器与设备

选择C品牌烤烟型细支卷烟在细支POTOS70卷烟机上卷接，工艺质量要求如表5.39所示。细支卷烟物理指标由OM综合测试台（欧美利华）检测。

表5.39 C品牌细支卷烟部分物理指标卷烟工艺质量要求

项目	重量/g	吸阻/Pa	硬度/(%)
目标值	0.53	1300	58
允差	0.05	250	8

2. 试验设计

试验使用全球最大的统计学软件公司SAS出品的交互式可视化统计发现软件JMP(11.0)进行试验设计。根据现有生产经验，以确保卷烟机能够正常生产运行、烟丝不跑条为前提，对试验因素的水平进行设置，具体设置见表5.40（其中0水平为试验前生产设置参数，−1为低水平设置参数，1为高水平设置参数）。

表5.40 试验因素水平表

水平	大风机负压/Pa	小风机正压/Pa	针辊转速（变频电压/mV）	梗导向板高度/mm
−1	9000	0	300	80
0	10000	1500	800	90
1	11000	3000	1300	100

针对影响因子与响应变量进行完全析因设计，确定试验方案，中心点数为3个，具体如表5.41所示。试验前根据参数调整与设备稳定运行的难易程度，确定试验顺序号，每次试验由专人确保试验按照设定的顺序进行，并保证各参数调整到位。

表5.41 全因子试验方案

试验号	试验因素			
	大风机负压	小风机正压	针辊转速	梗导向板高度
1	−1	−1	−1	−1
2	1	−1	−1	−1
3	−1	1	−1	−1
4	1	1	−1	−1

续表

试验号	试验因素			
	大风机负压	小风机正压	针辊转速	梗导向板高度
5	−1	−1	1	−1
6	1	−1	1	−1
7	−1	1	1	−1
8	1	1	1	−1
9	0	0	0	0
10	0	0	0	0
11	0	0	0	0
12	−1	−1	−1	1
13	1	−1	−1	1
14	−1	1	−1	1
15	1	1	−1	1
16	−1	−1	1	1
17	1	−1	1	1
18	−1	1	1	1
19	1	1	1	1

3. 取样和检测方法

每次试验参数调整完毕后禁止对试验以外的任何参数进行修改，待设备运行正常后方可取样，每次试验取样完毕后即可进行下一轮试验的参数调整。成品烟支的取样方案：在烟支出口取样，每次试验取样 5 次，每次随机抽取 20 支，每次间隔 1 min，100 支混合装入样品盒并标识，用于测定烟支的单重、吸阻、硬度等指标；样品检测方法：使用 OM 综合测试台检测烟支的单重、吸阻、硬度等指标。

4. 统计分析方法

利用 JMP(11.0)软件对全因子试验设计结果进行统计分析，采用逐步回归分析法，主要分析各因子对响应量标偏的效应，关注各因子对响应量均值效应。在此基础上采用响应面设计开展对细支卷烟物理指标稳健设计，确定卷接设备最优参数组合。

5.3.2 响应量识别与因子筛选

1. 响应量识别

烟支卷制是卷烟加工过程的重要环节，它对卷烟加工感官质量、物理质量、烟气指标等都有重要影响。卷制质量的影响因素可以归为两类：一是来料烟丝状态，如水分、密度、结构分布等；二是卷制条件，如设备状况、加工参数和环境温湿度等。其中，来料烟丝状态对卷制质量各指标均有显著性影响，卷制条件对于卷制质量的影响也不容忽视，尤其是卷烟机条件对卷制质量的影响非常显著。

研究结果表明，卷制条件中对卷制质量影响最显著的为烟机供丝系统，供丝系统各功能模块对来料烟丝进行二次加工，在有限的空间里，烟丝在传输过程中旋转、撕扯、揉搓产生造碎，短烟丝和烟末增加，造成烟丝结构、烟丝束密度、烟支成型均匀性的差异，进而影响卷制质量及其稳定性。因此，为针对来料状态改变后的烟丝设置最优的卷接参数，可提高细支卷烟卷制质量稳定性。通过对比分析细支卷烟关键质量特性发现，由于卷烟物理形态的改变，细支卷烟的圆周较常规卷烟有所减少，在卷烟长度不变的情况下，如果要获得与常规卷烟相似的烟支密度（约为230 mg/cm^3），势必会在填充时出现烟丝状态与卷制加工工艺过程不匹配的问题。烟支物理质量在原有的测试方法中除均值会发生变化以外，标偏同样会发生较大波动。从细支卷烟与常规卷烟的质量指标来看，在相同测试方法条件下，细支卷烟的整支吸阻高于常规卷烟 600～1000 Pa，硬度比常规卷烟低 5%～15%，同时单重、吸阻、硬度等指标的稳定性均低于常规卷烟。因此，为了合理制定细支卷烟质量评价指标，必须结合细支卷烟自身特点，针对关键质量问题，选定单重、吸阻、硬度 3 个关键质量特性作为卷制质量评价指标，以此作为输出响应变量进行稳健优化设计。

2. 影响因子识别与筛选

针对细支卷烟卷制质量各影响因素，借鉴常规烟支稳健设计研究成果，考虑试验可操作性的基础上，分析影响因子对响应量的位置效应与散度效应。控制因子选取原则以优化细支卷烟物理指标稳定性为主要目标，尽可能选取对单重、吸阻、硬度波动均有影响的因子。为合理降低试验次数，分析各参数调整的难易程度，提高可操作性，平准器与抛丝辊转速两个因素暂不考虑。常规卷烟中对单重、吸阻、硬度波动均有影响的因子包括大风机负压、小风机正压、针辊转速、梗导向板高度四个因素，因此初步筛选上述四个因子作为本次试验的影响因子，在此基础上进行全因子试验最终确定控制因子。

根据各物理指标全因子析因设计检测结果，拟合模型进行逐步回归分析发现：各因子对响应量的效应有的表现在主效应上，有的表现在交叉效应上。汇总全因子筛选分析结果如表 5.42 所示。

表 5.42　全因子效应筛选结果汇总

响应量	主效应	交叉效应
单重均值	针辊转速	大风机负压×小风机正压 大风机负压×针辊转速 大风机负压×梗导向板高度 小风机正压×梗导向板高度
单重标偏	针辊转速	大风机负压×梗导向板高度 针辊转速×梗导向板高度
吸阻均值	梗导向板高度	—
吸阻标偏	梗导向板高度	大风机负压×针辊转速
硬度均值	大风机负压,梗导向板高度	—
硬度标偏	大风机负压,梗导向板高度	—

影响单重、吸阻、硬度标偏的主效应因子有大风机负压、针辊转速、梗导向板高度;交叉效应包括大风机负压×梗导向板高度,针辊转速×梗导向板高度以及大风机负压×针辊转速,涉及大风机负压、针辊转速、梗导向板高度三个因子,同时考虑到响应量单重均值的重要性,以及小风机与其他因子对单重均值的显著交叉效应。综合上述因素,选定大风机负压、小风机正压、针辊转速与梗导向板高度 4 个因子作为稳性设计的控制因子。

5.3.3　双响应多目标稳健优化设计

1. 双响应曲面模型描述

稳健性设计的目的是使产品或过程的输出响应的均值等于或尽可能接近目标值,同时响应的波动越小越好。因此,在进行稳健性参数设计时,不仅要考虑响应的均值,还要考虑响应的变异性。一般可以通过优化均值和方差两个响应的双响应曲面方法来进行稳健性参数设计。

根据试验结果可以拟合出响应均值模型和方差模型,即

$$\mu = \beta_0 + \sum_{j=1}^{n}\beta_j x_j + \sum_{j=1}^{n}\beta_{jj} x_j^2 + \sum_{j=1}^{n}\sum_{j<k}^{n}\beta_{jk} x_j x_k + \varepsilon \tag{5.6}$$

$$\sigma^2 = \gamma_0 + \sum_{j=1}^{n}\gamma_j x_j + \sum_{j=1}^{n}\gamma_{jj} x_j^2 + \sum_{j=1}^{n}\sum_{j<k}^{n}\gamma_{jk} x_j x_k + \varepsilon \tag{5.7}$$

其中,β 与 γ 是模型系数,ε 为随机误差。

在完成模型拟合后,分别对拟合的均值模型和方差模型进行方差分析。如果

均值模型回归显著，拟合不良不显著，说明在试验区域内均值模型能够近似表示存在噪声因素影响的情况下的均值的真实响应函数。与此相同，如果方差模型回归显著，拟合不良不显著，则说明方差模型能够近似表示出由于噪声因素波动，形成响应方差的真实模型。

2. 多响应优化方法

由于多响应问题本身的特殊性，常规的工程优化方法已经无法奏效，要解决该问题就必须寻求独特的优化方法。经过众多统计学家、质量管理学家的不断探索与研究，到目前为止已经形成了一些行之有效的方法：如满意度函数法、质量损失函数法、马氏距离函数法等。本书选择满意度函数法，因为满意度函数法是一种简便易行、应用广泛的多响应输出的优化方法。该方法最早由 Harrington 提出，随后经 Derringer 与 Suich 等人加以改进，使得该方法更加科学与适用。该方法主要是将每个响应值 y_i转化为满意度函数 $d_i(0\leqslant d_i\leqslant 1)$。在进行转化时，试验者给出能够接受响应的底限值与目标值。底限值对应的满意度为 0，目标值对应的满意度为 1。对于望目特性的响应，其单个满意度函数为

$$d_i(Y_i)=\begin{cases}\left[\dfrac{Y_i-LSL}{T_i-LSL}\right]^r, LSL\leqslant Y_i\leqslant T_i\\ \left[\dfrac{Y_i-USL}{T_i-USL}\right]^r, T_i\leqslant Y_i\leqslant USL\\ 0, Y_i<LSL \quad 或 \quad Y_i>USL\end{cases} \tag{5.8}$$

对于望小特性的响应，其单个满意度函数为

$$d_i(Y_i)=\begin{cases}1, Y_i\leqslant Y_{\min\ i}\\ \left[\dfrac{Y_i-USL}{T_{\min\ i}-USL}\right]^r, Y_{\min\ i}\leqslant Y_i\leqslant USL\\ 0, Y_i\geqslant USL\end{cases} \tag{5.9}$$

其中，USL 和 LSL 为响应值 Y_i的上下规格限，T_i为目标值，r 为权重，取值范围是 0.1～10，通常设定（即默认值）为 $r=1$。

在建立完单个满意度函数基础上，给出反映多响应特性的总体满意度函数，即

$$\begin{cases}D(\mu)=[d_1(\mu_1)\cdot d_2(\mu_2)\cdot\cdots\cdot d_n(\mu_n)]^{\frac{1}{n}}\\ D(\sigma)=[d_1(\sigma_1)\cdot d_2(\sigma_2)\cdot\cdots\cdot d_n(\sigma_n)]^{\frac{1}{n}}\end{cases} \tag{5.10}$$

其中，$D(\mu)$、$D(\sigma)$分别表示多响应均值满意度函数和多响应标准差满意度函数。于是一个多响应稳健性设计转化为一个双响应曲面模型的优化问题，即

$$\max[D(\mu)\cdot D(\sigma)]^{\frac{1}{2}}, \text{st } h_i(x_i)\leqslant 0,\quad i=1,2,\cdots,m \tag{5.11}$$

其中，$h_i(x_i)\leqslant 0$ 表示设计变量的约束条件，具体形式需要根据实际问题进行相应的定义。

3. 多目标稳健优化设计

为估计控制因子二次效应，根据前面确定的控制因子与响应变量，进行响应曲面试验设计，设计采用中心复合设计，具体策略如下：由于控制因子水平转换相对困难且试验水平安排不能超过立方体，因此选用中心复合表面设计（central composite face-centered design，CCF），星号点位置数值 $\alpha=1$，确保每个因子的水平数只有三个（$-1,0,1$）。在选用 CCF 失去旋转性的前提下，由于无法预知最优点位置位于何处，因此中心点的个数（number of center，Nc）选取 3 个，保证整个试验区域内预测值拥有一致精度。借助 JMP 软件试验设计-响应曲面设计，设计类型选用中心表面-一致精度设计。

在上述全因子试验结果的基础上，补充星号点试验构成一个完整的响应曲面设计，并根据多响应优化方法，对汇总后的试验数据进行处理，根据公式(1)、(2)计算每个响应的均值满意度与标偏满意度，最后根据公式(3)计算反映多响应特性的总体满意度，将均值总体满意度与标偏总体满意度视为两个新响应，通过上面的数据拟合结果如下：

$$D(\mu)=0.62-0.0358x_1-0.027x_2 \tag{5.12}$$

$$\begin{aligned} D(\sigma)=&0.0908+0.0172x_1-0.0062x_2-0.0074x_3\\ &-0.0503x_4+0.0338x_1x_3+0.026x_3x_4\\ &-0.0834x_1^2-0.0834x_2^2+0.1571x_4^2 \end{aligned} \tag{5.13}$$

对剔除不显著变量后的拟合方程进行检验，无论均值满意度还是标偏满意度，二者模型回归显著性检验都是显著的，失拟检验都是不显著的，满足稳健设计一般方法要求。

针对上述两个拟合方程进行双响应曲面优化，即

$$\max[D(\mu)\cdot D(\sigma)]^{\frac{1}{2}} \tag{5.14}$$

$$\text{st}-1\leqslant x_i\leqslant 1,\quad i=1,2,3,4 \tag{5.15}$$

使用 Matlab 进行一般非线性规划问题求解，得到最优解 $x=(-0.2103,-0.1205,-1,-1)^{\mathrm{T}}$，满意度为 0.4569（此时 $D(\mu)=0.6308$，$D(\sigma)=0.3309$）。即表示当大风机负压 9790 Pa，小风机正压 1440 Pa，针辊转速 300 mV，梗导向板高度 80 mm，细支卷烟卷制质量总体上实现满意的多目标稳健性设计。此控制因素的水平组合已经不是试验中的任何一个组合，同时使用满意度函数模型得到的是使目标函数最优的控制因素水平组合，因此结果也优于试验中的任何一个水平组合。

5.3.4　优化参数验证

为了验证结果的可靠性与稳定性，针对优化结果在同一条件下开展 3 次平行试验，其中各参数分别取整，大风机负压选用 9800 Pa，小风机正压选用 1400 Pa，针

辊转速选用 300 mV，梗导向板高度选用 80 mm，各参数调整确认后，待设备运行稳定后取样，并对样品进行物理指标检测，结果如表 5.43 所示。

表 5.43 验证试验样品检测数据统计结果

样品	单重均值/g	单重标偏/g	吸阻均值/Pa	吸阻标偏/Pa	硬度均值/(%)	硬度标偏/(%)
原样	0.530	0.0129	1331.4	55.27	58.21	2.79
样品 1	0.531	0.0121	1328.6	48.26	56.87	2.41
样品 2	0.526	0.0115	1331.1	48.40	57.43	2.55
样品 3	0.528	0.0119	1327.4	50.14	56.81	2.37
样品均值	0.528	0.0118	1329.0	48.93	57.04	2.44

相较于原样，参数优化后卷制样品单重均值、吸阻均值、硬度均值与设计值相比均没有显著变化，单重标偏、吸阻标偏、硬度标偏都显著下降，其中单重标偏降低幅度达 8.53%，吸阻标偏降低 11.47%，硬度标偏降低 12.54%，总体稳定性提高 10.85%。因此，选用大风机负压、小风机正压、针辊转速和梗导向板高度 4 个因子作为稳健性设计的控制因子，建立多目标稳健优化设计模型可以有效提升细支卷烟卷制质量的稳定性，对于细支卷烟的设计和生产具有非常重要的指导意义。

参考文献

[1] DeBardeleben，M Z，Claflin W E，Gannon W F. Role of cigarette physical characteristics on smoke composition[J]. Recent Advance in Tobacco Science，1978(4)：85-111.

[2] Yamamoto T，Anzai U，Okada T. Effect of cigarette circumference on weight loss during puffs and total delivery of tar and nicotine[J]. Beiträge zur Tabakforschung International，1984，12(5)：259-269.

[3] Yamamoto T，Suga Y，Tokura C，et al. Effect of cigarette circumference on formation rates of various components in mainstream smoke[J]. Beiträge zur Tabakforschung International，1985，13(2)：81-87.

[4] Irwin W D E，Bunn B G，Massey E D. The effects of circumference on mainstream deliveries and composition[R]. BAT Report No. RD. 2135 and 2122，1971-06-03.

[5] Egilmez N. Smoke aerosol characterization of some slim and low-tar cigarettes from the U. S. market[R]. BAT Report No. RD. 793-R，1971-06-03.

[6]　余娜，申晓锋，徐大勇，等. 基于分形理论的烟丝尺寸分布表征方法[J]. 烟草科技，2012(4)：5-8.

[7]　余娜. 片烟结构与叶丝结构关系研究[D]. 郑州：郑州烟草研究院，2012.

[8]　罗登山，曾静，刘栋，等. 叶片结构对卷烟质量影响的研究进展[J]. 郑州轻工业学院学报(自然科学版)，2010，25(2)：13-17.

[9]　夏营威，冯茜，赵砚棠，等. 基于计算机视觉的烟丝宽度测量方法[J]. 烟草科技，2014(9)：10-14.

[10]　申晓锋，李华杰，李善莲，等. 烟丝结构表征方法研究[J]. 中国烟草学报，2010，16(2)：20-25.

[11]　李善莲，申晓锋，李华杰，等. 烟丝结构对卷烟端部落丝量的影响[J]. 烟草科技，2010(2)：5-7，10.

[12]　陶芳，汤旭东. 均匀性检验方法在卷烟加工工艺评价中的应用[J]. 安徽农学通报，2010，16(20)：147-148.

[13]　刘博，于录. 分组加工烟丝混合均匀性的研究[J]. 科协论坛(下半月)，2010(11)：85-86.

[14]　杜启云，蔡继宝，陈广平，等. 化学常规指标评价烟丝掺配均匀性的研究[J]. 化学工程与装备，2010，5：1-4.

[15]　刘德强，张风光，王乐军，等. 烟梗成丝的研究及应用[J]. 安徽农业科学，2010，38(33)：19052-19054.

[16]　于建春. 梗丝质量对卷烟吸阻影响的研究[J]. 中国高新技术企业，2011(11)：61-62.

[17]　高尊华，鲍文华，程红军，等. 梗丝结构对卷烟质量稳定性的影响[J]. 烟草科技，2007(2)：5-7.

[18]　陈景云，李东亮. 梗丝分布形态对其掺配均匀度的影响[J]. 烟草科技，2004(8)：8-10.

[19]　李坚，吴敬华，张旭升，等. 碎烟梗筛分对卷烟梗丝加工质量的影响[J]. 广西轻工业，2009(2)：46-47.

[20]　武凯，牟定荣，王晓辉，等. 卷烟端部落丝量与卷制工艺参数的关系[J]. 烟草科技，2008(4)：16-18.

[21]　姚光明，王文辉，尹献忠，等. 烟丝结构对烟丝填充值和卷接质量的影响[J]. 郑州轻工业学院学报(自然科学版)，2003，18(4)：62-64.

[22]　李志明，黄晶. 降低卷烟端部落丝量的方法[J]. 机电工程技术，2007，36(10)：105-108.

[23]　徐秀峰，胡建军，彭黔荣，等. 卷制工艺参数对卷烟质量影响的位置效应与散度效应分析[C]. 中国烟草学会 2014 年学术年会入选论文摘要汇编，2014.

第6章　细支卷烟的生产制造技术

随着细支卷烟的规模化发展，行业科技人员针对细支卷烟开展了大量的研究，目前主要集中于卷烟品牌发展战略、主流烟气成分分析[1,2]、卷接包与检测设备开发与改造[3]以及卷烟品质提升[4,5]等方面，在细支卷烟生产制造、节支降耗、降本增效等方面尚有待于进一步深入研究。

与常规卷烟相比，细支卷烟对烟丝质量特性需求存在较大差异，为满足细支卷烟特色工艺需求，制丝工艺流程及工艺装备也需要适应性调整。同时，烟支变细使得细支卷烟在生产过程中较常规卷烟更容易破损，烟支直径小，烟叶中含有梗签，也容易造成烟丝填充不均匀，因此生产过程中要加大梗签的剔除率，可是这又造成了细支卷烟烟叶的高损耗。按照圆周 17 mm、烟支长度(67＋30)mm 的细支卷烟与主流规格为圆周 24 mm、烟支长度(67＋24)mm 的常规卷烟进行测算，细支卷烟的烟支容积只有常规卷烟的 60％左右，烟叶理论消耗比常规卷烟少 40％左右。2016 年行业的普查数据显示，细支卷烟平均烟叶消耗约为 22.39 千克/箱，约为常规卷烟(33.41 千克/箱)的 67％，高于理论耗用水平。因此，细支卷烟在节能环保和降本增效等领域的天然优势并未完全发挥出来，仍有很大降本增效的空间。

本章针对细支卷烟的生产制造技术展开讨论，在工艺流程布局、特色工艺设备保障和关键工序加工模式方面升级创新，以提高叶丝对细支卷烟的适应性，减少制丝过程中的损耗，解决细支卷烟在加工过程中存在的共性问题，为细支卷烟产品个性化设计、特色化控制、规模化生产提供技术支撑。

6.1　细支卷烟制丝工艺设计

6.1.1　工艺流程设计

细支卷烟烟丝用量不到常规卷烟的 60％，长烟丝容易缠绕结团，在较小填充体积内烟丝组分分布的均匀性难度加大。同时，在制丝加工过程中，任何加香加料或混丝掺配不均匀等现象在细支卷烟烟支内有放大效应。从这些方面来看，细支卷烟对加工过程均质化的要求更高。通常，决定烟丝长度的环节在于打叶复烤片形结构，可以在制丝工序通过切片和切丝进行调整。如果在打叶复烤阶段控制复烤片烟的片形结构，卷烟工业企业不需要再进行设备改造，负担最轻；但是实施的周期较长，而且在控制大叶片的同时，中小叶片和碎片会同时增加，在其后的各个加工环节叶片尺寸逐级下降，带来整体消耗的增加。在切片制丝工序调整烟丝结构时，也会引起其后各道工序逐级形成小叶片和碎片。因此，为了减少参与形变的加工环节，控制过程消耗，在切丝工序进行定长切丝相对更为适宜。

烟丝中的梗签容易形成烟支刺破现象。相同尺寸的梗签，在细支卷烟烟支内，梗签接触卷烟纸的概率加大，更容易刺破烟支，相对来说，细支卷烟对烟丝的纯净度要求更高。常规卷烟在控杂方面的工序设置已经相当完备，针对细支卷烟对控制梗签的个性化需求，需要设置梗签剔除装置，在叶丝干燥后增设柔性风选工序。

碎烟片、梗片在烟支内占据空间大，容易造成烟丝密度不均，吸阻不稳定，需要对烟丝、梗丝形态结构以及切丝跑片进行控制。在过程造碎控制方面，几乎所有的制丝工序都参与造碎，造碎较大的环节都具有水分低、形变大和速度快的特性，如切丝、切片、风力送丝等。以切丝工序为例，细支卷烟切丝宽度相对常规卷烟一般偏窄，加工过程造碎会有所上升，所以需要在这些关键生产环节推行柔性加工技术，弥补切丝增加的损耗，控制整体消耗。

结合行业内精细化加工现状，目前制丝关键质控点均有相关仪器设备，具备在控制模式或控制精度方面升级创新的条件。因此，为进一步提升细支卷烟的透发性和细腻感，增设真空回潮工序；为进一步提升细支卷烟的连续化、均质化水平，在两次回潮间增设预混缓存工序。

总之，细支卷烟要求烟丝具有适宜的烟丝尺寸、适宜的烟丝形态、较高的纯净度和均匀度。因此，在常规卷烟传统流程设计的基础上，分别在烟丝形态控制、过程造碎控制、烟丝纯净度控制、品质提升方面进行了优化设计。细支卷烟制丝工艺流程图见图 6.1。

流程说明：总体上传承传统制丝工艺，增加“叶片增温”工序，在两次回潮后新增“预混缓存”工序。将除杂工序调整到“预混”工序后，将“叶丝冷却”工序更换为“柔性风选”。

6.1.2　工艺设备选型

1. 分片工序设备选型

为降低加工过程造碎，叶片分切因水分小，外力作用大，宜选择具备柔性分切

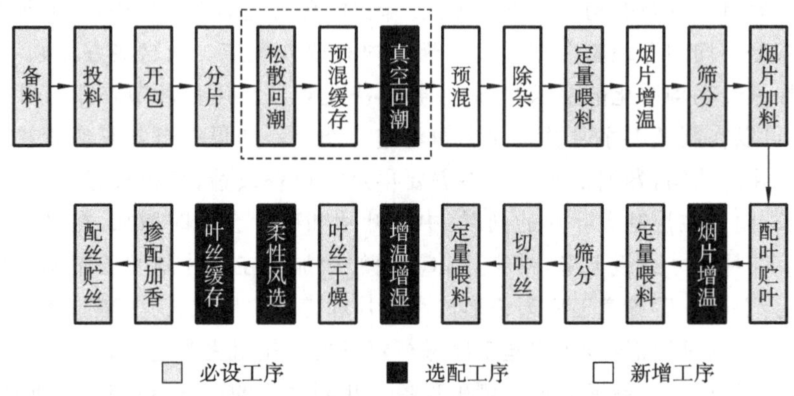

图 6.1　细支卷烟制丝工艺流程图

功能的切片机。行业内常用切片机具有如下特点。

HUANI 切片机。采用挡板固定烟块、宽度均匀，切后烟片落料顺畅，但无法分切再造烟叶。

COMAS 切片机。采用 V 形刀架设计和大功率驱动，可同时满足切片烟和再造烟叶要求，但由于烟块的后移，切片厚度均匀性差。

其他气动垂直切片机。在使用过程中存在如下几个共性问题：①切刀受压缩空气的影响运行不稳定；②切片精度不高，切后烟块尺寸偏差较大；③切后烟块倾倒式跌落，对下游设备冲击较大，造成一定的造碎和扬尘问题。

Garbuio 倾斜切片机。该设备配置前挡板（测距）和后推板（推烟包），以及倾斜导流板，烟包分切后斜向下滑落料，烟块整齐，落料轻柔；不仅造碎小，而且切片均匀，切片厚度偏差小于 10 mm，并且烟块进入下游设备前排布均匀，为后序工序的流量精确控制提供了保障。

综合上述各切片机特性，从控制精度和柔性加工的角度宜选择 Garbuio 斜切切片机或在卸料方式上具有相似功能的 FT6311 型垂直分切机。图 6.2 为倾斜导流板示意图。

2. 在线除杂器选型

烟叶中的杂物严重影响卷烟内在品质，高质量的检查剔除装备能够高效降低质量风险。行业内常用的在线除杂器有光谱除杂器和激光除杂器两种。

光谱除杂器：光源采用的是灯泡，检测器一般是 CCD 工业相机，由于灯泡寿命短且光源容易衰减，稳定性差。

激光除杂器：比利时的 BEST（Belgian Electronic Sorting Technology）采用的是激光除杂技术，相对于采用照相机分选的光谱除杂器，该设备采用的光源是激光而不是灯泡，光源的使用寿命有明显差异，普通灯泡的使用寿命约为 4000 h，激光光源的使用寿命在 30000 h 以上；BEST 接收器采用的是光放大器而不是 CCD 工

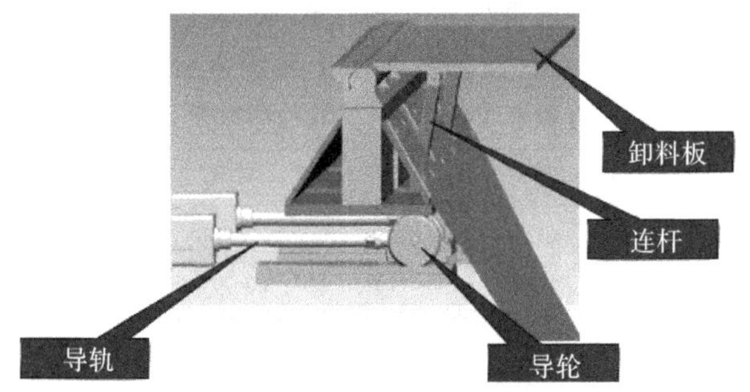

图 6.2　倾斜导流板示意图

业相机，故而 BEST 具有较高的稳定性、分辨率和剔除率。

从现场使用情况看，在生产相同的品牌时（烟叶产地、等级基本一致），新生产线配置的 BEST 剔除量是老线剔除量的 3～4 倍。光谱除杂与激光除杂性能对比图见图 6.3。

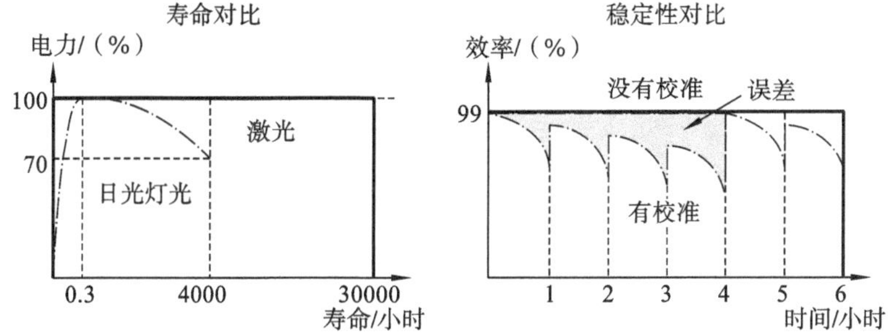

图 6.3　光谱除杂与激光除杂性能对比图

——激光；—·—日光灯光

3. 加料机选型

由于细支卷烟对烟丝形态结构要求较高，故而在筛分加料和切丝环节采用的筛网孔径相对较小。如江苏中烟对加料前筛分进行了改进，取消了上层筛网，山东中烟采用 5 mm 筛分网孔（常规卷烟上层筛 6 mm 网孔）。网孔减少或取消 6 mm 网板，意味着有更多小片进入加料滚筒，小叶片容易在滚筒内飘移，更容易吸附料液而黏附在筒壁上。针对碎片在加料滚筒内的黏附问题，加料滚筒需要增加防黏附设计。德国虹尼公司的 KAS 加料机在滚筒内轴向安装有滚动毛刷，但毛刷不易清洗，结垢后基本起不到清洁筒壁的作用。科马斯公司采用筒壁温控技术，将筒壁温度控制在 90～100 ℃，可有效防止因筒内蒸汽冷凝黏附物料。

表 6.1 给出了选配的带夹层通蒸汽的 COMAS 加料机试验检测数据。统计数据表明，如果关闭夹层蒸汽，每批次生产结束，加料滚筒内烟片残留量为 15～20 kg；采用筒壁加热技术后，叶片残留量小于 2 kg，每天可节约原料损耗约 150 kg。

可见，是否采取防粘壁技术，筒壁残留差异比较大，因此，对于细支卷烟加料滚筒选型，宜采用配置了防粘壁技术的设备。图 6.4 为加料滚筒筒壁加热示意图。

表 6.1　加料机试验检测数据

筒壁加热蒸汽	批次残留 1/kg	批次残留 2/kg	批次残留 3/kg
关闭	15.80	18.30	21.50
打开	1.50	1.28	1.11

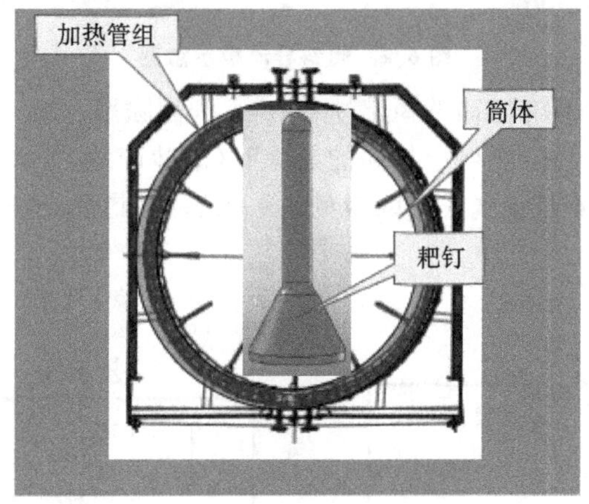

图 6.4　加料滚筒筒壁加热示意图

4. 切丝机选型

目前行业内切丝机种类较多，常见类型及主要特性如下。

SQ21/31 型切丝机：在技术转让德国 HAUNI 公司 KTC45/80 切丝机制造技术的基础上，消化吸收 KT2 切丝机技术，国内研制开发的产品。SQ21 型为直刃倾斜滚刀式切丝机，SQ31 型为曲刃水平滚刀式切丝机。

KT2 切丝机：德国虹霓公司在 KTC80 系列切丝机基础上研发的新一代直刃倾斜滚刀式切丝机。KT2 切丝机运用电气-气动控制代替了 KTC80 切丝机的液压-电气控制，可有效避免因液压系统密封连接处泄漏对烟丝质量造成的威胁。

SQ36X 型切丝机：主要特点是大直径刀辊技术。具有新型智能进刀、新型外圆磨刀、新型电子执行器刀门压实等装置以及新型偏心滑块上排链输送结构，同时具备定长切丝的功能。

SD5 型切丝机：主要特点是大直径刀辊技术。具有新型智能进刀装置，采用柔性切削工艺，适合大水分切丝，具备定长切丝功能。该切丝机采用开放式的结构，安装维护和清洁空间增大。图 6.5 为 SD5 型切丝机外形图。

根据细支卷烟对烟丝形态控制及降低加工造碎损耗的需求，该工序宜采用 SD5 型切丝机或 SQ36X 型切丝机。

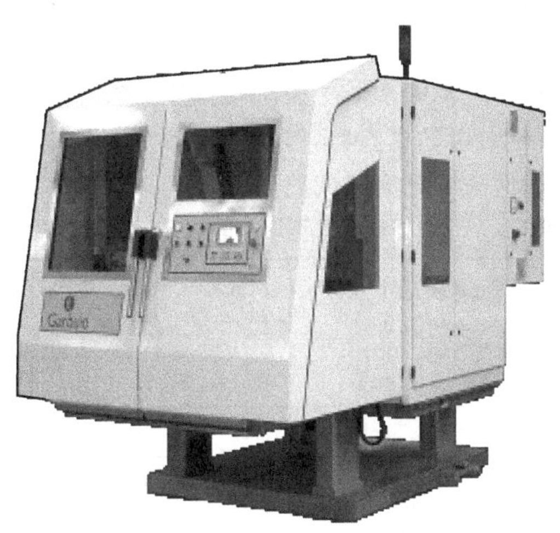

图 6.5　SD5 型切丝机外形图

5. 叶丝干燥设备选型

目前,"三丝"在细支卷烟配方中的应用较为谨慎,配方中的"三丝"用量少,致使烟丝填充性能较低。为满足细支卷烟硬度要求,许多企业采用加大烟丝用量的方式提高烟丝硬度,控制烟支空头率。但是,通过加大烟丝用量提升卷烟硬度的同时,不仅增加了原料消耗,烟支内孔隙率也会降低,还会带来卷烟吸阻的变化。

图 6.6 为卷烟单重与卷烟吸阻关系图。从图 6.6 中可以看出,卷烟单重提高,吸阻会显著增加,每增加 0.01 g 烟丝,即增加卷烟封闭吸阻 70 Pa,这无疑进一步增大了降低细支卷烟吸阻的难度,引起抽吸轻松感的下降。因此,应在源头优化提

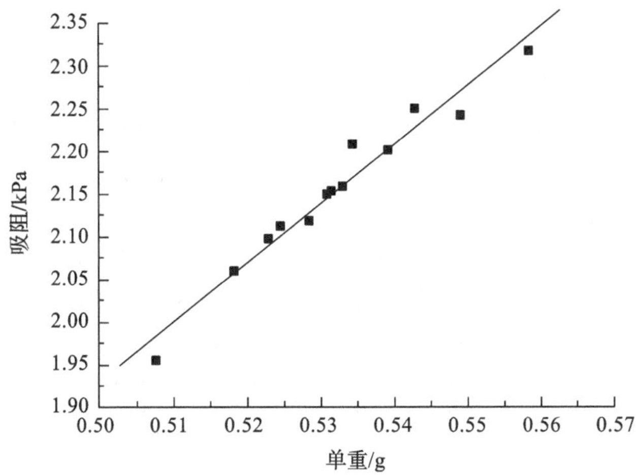

图 6.6　卷烟单重与卷烟吸阻关系图

升烟丝的填充性能，如通过叶丝干燥工序提高烟丝膨胀率，或适当增加“三丝”的掺配使用量。

卷烟目前制丝线对叶丝干燥常采用滚筒式和气流式(HXD)两种方式。表6.2给出了采用相同配方、相同切丝机参数，滚筒式干燥、管塔式气流干燥和管式气流干燥三种干燥模式下烟丝的填充值测试数据。

表6.2 三种干燥模式下烟丝的填充值测试数据

样品类别	滚筒式干燥(COMAS)	管塔式气流干燥(SH93)	管式气流干燥(HXD)
进口水分/(%)	24.00	24.00	24.00
出口水分/(%)	12.50	12.50	12.50
切丝后填充值/(cm^3/g)	3.90	3.90	3.90
干燥后填充值/(cm^3/g)	4.14	4.38	4.56
烟丝膨胀率/(%)	6.15	12.30	16.90

由表6.2中的数据可知，从提升烟丝膨胀效果角度看，气流式干燥显著优于滚筒式干燥；HXD与SH93由于干燥时间不同，脱水速率略有差异，在相同进料条件下，前者的填充值略高于后者。

6. 梗签剔除设备选型

目前制丝线通常采用流化床式(代表设备VAS)和柔性风选(代表设备徐州众凯就地风选机)两种方式对烟丝中的梗签进行剔除。VAS流化床底部设计V形槽，槽内通风使烟丝处于半悬浮状态，烟丝跳跃前进。梗签分离后顺V形槽向后输送，在机尾排出，但由于吹风量较小，烟丝难以与梗签充分分离，剔除梗签效果略差，此外，烟丝上下层受风不均匀，容易加大上下层和左右端的水分差异。

表6.3给出了采用相同配方，相同切丝机、叶丝干燥设备(HXD)，采用相同工艺参数，两种梗签剔除模式下梗签的剔除率、进口水分、进口水分标准偏差、出口水分、出口水分标准偏差等指标的测定结果。表6.3中的数据显示，VAS降低烟丝水分1.5%，大于柔性风选的水分变化，VAS模式下，烟丝水分标准偏差升高0.13%，柔性风选模式下，水分变化不明显。从梗签剔除率看，VAS的剔除率小于柔性风选，两种模式的烟丝整丝率变化不明显。综合检测数据，柔性风选模式可使烟丝松散比较充分、均匀，梗签的剔除效果更为明显。

表6.3 两种风选模式梗签剔除率与水分稳定性测试数据

样品类别	风选模式	
	流化床式(VAS)	柔性风选
进口水分/(%)	14.00	13.50

续表

样品类别	风选模式	
	流化床式(VAS)	柔性风选
进口水分 SD/(%)	0.36	0.35
出口水分/(%)	12.50	12.70
出口水分 SD/(%)	0.49	0.32
梗签剔除率/(%)	0.30	0.45
水分降低/(%)	1.50	0.80
标偏变化/(%)	0.13	0.03
烟丝整丝率/(%)	78.20	78.50

6.2 提高细支卷烟加料均匀性技术

近年来,行业在加料工序均匀性量化研究方面开展了一些工作,包括标记物法、图像法、近红外检测法[6-9]。其中大部分都以丙二醇或者一种特征香味成分作为标志物展开评价,由于不能全面反映料液复杂的组分情况,在加料均匀性评价方面还存在一些缺陷。比较理想的方式是,以多指标特征组分为考察对象,以特征组分对细支卷烟的品质贡献度为权重,采用加权平均的方法计算料液在制丝加料过程中的有效分布情况,量化细支卷烟制丝加料的均匀性。

6.2.1 加料均匀性的评价方法

1. 料液组分分析及特征物质选取

对某品牌在用的料液前处理后采用气相色谱质谱联用(GC/MS)分析,定性分析出料液中挥发性、半挥发性特征组分共100余个,主要包含醛酮类化合物27个,酯类化合物25个,醇类化合物11个,有机酸类化合物10个,酚类化合物9个,烃类化合物9个,含氮(及杂环)物质9个,醚类化合物1个,醌类化合物1个。从这些成分的来源看,料液中的挥发性、半挥发性组分不但包含丙二醇、乳酸乙酯、薄荷醇、乙基麦芽酚等常用的烟用添加剂,也包含糠醛、糠醇、2-乙酰基呋喃、十六酸、亚油酸、亚麻酸等烟草中本身含有的香味物质,还包含柔扁枝衣酸乙酯、脱氢松香醛等一些天然植物浸膏类香料中的典型物质组分。

一般来说,评价卷烟加工过程中加香加料的均匀性,首先要选择好香精料液中的特征物质作为标志物。在评价片烟对料液组分的吸收时,若全部检测料液中各特征单体的含量，分析检测技术上存在一定难度，而且工作量也相当繁杂。若采用单一特征物质作为标志物，则难以代表料液中不同理化特性的各种香精香料单体。为此，甄选出料液中几种合适的特征物质来反映整个料液的吸收状况。针对该料液中挥发性、半挥发性组分的检测结果，筛选出表 6.4 中的四种特征物质作为研究对象。

表 6.4　特征物质的基本信息情况

物质名称	物化性质				组分来源	功效
	沸点	辛醇/水分配系数(lg$P$ 值)	溶解性	挥发性		
丙二醇	188	−0.92	与水、乙醇混溶	不易挥发	单一添加	溶剂、保润
薄荷醇	216	3.3	微溶于水，溶于乙醇	容易挥发	单一添加	增香、调味剂
乙基麦芽酚	290	0.8	能溶于水、乙醇	不易挥发	单一添加	增香、调味剂
柔扁枝衣酸乙酯	370	4.3	难溶于水，溶于乙醇	不易挥发	多组分来源	浸膏特有组分，有利突显产品风格

从挥发性角度进行考虑，表 6.4 中的四种特征物质既有不易挥发的丙二醇、乙基麦芽酚和柔扁枝衣酸乙酯，也有易挥发的薄荷醇；从组分来源考虑，丙二醇、薄荷醇和乙基麦芽酚是单一添加进料液中的，而柔扁枝衣酸乙酯是作为浸膏的特有组分被加入料液中的；从功效作用考虑，既有起保润作用的溶剂丙二醇，也有起着增香、改善吸味作用的薄荷醇和乙基麦芽酚，还有有利于突显产品特征风格的柔扁枝衣酸乙酯。这四种物质总体上能够代表所研究对象中香味物质的整体情况，适合作为特征组分标志物。

2. 权重的确定及均匀性计算

卷烟制丝加工过程中，料液作为一个多组分混合的液体被施加于烟叶上。随着加工过程中温度、湿度的不断变化，作为标志物的特征物质具有不同的理化性质，从而造成标志物的吸收持留情况各不相同。因此，需要结合标志物各自的权重进行量化分析，尽可能从整体上反映料液中香味物质的施加均匀性。

(1) 标志物序关系的确定

在确定标志物之后，最关键的步骤是对标志物进行赋权。考虑到评价目的的特殊性、赋权指标的数量以及赋权的主观性，选择序关系赋权法。该法避免了常用的层次分析法的不足，不需要对所有影响因素两两进行比较，而是先对影响因素的相对重要性进行排序，然后确定相邻的影响因素之间的相对重要性标度值，从而求得评价指标权重。整个计算过程不需要进行一致性检验，计算简单，具有较强的实用性。

标志物序关系可按如下步骤确定：首先假定若评价指标 X_i 对于某评价准则（或目标）的重要性程度大于（或不小于）X_j 时，记为 $X_i > X_j$。进而在指标集 $\{X_1, X_2, \cdots, X_m\}$ 中，选出认为是最重要的一个指标（只选一个）记为 X_1^*；在余下的 $m-(k-1)$ 个指标中，选出认为是最重要的一个指标（只选一个）记为 X_k^*；最终经过 $m-1$ 次的选择，唯一确定一个序关系：$X_1^* > X_2^* > \cdots > X_m^*$。对于料液均匀性施加效果评价指标，即为上述所筛选的四种关键标志物 X_1（丙二醇）、X_2（薄荷醇）、X_3（乙基麦芽酚）和 X_4（柔扁枝衣酸乙酯）。根据其在突显产品质量风格特征作用和自身持留率的大小考虑，按照上述评价步骤，设定标志物序关系为：X_4（柔扁枝衣酸乙酯）$>X_3$（乙基麦芽酚）$>X_1$（丙二醇）$>X_2$（薄荷醇）。

（2）标志物间的重要性比值

关于评价指标 X_{k-1}^* 与 X_k^* 的重要性程度之比 W_{k-1}^*/W_k^*，其理性判断分别为：$W_{k-1}^*/W_k^* = R_k$，其中 $k=m, m-1, \cdots, 3, 2$。R_K 的赋值见表 6.5。根据各标志物的重要程度，主观设置 4 个指标间的重要性比值：$R_2 = W_1^*/W_2^* = 1.2$，$R_3 = W_2^*/W_3^* = 1.4$，$R_4 = W_3^*/W_4^* = 1.6$。

表 6.5　R_K 的赋值

R_K	说　明
1.0	指标 X_{k-1}^* 与 X_k^* 同等重要
1.2	指标 X_{k-1}^* 比 X_k^* 稍微重要
1.4	指标 X_{k-1}^* 比 X_k^* 明显重要
1.6	指标 X_{k-1}^* 比 X_k^* 强烈重要
1.8	指标 X_{k-1}^* 比 X_k^* 极端重要
1.1,1.3,1.5,1.7 为相邻判断中间值	各中间情况

（3）标志物的权重系数

根据式(6.1)计算权重系数，其中依据 6.1 节中指标间重要性比值，得到 $R_2R_3R_4 = 2.688$，$R_3R_4 = 2.24$，$R_4 = 1.6$，即

$$W_m^* = \left(1 + \sum_{k=2}^{m} \prod_{i=k}^{m} R_i\right)^{-1} \tag{6.1}$$

根据上述公式可得：$W_4^* = (1+6.528)^{-1} = 0.1328$；$W_3^* = W_4^* R_4 = 0.1328 \times 1.6 = 0.2125$；$W_2^* = W_3^* R_3 = 0.2125 \times 1.4 = 0.2975$；$W_1^* = W_2^* R_2 = 0.2975 \times 1.2$

=0.357。以上4个标志物指标的序关系情况为柔扁枝衣酸乙酯>乙基麦芽酚>丙二醇>薄荷醇，故标志物丙二醇、薄荷醇、乙基麦芽酚和柔扁枝衣酸乙酯的权重系数 W_1、W_2、W_3和 W_4分别为：$W_1=W_3^*=0.2125$，$W_2=W_4^*=0.1328$，$W_3=W_2^*=0.2975$，$W_4=W_1^*=0.357$。

(4) 加料均匀性的计算

按照式(6.2)计算得到制丝加料均匀性：

$$CU=\sum_{i=1}^{n}[(1-RSD_i)\times W_i]\times 100\% \tag{6.2}$$

其中，CU为加料均匀性，RSD_i为样本中各特征物质检测结果的变异系数，n为取样个数，W_i为各特征物质的权重。

6.2.2 加料均匀性的优化

1. 加料雾化效果优化

料液雾化效果对加料均匀性至关重要，雾化效果不好，将会导致一部分叶片加料不足，降低料液作用；另一部分叶片加料过多后不易去湿，含料液多的烟丝，卷制后会出现黄斑，影响产品感官质量。目前料液雾化效果的评价指标主要有喷雾的空间形态、液滴粒径大小及其分布等。

为开展加料雾化状态研究，设计开发了加料试验平台，该实验平台可以模拟雾化介质、介质压力和不同规格尺寸的加料喷嘴。具体使用方法是：首先对料液进行染色试验，调整背景光等程序以获得较为理想的图像处理效果；其次借助图像分析软件，编写图像自动处理程序，对图像进行中值滤波、边缘检测、二值图像标记与特征提取、当量直径计算与尺度转化等，量化分析料液粒径大小与分布比例，分析不同介质压力下的雾化液滴粒径；最后根据采集到的液滴分布图像，计算出不同区域料液分布的密度和均匀性。

借助加料试验平台，试验设计了两种雾化压力，每种状态进行了3次试验，试验数据和处理结果见表6.6和图6.7。结果表明，雾化压力设定为0.2 MPa时，料液雾化后颗粒的数量有所增加，颗粒直径均值也有所降低，有利于料液分散施加到烟叶表面上，能促进加料均匀性的提高。

表6.6 料液雾化颗粒直径计算结果

项目	状态1(压力0.2 MPa)			状态2(压力0.15 MPa)			状态1均值	状态2均值
	1	2	3	1	2	3		
颗粒总数	174219	206848	198357	172411	162241	191952	193141	175535

续表

项　目	状态1（压力0.2 MPa）			状态2（压力0.15 MPa）			状态1均值	状态2均值
	1	2	3	1	2	3		
中位数/μm	27.9	27.7	27.5	36.9	34.4	32.3	27.7	34.5
均值/μm	32.9	33.2	32.7	43.2	40.1	38.1	32.9	40.5
最大值/μm	59.2	60.0	58.3	78.2	73.1	68.6	59.2	73.3
最小值/μm	19.7	20.7	19.4	26.1	24.4	22.9	19.9	24.4

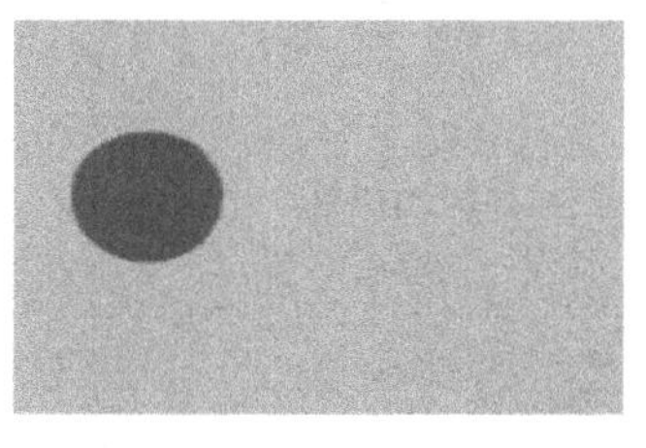
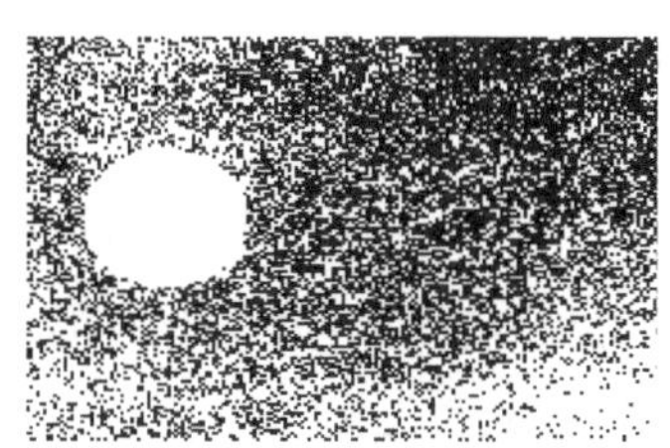
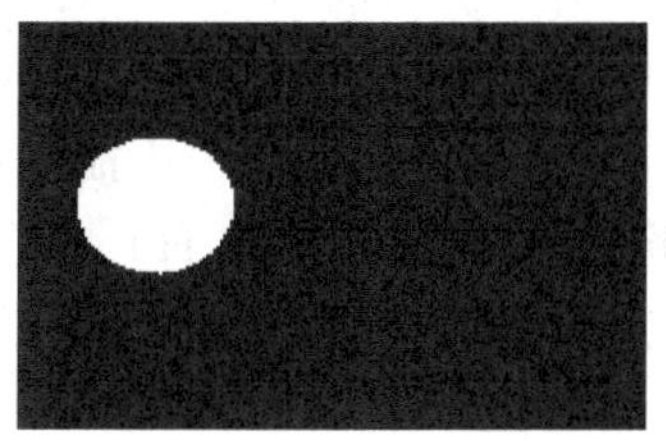
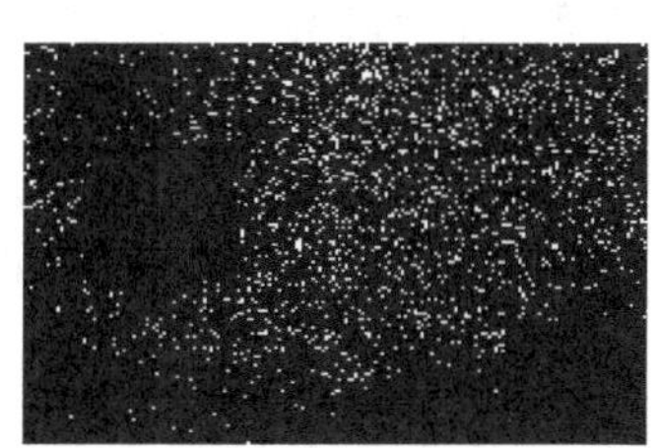

图6.7　料液雾化颗粒二值化图像

2. 物料装填系数优化

物料在加料滚筒内螺旋运动，当物料通过料液雾化区时，料层表面叶片充分接触料液，而被包裹在料层内部的叶片不能与料液接触，影响料液施加效果。为研究物料在雾化区暴露程度对料液施加均匀性影响，有研究者开展了滚筒内物料装填系数对加料均匀性影响的研究。根据流量设置、滚筒直径、转速等参数换算出滚筒内物料的装填系数，试验设计了5个试验梯度，并以丙二醇等4种物质为标志物检测不同梯度下料液在叶片中分布均匀度。每个试验梯度取35个样品，采取上述建立的多指标特征物质对均匀性进行分析检测，结果见图6.8。

研究表明，装填系数对叶片加料均匀性有一定影响。装填系数在0.13～0.25范围内，降低叶片在滚筒内的装填系数能够提高料液在叶片上分布的均匀性；当装填系数大于0.21时，会显著降低料液在叶片上分布的均匀性；当装填系数小于

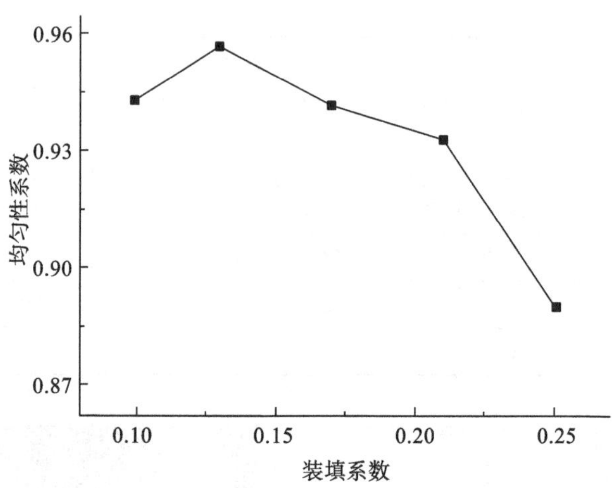

图 6.8　不同装填系数下料液施加的均匀性

0.13时，会降低料液在叶片上分布的均匀性。

3. 叶片舒展度优化

叶片在完全舒展状态下比表面积大，皱缩成团时比表面积小，其舒展状态直接影响料液接触叶片的概率，从而也影响料液在叶片中分布的均匀性。目前，行业内尚未评价烟叶舒展度的标准和检测方法。为此，采用图像法量化评价了烟叶舒展度，分别计算出自然舒展状态和展开状态下的叶片面积，通过面积比描述叶片的舒展度。借助于该方法，对加料设计了两组试验，通过调节加料前 HT 工艺参数，改变叶片舒展度并进行舒展度的计算，同步分析不同舒展度状态下叶片上料液标志物分布的均匀性（图 6.9）。

研究表明：①烟片舒展度对烟片加料均匀性有显著影响，提高烟叶的舒展度，会使加料更均匀；②烟片在预混柜内储存时间过长会引起舒展度下降，开启加料工序前的 HT 设备有利于提高烟片舒展度，使料液在烟片中分布更加均匀。

4. 加料喷嘴位置调整

根据加料喷嘴位置的不同，加料有前端加料、后端加料和前后端混合加料三种方式。由于加料方式不同，物料在加料过程中的流量以及烟叶水分、温度、松散均匀性以及回透率均存在差异，从而造成加料效果有所差异。

如果加料机的两个喷嘴均在进料端，且位于同一水平线上（图 6.10(a)），喷料方向与滚筒轴线平行，此位置会存在如下缺陷：物料在随滚筒逆时针旋转的过程中，由 6 点工位上升到 2 点工位后即在重力作用下垂直下落，如此反复螺旋前进，滚筒的左半部分不可能有物料，因此左边的加料喷头喷洒的料液将落到筒壁上造成加料不均匀；若将两个喷嘴均安放在偏右侧，又将使两个雾化区产生干扰和叠加，加料同样不均匀。如果进、出口端分别安装喷嘴即可以避免雾化区的干扰和叠

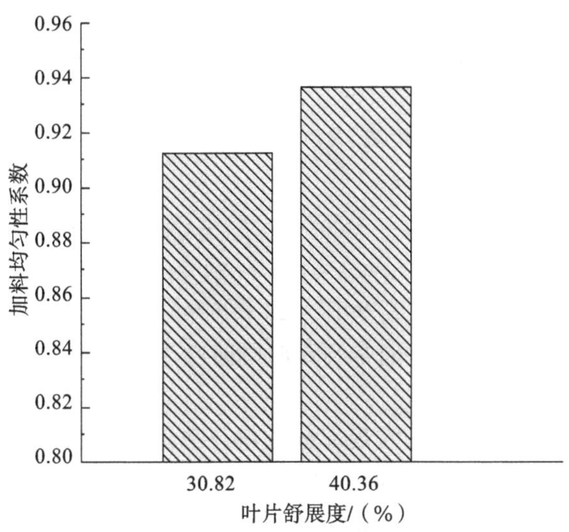

图 6.9　烟叶舒展度评价

加，因此改为两端喷料（图 6.10(b)）将有效提高加料的均匀性。试验结果表明，改为两端喷料的加料方式后，加料均匀度由 80.6%提高到 88.9%，改善效果明显。

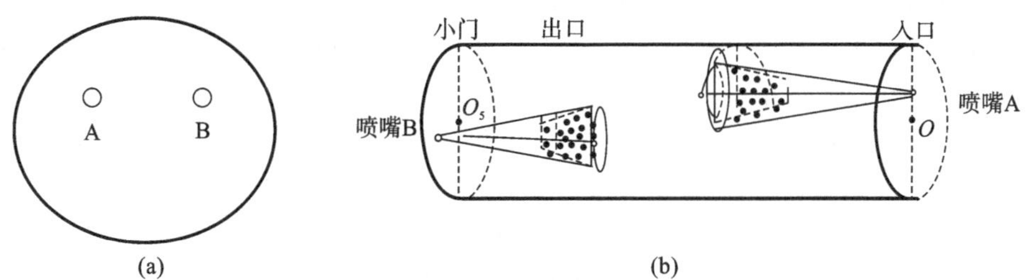

图 6.10　改进前和改进后的加料喷嘴示意图

5. 延时时间优化

加料比例设定后，当烟叶流经控制加料的计量秤，计量秤测量出烟叶的计量周期平均流量，此流量信号与加料比例相乘就得到相应的一个加料量信号。由于计量点与加料点有一定的距离，如果不进行加料延时处理，叶片流量的峰谷可能与料液流量的峰谷不一致。改为两端加料的模式后，新增的后端加料喷嘴在调整前加料延时时间约为 45 s，为了确保加料控制信号曲线的变化与烟叶流量对应，对后端喷嘴加料延时时间需要进行重新设计。

$$T_{延}=T_1+T_2$$

其中，T_1为电子秤到加料入口物料输送时间；T_2为入口到后置喷嘴雾化区中心物料输送时间。

经测算 $T_1=25$ s，T_2的计算首先应求出叶片前进的水平分速度和距离。已知滚筒转速为 9 rpm，滚筒直径为 2 m，滚筒长度为 4 m，滚筒倾角 α 为 5°，在 0.3 MPa 压力下，料液喷洒到筒壁的距离为 1.8 m。

叶片前进距离：4－1.8＝2.2 (m)。

每次叶片从顶部落下前进距离：$R\times\sin\alpha\approx0.087$ (m)。

总的下落次数：2.2/0.087≈25。

每次上升和下落所需时间： $60/(9\times6)+\sqrt{2R/g}\approx1.11+0.45=1.56$ (s)

$$T_2=25\times1.56=39\ (\mathrm{s})$$

$$T_{延}=T_1+T_2=25+39=64\ (\mathrm{s})$$

根据重新设计的时间，需要将加料延时时间修改为 64 s。

6. 双元加料系统改造

在细支卷烟的开发过程中，发现部分香料与功能性香料 KDTR-1 的溶解性存在差异。部分香料在不同溶剂中的溶解性呈现对立的现象，致使料液出现絮状物。根据香料在水、乙醇两种溶剂中的溶解性，将底料香精配方拆分成两个部分，采用双元加料模式施加。

首先需要对加料系统进行双元加料的改造。改造过程充分考虑一元加料（原系统）和双元加料（新系统）的有机整合。在机械技术设计方面，实现统一规划和布局。软件系统方面包括上、下位机，将先前系统程序和新程序统一编制，避免一元和双元之间的生产冲突。在充分考虑安全、防火等有关规定的前提下，综合利用现有设备，系统布置，力求整齐、美观、经济、便于管理和检修。最终使双元加料系统在有限的空间内，保持最大的通道宽度、最短的输送管路、最合理的维修空间。做到物流和人流的路径合理，使设备布置科学化。

改造后的双元加料系统设置 1 台加料管柜（内含料液过滤器、加料装置及蒸汽系统、流量检测装置、泵回路等）、1 只 100 L 的加料罐，加料罐设置单独的秤重平台，与双元加料管柜并行布置，实现对叶片的定比跟踪施加。料液采用蒸汽或压空两种雾化方式，系统可根据工艺需要具备自动切换的功能，并且喷嘴喷射角度可调。根据工艺段的实际生产情况，开发了监控系统，实时显示罐体液位、温度、加料流程、跟踪趋势图、电子皮带秤与流量计的瞬时流量和累计流量及相关报警信息等，输入相应的牌号、比例等参数。

为保证料液的施加效果，使得料液被均匀、有效喷撒于片叶表面，改造后的系统具有了以下功能：统筹设置工作与维护状态系统切换，以便和一元加料有效协同工作；加料罐内壁自动水清洗、排污，360°旋转喷头清洗，使罐体清洗更彻底；恒转速搅拌功能，防止料液沉淀；加料罐具备蒸汽加热、保温和温度控制功能；采用单直管质量流量计计量，其计量不受介质密度、温度的影响，且容易清洗；计量泵采用齿轮泵，泵回路设置“洗泵程序”，确保泵路不粘、加料更顺畅、不串料；自动跟踪定比施加和雾化功能、蒸汽自动控制手动调节功能以及管道余料回收、自动吹扫清洗功能。

设备改造完成后，使用清水进行了初步试验，在两个料罐中分别添加 10 kg 清水进行喷料试验，现场试验结果表明，两套加料系统能够顺利运行，喷头喷料正常，喷头角度适合，能够满足生产要求。

在不改变原配方和加料比例的前提下，进行两批次生产过程的验证试验，试验中将 KDTR-1 水溶液作为料液 2 单独由加料系统 2 进行加料，加料比例为0.62%，同时其余料液作为料液 1 由加料系统 1 进行加料，加料比例为 0.98%，总加料比例 1.6%保持不变。验证结果见表 6.7。

表 6.7　双元加料系统验证数据结果

批次	料液	初始重量/kg	剩余重量/kg	使用重量/kg	烟叶重量/kg	添加比例/(%)	设定比例/(%)
1	料 1	50.1	6.85	41.25	4150	0.994	0.98
	料 2	30.95	3.55	25.4	4150	0.612	0.62
2	料 1	53.0	10.5	41.5	4140	1.00	0.98
	料 2	34.8	7.5	25.3	4140	0.611	0.62

综合来看，两套加料设备运行正常，能够满足生产的需要。根据制丝线数据的采集，第一次生产时料 1 的加料比例为 0.978%，加料精度为 0.2%，料 2 的加料比例为 0.618%，加料精度为 0.3%；第二次生产时料 1 的加料比例为 0.973%，加料精度为 0.7%，料 2 的加料比例为 0.621%，加料精度为 0.16%，均达到了加料精度的工艺要求。加料工序 cpk 值料 1 分别为 2.17、2.23，料 2 分别为 2.41、2.53，均达到了工艺指标的要求。

6.3　细支卷烟加工模式设计

6.3.1　再造烟叶掺配模式

行业内一般将再造烟叶在叶组配方内与烟叶混合使用，部分企业考虑到再造烟叶的组织结构及其加工性能与烟叶的差异，针对再造烟叶单独回潮润叶，但一般会在切丝前混合入叶组中，即采用传统的片掺模式。但是，再造烟叶抗张强度大，在切丝过程中容易形成跑片，跑片的再造烟叶会在卷接过程中被卷烟机剔除，造成消耗偏高，另外未被剔除的碎片也影响烟支内在质量的稳定性。表 6.8 所示为再造烟叶片掺模式下的切丝参数。

表 6.8　再造烟叶片掺模式下的切丝参数

品牌	掺配薄片/(%)	取样量/kg	叶片量/kg	跑片概率/(%)
A	0	98.61	0.05	0.05
B	3	100.69	0.44	0.44
C	5	99.59	0.67	0.67

从表 6.8 中可以看出，片掺模式下再造烟叶明显增加了切丝跑片概率。因此，当叶组配方中造纸法再造烟叶比例增大到一定程度时，需要增大刀门压力来减少跑片现象，然而刀门压力过高时，切丝过程中会使烟丝颜色转深，影响卷烟的光泽和感官质量。

在细支卷烟加工过程中，需要针对再造烟叶的跑片现象改进掺配模式，设计一种新的再造烟叶面掺模式，即将传统线式铺料转变为面式铺料方式。图 6.11、图 6.12 给出了丝掺、片掺两种模式下，丝柜出口烟丝混合均匀度和烟支内烟丝分布均匀度的对比分析结果，同时对面掺与线掺模式进行对比(图 6.13)。

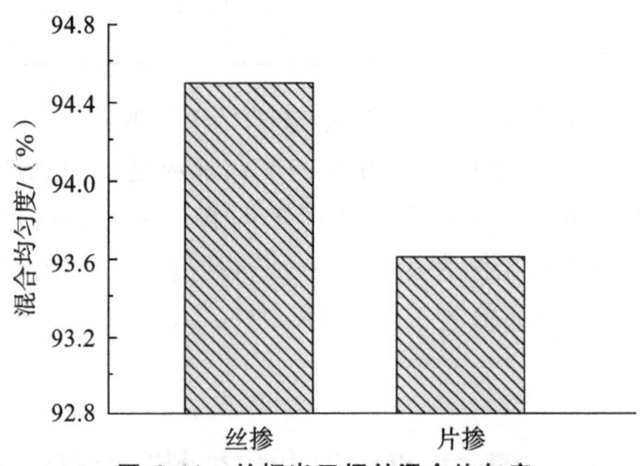

图 6.11　丝柜出口烟丝混合均匀度

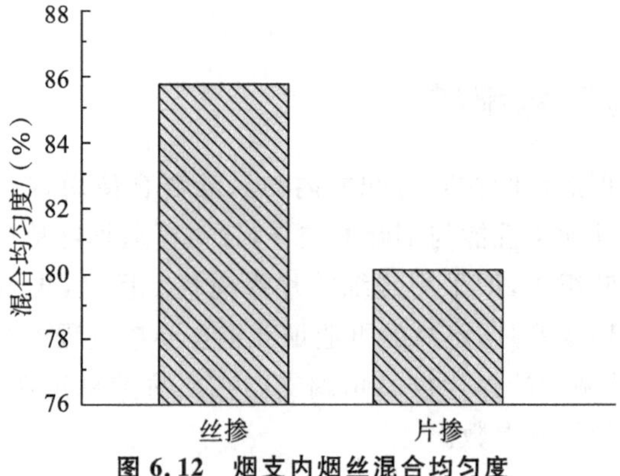

图 6.12　烟支内烟丝混合均匀度

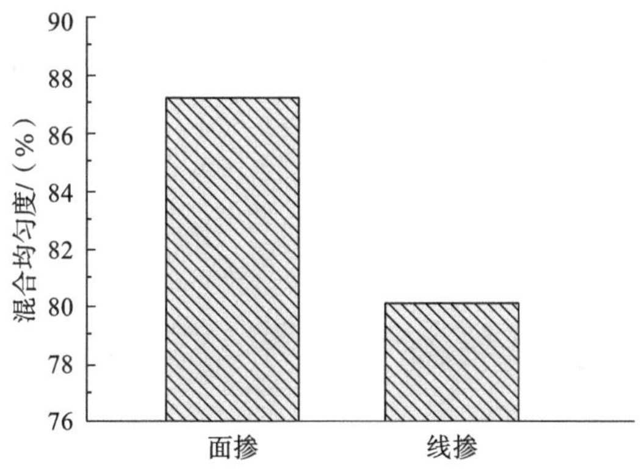

图 6.13　烟支内烟丝混合均匀度

从对比分析的结果可以看出，无论是丝柜出口烟丝混合均匀度还是烟支内烟丝混合均匀度，采用再造烟叶丝掺模式均优于现行片掺模式，面掺模式下烟支内混合均匀度优于丝掺模式。针对细支卷烟，在使用一定比例的再造烟叶时，建议使用面掺模式。

6.3.2　再造烟叶单独成丝技术

为探索再造烟叶单独成丝可行性，单独设计了再造烟叶配方模块。该配方模块以再造烟叶为主，适当增加了一定比例烟叶。通过跟踪检测单独成丝时 VAS 出口叶中的含片率，考察再造烟叶单独成丝时的跑片率。表 6.9 所示为 VAS 出口叶再造烟叶跑片率检测数据。

表 6.9　VAS 出口叶再造烟叶跑片率检测数据

试验批次	取样量/kg	叶片量/kg	跑片率/(%)
1	98.61	2.86	2.90
2	100.69	2.83	2.81
3	99.59	2.68	2.69
4	103.43	2.89	2.79
5	99.85	2.76	2.76
6	100.03	2.59	2.59

从表 6.9 中的数据可以看出，再造烟叶单独成丝时，跑片率比较高，平均跑片率在2.8%左右，按 5%比例掺配到配方烟丝中，相当于烟丝含片率 0.14%。为降低再造烟叶单独成丝出现的跑片问题，确保再造烟叶能够实现在现有生产线上顺利生产，需要对工艺加工环节进一步优化，可采用的改进措施为：一是提高增温、增

湿出口水分，调整增湿出口水分工艺标准为26%±1，降低再造烟叶抗张强度；二是降低切丝机进料量，将控制来料高度的光电管大幅降低，使得物料降低至70～85 mm(刀门高度)；三是调整切丝机刀门压力及进刀量参数，调整刀门压力为0.4～0.5 MPa，将刀片刃磨锋利，进刀转速由550 rpm改为400 rpm；四是优化设计切丝机传动链条张紧机构，改进链条张紧机构，调节其链条处于合适张紧状态。改进后的张紧机构见图6.14。

图6.14 切丝机传动链条张紧机构改进效果图

通过检测VAS出口叶丝中的含片率，表6.10给出了改进措施完成后的切丝跑片率变化情况。

表6.10 改进后VAS出口叶中跑片率检测数据

批　　次	取样量/kg	叶片量/kg	跑片率/(%)
1	92.73	0.265	0.27
2	98.34	0.22	0.22
3	81.40	0.17	0.18

从表6.10中数据可以看出，采用大水分、小流量单独切丝技术，可以显著降低再造烟叶切丝跑片率。改造后跑片率平均下降到0.24%，切丝跑片现象比以往有明显改善，以5%～10%比例掺配，对烟丝整体质量影响程度较小。

6.3.3 细支卷烟梗线工艺技术

在低焦低耗产品设计方面，与烟丝的形态差异一直是制约“三丝”在配方中应用的瓶颈，尤其是呈片状的梗丝。为了提高梗丝在细支卷烟中的使用比例，丝状梗丝的开发成为近几年研究的热点[13,14]，行业内先后开发了盘磨梗丝、复切梗丝、重组梗丝等多种梗丝加工技术。江苏中烟针对润梗、压梗、切梗丝关键环节，通过工艺参数调试和部分设备升级改造，开展了丝状梗丝技术研究。

1. 烟梗预处理技术研究

作为梗丝加工环节的一个关键工序，润梗的质量因控制模式过于简单而常常被忽略。许多企业使用水洗梗取代了传统的螺旋蒸梗，水洗梗在去除烟梗表面灰尘及污渍方面具有明显优势，但由于在较短时间内清洗表面，水分很难渗透到烟梗内部，即使储存数小时后也难以保证内部水分均匀。“润不透”就会“压不实”，“压不实”则会导致切梗过程中出现大量梗签、梗块乃至“跑梗”。采用“蒸梗＋水洗梗”模式，蒸梗为水洗梗提供充足的热动力，使梗芯组织细胞扩大，在水洗梗环节润透效果更好且梗表皮和果胶物质去除更多，减少了梗表皮和果胶物质对梗丝品质的影响。

为解决润梗质量问题，采用相同烟梗配方，以储梗时间 8 h 后切梗、切丝后的梗丝风选梗签剔除量为参考指标，检测了“水洗梗＋蒸梗”与“蒸梗＋水洗梗”两种润梗模式的质量差异，数据分析结果见表 6.11。

表 6.11　不同润梗模式验证数据

样品类别	水洗梗＋蒸梗	蒸梗＋水洗梗
投料总量/kg	3978	3893
切梗剔除/kg	67.80	23.70
风选排出/kg	210.30	186.50
废品比例/(%)	6.99	5.65

从表 6.11 中数据可看出，采用先蒸后洗的模式，废品率有所下降，其中受润梗质量影响较大的切梗剔除量变化幅度较大。

2. 梗丝成丝技术研究

为开发适于细支卷烟掺配的丝状梗丝，对润梗水分、压梗间隙、切丝厚度三因素设计了正交试验，进行多轮次试验后，根据视觉效果初步筛选出 5 种与烟丝形态比较接近的梗丝[15,16]。在图像采集平台采集 5 种梗丝和烟丝的数字图像，运用图像分析技术提取被测对象的尺寸特征，按面积大小划分 8 个区间，统计 8 个区间分布比例，分别为 D1～D8，单独统计宽度特征作为第九项指标(D9)，对 5 种梗丝与烟丝(0＃)进行多维相似度计算。数据分析结果见表 6.12、表 6.13。

表 6.12　5 种梗丝与烟丝形态特征数据表

序号	D1	D2	D3	D4	D5	D6	D7	D8	D9
1	10.46	23.12	19.38	16.72	10.36	9.32	4.14	6.51	1.01
2	10.53	26.26	13.47	16.22	11.29	9.44	4.37	8.42	0.89

续表

序号	D1	D2	D3	D4	D5	D6	D7	D8	D9
3	10.23	13.68	9.61	10.95	10.28	11.62	8.41	25.23	1.37
4	8.35	8.35	4.36	8.71	10.16	9.26	8.35	42.47	1.42
5	7.02	5.53	3.62	7.66	9.79	10.21	12.77	43.40	2.17
0	5.64	26.18	14.30	9.97	6.45	5.44	6.04	25.98	0.94

表 6.13 梗丝与叶丝相似性分析结果

样品	欧式距离					
	1#	2#	3#	4#	5#	0#
1#	0.000	0.157	0.446	0.581	1.240	0.246
2#	0.157	0.000	0.545	0.669	1.353	0.231
3#	0.446	0.545	0.000	0.215	0.832	0.491
4#	0.581	0.669	0.215	0.000	0.752	0.550
5#	1.240	1.353	0.832	0.752	0.000	1.265
0#	0.246	0.231	0.491	0.550	1.265	0.000

从表 6.13 中数据可以看出，1#、2#样品与烟丝形态最接近。为确定最优加工参数，对 1#、2#样品进行了批量投料验证，验证两种样品整丝率、碎丝率、填充值和产品得率(表 6.14)。

表 6.14 1#、2#样品加工特性验证结果

项目	样品	
	1#	2#
投料总量/kg	2965	2998
产出梗丝/kg	2011	2132
产品得率/(%)	67.8	71.1
整丝率/(%)	63.4	66.3
碎丝率/(%)	13	8
填充值/(cm^3/g)	6.65	6.74

表 6.14 中的数据显示，2#样品综合加工质量最优，因此，最终确定 2#样品对应的加工参数：润梗(水洗梗)水分 32%，压梗厚度 0.5 mm，切梗丝宽度 0.11 mm 作为加工丝状梗丝工艺参数。

6.4　降低细支卷烟消耗

卷烟单箱消耗一直以来都是衡量一个烟草加工企业控制水平的重要指标。细支卷烟容积约为常规卷烟的 55.58%，虽然单箱消耗绝对值小于常规卷烟，但将其消耗折合为常规卷烟时，行业当前的细支卷烟单箱消耗却高于常规卷烟。因此针对影响原料消耗的主要因素——烟支单重，通过对卷烟机劈刀盘结构研究，实现细支卷烟劈刀盘（平准器）优化改造，探索合理的密端增量设计值，构建细支卷烟单重设计模型，从设计源头降低原料消耗。

降低过程损耗在于梳理流程，挖掘潜力，提高效率，在细节管理上提升水平。在降低过程损耗方面，本节针对制丝过程中筛分损耗、设备洒漏点、风送造碎影响因素等主要损耗点展开相关研究，控制下脚料损耗和过程造碎，确定改进适宜的设备参数，降低细支卷烟的过程损耗。

6.4.1　降低细支卷烟烟支单重

1. 烟支单重设计模型

根据烟丝特性和劈刀盘结构展开研究，展开烟支填充烟丝量分析与单重模型构建。设烟支长度为 L，烟支半径为 r 时，其空管体积为 $V=\pi r^2 L$。若不考量卷烟硬点设置，在烟支的填充密度为 ρ 时，理论需要填充的烟丝重量 $G=\rho V$。这里 ρ 与跑条烟丝的填充值 T 相关，在生产过程中，烟支重量是动态变化的，ρ 也是动态变化的，在实际应用中可以通过如下方法估算：取硬度符合预期的烟支，通过微波密度仪检测，取轴向密度的平均数据，也可以根据卷烟机跑条烟丝的填充值预测，理论需要填充的烟丝重量 $G=\pi r^2 L/T$。

根据估计烟支密度 ρ 方式不同，细支卷烟烟支填充烟丝量设计有以下两种方案。

方案一：根据常规卷烟密度转换。

取配方烟丝结构相近品牌的平均检测密度 ρ，根据公式 $G=\rho V$ 推算，如常规卷烟密度 ρ 取 235 mg/cm^3，烟芯长度 $L=67$ mm，细支烟支半径 $r=2.71$ mm，则填充烟丝量 $G=\rho V=235\times3.14\times0.271^2\times6.7=363$ mg。

方案二：根据烟丝填充值和劈刀盘参数计算。

为确保烟支端部不空松，在烟丝条成形时，劈刀盘上设计了 6 个凹槽，凹槽位置多保留了一定比例的烟丝，烟条切割后在每支卷烟两端形成卷烟的“硬点”。在烟支空管中除了填充 $G=\pi r^2 L/T$ 平均烟丝量外，还在两个硬点额外增加了一定比例的烟丝。假设劈刀盘设计的凹槽长度为 W，硬点平均增加烟丝量为 $V\%$，那么考虑密端增量后的烟丝填充量应该是 $G'=(1+W\times V\%/L)\pi r^2 L/T$。

利用该公式，根据烟丝特性和卷烟机劈刀盘设计尺寸，就可以计算出烟丝填充量。假设烟丝填充值 T 为 4.4 cm^3/g，烟芯长度 $L=67$ mm，细支烟支半径 $r=2.71$ mm，假设劈刀盘仍按常规卷烟，劈刀盘槽长度约为 22 mm，密端增量约为 9%，则计算出来的填充烟丝量 $G=(1+W\times V\%/L)\pi r^2 L/T=(1+2.2\times 0.09/6.7)\times 3.14\times 0.271^2\times 6.7/0.0044=361.7$ mg。

对比以上两种设计方案，方案一比较简单明了，只要根据目标硬度，选择相同结构档次的卷烟，测试烟支密度即可转化。方案二相对复杂，但更加精准，可以根据烟丝填充性变化或卷烟机劈刀盘变化作适应性调整，设计更加精准。因此，选择第二种方案，经过进一步完善，增加烟支空管重量，设计烟支单重预测模型操作界面示意图如图 6.15 所示。

在设计模型中，使用人员只需要输入已知的烟支圆周、滤嘴长度、辅材重量（空管重量）、密端增量、烟丝填充值（跑条烟丝），点击输入确认，即可得到烟支单重的设计值（设计输出）。

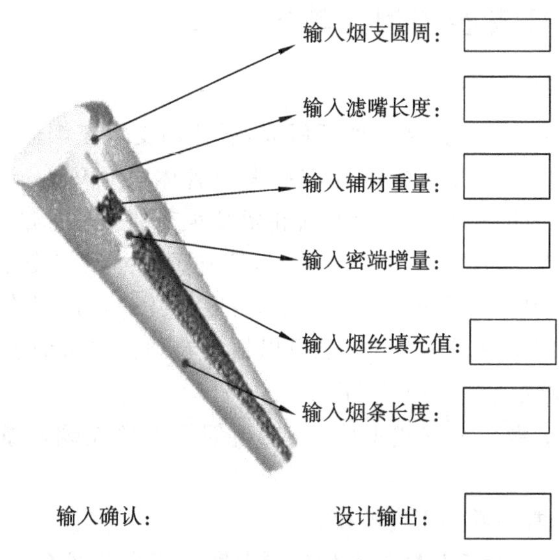

图 6.15　烟支单重预测模型操作界面示意图

2. 细支卷烟劈刀盘结构优化设计

(1) 劈刀盘结构改进必要性

根据烟支单重设计模型，在计算公式中 $G'=(1+W\times V\%/L)\pi r^2 L/T$，可以改变的物理量有：$W$、$V$、$T$，对于劈刀盘槽长 W 和密端增量 V，可以分别通过加工新型规格的劈刀盘实现。由于细支卷烟直径较小，端部裸露面积较小，相同状态下端部落丝概率比常规卷烟有所降低，根据常规卷烟使用的劈刀盘槽长与烟支直径比

22∶7.8，细支卷烟劈刀盘槽长可以等效设计为 15 mm 左右（5.41×2.82≈15）。同样，劈刀盘槽深也应该根据烟条直径变化作相应调整，否则硬点相对于中间部位烟丝用量过大，烟支轴向密度会非常不均匀。

（2）劈刀盘结构对轴向密度分布影响

根据以上剖析，对卷烟机劈刀盘结构设计了 3 种规格：槽长×槽宽×槽深分别调整为（18×5.0×2.5）mm、（19×4.0×2.5）mm、（16×5.0×2.5）mm，并考察了对卷烟理化指标的影响。

用相同烟丝、相同卷烟材料，用 4 种规格劈刀盘上机试验，设备状态稳定后取 100 支卷烟，筛选重量后各取 40 支样品，用微波密度仪检测轴向密度，检测结果见表 6.15。

表 6.15　不同规格劈刀盘卷烟轴向密度检测结果

规格/mm	全烟支段	组内	硬点段	组内	非硬点段	组内
22×5.0×2.5	38.798	6.411	67.587	10.138	27.050	8.538
19×4.0×2.5	32.914	3.605	67.860	7.457	17.299	4.967
18×5.0×2.5	33.681	4.731	55.204	7.476	20.341	5.666
16×5.0×2.5	32.010	4.658	61.042	7.412	18.695	5.191

表 6.15 表明，试验中改进 3 种规格劈刀盘的细支卷烟样品较改进前的卷烟样品密度标准偏差均值分别降低了 15.17%、13.19%、17.50%。由细支卷烟样品密度标准偏差均值和组内密度标准偏差可以发现，降低劈刀盘槽长和槽宽对提高烟支密度均匀性有较显著效果。

（3）改进前后烟支端部落丝量及空头率

对 4 种规格劈刀盘加工产品的端部落丝量及空头率进行了检测分析，结果见表 6.16。

表 6.16　细支卷烟端部落丝量及空头率检测结果

指　　标	规格/mm			
	22×5.0×2.5	19×4.0×2.5	18×5.0×2.5	16×5.0×2.5
端部落丝量/(mg/支)	3.26	5.65	3.21	3.29
空头率/(%)	0.37	1.14	0.36	0.46

从表 6.16 中可以看出，试验样品端部落丝量均小于 8 mg/支。缩短劈刀槽长度，对细支卷烟的端部落丝量及空头率无显著变化，但是缩窄劈刀槽宽度对细支卷烟的端部落丝量及空头率具有显著影响。

(4) 改进前后烟支密度与单重对比

通过试验优化了劈刀盘设计,考察了改造前后烟支内轴向密度及稳定性,统计分析了烟支单重控制的均值和烟支重量标准偏差,结果见表6.17。

表6.17 烟支各段密度均值和标准偏差检测结果

对比项目	改造前	改造后
硬点段密度均值/(mg/cm^3)	269.79	238.10
非硬点段密度均值/(mg/cm^3)	248.87	227.77
硬点增加烟丝量/(%)	8.41	4.49
硬点段密度标偏/mg	67.87	60.07
非硬点段密度标偏/mg	26.50	20.75
烟支单重/g	0.562	0.531
烟支单重标偏/mg	18.2	13.5

表6.17中数据表明,改进劈刀后硬点段密度标准偏差降低了11.49%,非硬点段烟支密度均值降低了8.48%,非硬点段密度标准偏差降低了21.7%,烟支单重标偏降低了26%,烟支单重降低了0.031 g。以上的试验结果可以看出,利用细支卷烟单重设计模型,实现劈刀盘结构改造,优化后烟支在保证产品质量的基础上,不仅降低了单重标偏,提高了烟支密度均匀性,更直接降低了单支重量与原料消耗,可为企业带来显著的经济效益。

6.4.2 降低制丝过程筛分损耗

1. 筛分网孔尺寸

传统卷烟一般会在加料和切丝工序前均设置一个双层振筛,用于筛除3 mm以下的碎片、碎末,在加香工序前设置一个单层振筛,用于筛除1.5 mm以下的碎片、碎末,其中3 mm以下碎片和1.0～1.5 mm加香碎末排出,3～6 mm碎片回掺。筛分碎片有利于控制碎丝比例,减少加工过程损耗。对于碎片尺寸与烟丝尺寸之间的关系,国内外展开了大量研究,普遍认为6.0 mm左右的烟片引起短碎丝增加。Monty White[10]发现增加6.35 mm以下片烟的比例会导致1.3 mm以下烟丝比例的增加。李新学[11]通过试验发现,6 mm以下碎片经切丝、烘丝、冷却加香等工序后绝大部分变成3 mm以下的碎末。袁行思[12]发现,当片烟尺寸在5 mm以下时,随着尺寸的缩小,其产生1.5 mm以下短丝的比重增长极快。因此,常规卷烟设置3～6 mm双层振筛有其合理性和必要性。

然而细支卷烟的烟丝形态结构发生了变化,卷接包设备已经普遍换成了中高速机组,烟机对烟丝的需求也发生了变化,需要针对细支卷烟制丝环节,优化设计筛分系统适宜的网孔参数。行业内细支卷烟产量较大的三家工业企业在关键筛分点的网孔设计和筛分物的回掺方式如表6.18所示。

表6.18　三家企业筛分点统计

企业	加料筛分	回掺方式	切丝筛分	回掺方式	加香筛分
A	3～6 mm筛	当批掺回	3～6 mm筛	当批掺回	1.2 mm
B	5 mm筛	降级使用	5 mm筛	降级使用	1.0 mm
C	3～6 mm筛	当批掺回	3～6 mm筛	当批掺回	1.0 mm

从表6.18中可以看出，三家企业的网孔设计和回掺碎片方式存在一定差异，总体来看，A企业与C企业的筛分设置比较相近，B企业5 mm以下碎片不回收，5 mm以上碎片降级使用，筛分强度较大。在加香筛分点工序，A企业采用1.2 mm的网孔筛去碎片，筛分强度较大。

2. 碎片筛网网孔合理孔径

从烟支直径分析：由于小烟片在卷烟内随机分布，必然有小烟片竖立在烟支横断面的情况出现，影响抽吸时轴向气流流速，从而影响卷烟抽吸轻松感。根据卷烟吸阻网络模型，叶片越大，孔隙越小，在此处的卷烟吸阻越大。假设常规卷烟6 mm见方碎片可以接受，则细支卷烟适宜的筛分碎片尺寸也可以根据孔隙率等比例折算。常规卷烟直径约为7.8 mm，上层筛网采用6 mm，细支卷烟直径为5.4 mm，按比例折算约为4 mm($x=6\times5.4\div7.8$)。从叶片与烟丝尺寸传递规律分析，适宜细支卷烟的烟丝特征尺寸在1.1～1.6 mm之间，可以根据叶片与烟丝尺寸传递模型计算出理论叶片结构：1.1 mm烟丝对应叶片为4～6 mm见方。

综合以上分析，生产细支卷烟时，叶片筛网网孔应控制在4～5 mm之间，当然，这还需要卷烟企业根据自身的加工线配置情况及配方原料结构统筹考虑。

3. 加香筛网网孔合理孔径

加香筛网筛分出来的烟末一般废弃不用，这会造成较高的过程损耗。从节支降耗的角度考虑，在充分保证卷烟质量的前提下，优化筛分网孔及网板长度，选择合适的筛分强度有利于尽可能减少原料损耗。表6.19所示为两条细支卷烟生产专线加香筛分网孔及筛分烟丝的参数。

表6.19　加香筛分调查数据

生产线	批次投料量/kg	批次出灰量/kg	灰损率/(%)	灰中烟丝/(%)	筛网网孔/mm
A	8000	195	2.43	42.08	1.5
B	3000	110	3.63	23.17	1.5

表6.19中数据可以看出，两条生产线的筛分灰损率较高，尤其是B生产线达

到3.6%以上。另外,烟末中含丝量均在20%以上,说明筛孔偏大,部分合格烟丝在网孔漏出。

针对细支卷烟调控既要考虑损耗,也要确保卷烟质量,试验设计1.0 mm、1.2 mm、1.5 mm 3种规格网孔筛网,对筛出烟末称重并筛分检测可回收利用的烟丝,以确定较佳的网孔尺寸。表6.20所示为不同网孔筛分灰中含丝量检测数据。

表6.20 不同网孔筛分灰中含丝量检测数据

	生产线			
	大线(8000 kg/h)		小线(3000 kg/h)	
网孔	筛分量/kg	灰中含丝量/(%)	筛分量/kg	灰中含丝量/(%)
1.0 mm	46	11.24	33	9.26
1.2 mm	85	21.62	60	16.08
1.5 mm	195	42.08	110	23.17

可以看出,8000 kg/h大线与3000 kg/h小线灰中含丝量有明显差异,因大线安排的品牌切丝宽度一般在0.8 mm,而小线一般在0.9~1.0 mm范围内。根据品牌加工需要,结合对灰中含丝量检测数据,确定大线采用1.0 mm网孔振筛,小线采用1.2 mm网孔振筛。加香筛网调整后,检测结果见表6.21。

表6.21 加香筛网调整后检测数据

生产线	批次投料量/kg	批次出灰量/kg	灰损率/(%)	灰中烟丝/(%)	筛网网孔/mm
A	8000	85	1.01	21.62	1.0
B	3000	60	2.00	16.07	1.2

经网孔调整,筛分出灰量和灰中含丝率大幅度下降,三个月的单箱消耗统计结果显示,采用分级筛分后,单箱原料综合消耗下降了0.2~0.3 kg。同时,产品的物理指标与空头率检测结果显示,调整前后未发现明显变化。

6.4.3 降低制丝过程损耗

1. 降低真空回潮下料端撒漏量

在制丝线生产过程中,烟叶在各种主机设备及运输辅联设备的作用下,其物理形态和化学成分都发生了改变,而其物理形态的改变会直接影响烟叶造碎和损耗。其中,在线真空回潮下料端产生的烟叶造碎和撒漏损耗是烟叶运输时撒漏量比较大的环节。本节以真空回潮下料端撒漏量的改进为例进行说明。真空回潮单批次下料端撒漏量统计结果如图6.16所示。

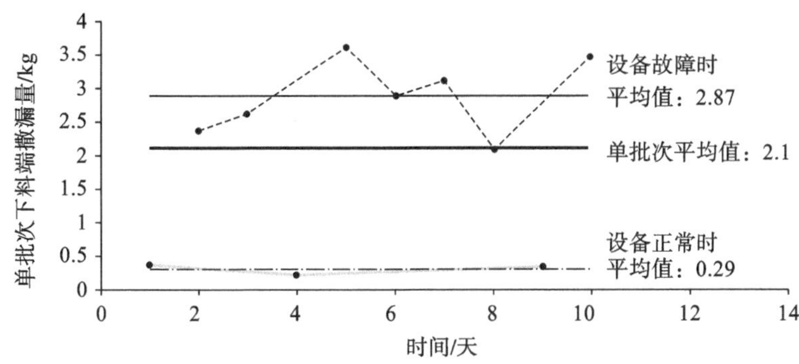

图6.16 真空回潮单批次下料端撒漏量统计结果

按每天5批次计算，日均撒漏量为10.5 kg左右，因此控制真空回潮工序下料端撒漏量，可以有效降低过程消耗。

运用系统图和关联图分析，经过对系统图上各末端因素进行试验验证和现场确认，滑架下料不均和下料罩密封圈太厚是造成下端撒漏量较大的两个关键因素。

针对滑架下料不均问题，对滑架行程和料桶位置进行调整，使烟叶在料桶内分布均匀，减少烟叶分布不均造成的卡桶、撒漏现象，提高料桶装箱容量，提高设备运行的流畅性，也提高了在线真空回潮的生产效率。针对下料罩密封圈设计太厚问题，改进密封圈设计。将密封圈与桶接触部分厚度减小，留有缝隙不会与桶口之间产生摩擦，而在桶外围部分厚度保留使其密封作用，不会造成下料过程时下料罩撒漏。

设备经过改进以后，在线真空回潮下料端日均撒漏量平均值由日均10.5 kg降低到1.964 kg，且日均撒漏量最高为2.16 kg，最少为1.73 kg，处于相对稳定状态。

2. 降低储丝风送损耗

为降低储丝风送烟丝造碎，对储丝房篷布出口的烟丝以及卷包机组卷烟机的整丝率进行检测和分析，确定风力送丝机对整丝率影响是否显著，对风力送丝系统进行优化。

(1) 风送前后整丝率变化分析

风送前(储丝房喂丝机的烟丝)和风送后(卷接机组的烟丝)整丝率的变化统计情况如表6.22所示。

表6.22 风送前与风送后整丝率变化明细

风送前		风送后	
84.4	83.2	81.2	82.0

续表

风送前		风送后	
85.6	84.6	77.8	82.0
84.3	86.6	78.4	78.6
82.6	83.4	83.2	80.8
83.6	80.8	77.4	82.0
84.4	84.4	82.8	78.4
87.5	82.4	79.8	81.0
85.1	82.6	82.8	79.8
90.0	83.0	83.0	82.0
87.5	87.4	81.8	82.4
81.0	82.5	87.2	82.0
87.2	86.2	79.8	82.4
83.8	90.6	83.8	79.8
87.0	87.5	83.0	
85.8	86.4	81.8	
85.0		83.2	

通过考察储丝房喂丝机和卷接机组的烟丝结构差异，数据的正态性分析和等方差分析检验结果如表 6.23、表 6.24 所示。

表 6.23　储丝房喂丝机和卷接机组数据的正态性分析和等方差分析检验结果

		风送前	风送后
N		31	29
正态参数	整丝率均值/(%)	85.045	81.386
	标准差	2.3785	2.1098
最极端差别	绝对值	0.091	0.164
	正	0.091	0.126
	负	−0.069	−0.164
Kolmogorov-Smirnov Z		0.505	0.883
渐近显著性(双侧)		0.960	0.417

表 6.24 风送前与风送后整丝率方差齐性检验结果

Levene 统计量	df1	df2	显著性
0.202	1	58	0.655

由表 6.23、表 6.24 可知，两组数据满足正态分布与方差齐次性要求，在两个总体方差相等的基础上，进行双样本 T 检验，检验结果如表 6.25 所示。

表 6.25 风送前与风送后整丝率双样本 T 检验结果

双样本 T 检验和置信区间：储丝房喂丝机、卷接机				
	N	均值	标准差	均值标准误
储丝房喂丝机	31	85.05	2.38	0.43
卷接机	29	81.39	2.11	0.39
差值＝mu(储丝房喂丝机)－mu(卷接机)				
差值估计值：3.659				
差值的 95%的置信下限：2.686				
差值＝0(与＞)的 T 检验：T 值＝6.29，P 值＝0.000，自由度＝58				
两者都使用合并标准差＝2.2528				

从以上结果可以看出，$P=0<0.05$，因此，风送前后整丝率变化是显著的，即烟丝在风送过程中整丝率下降。

(2) 降低风送喂丝环节造碎

考察卷包车间对应机台的除尘负压风速、机台车速、喂丝机烟仓大小、管道长度，以及填满一仓所用时间等设备参数，在平稳连续运转的基础上，降低输送造碎。

提出以下两种解决方案。

方案一：倒推依次减速法。

根据左右仓丝管分布及吸丝情况，在确保能正常供应卷包用丝前提下，逐步调整储丝柜出柜高低速设定值，并观察记录仓内存料情况。在试验基础上优化左右仓底带低速及高速设定值。

方案二：增容减速法。

根据左右仓丝管分布及吸丝情况调整喂丝机高低料位光电管，以达到多存料，延长送料运转时间，现场跟踪记录运行状态，防止左右仓切换不及时。在确保能正常供应卷包生产后，调整储丝柜出柜高低速设定值，并观察仓内存料情况及记录。

经分析论证，方案二不能满足左右仓及时切换，且不易普及；方案一简单易操作，且容易推广于其他喂丝机，故选用方案一。经逐步优化最终确定的参数见表 6.26、表 6.27。

表 6.26 储丝柜改善前后设备参数

柜　　号	皮带高速/Hz	皮带低速/Hz
改善前	20	8
改善后	10	3

表 6.27 喂丝机改善前后设备参数

喂丝机编号	左底带高速/Hz		左底带低速/Hz		左松散辊高速/Hz		左松散辊低速/Hz		右底带高速/Hz		右底带低速/Hz		右松散辊高速/Hz		右松散辊低速/Hz	
	前	后	前	后	前	后	前	后	前	后	前	后	前	后	前	后
1#	5	6	3	4	12	10	8	6	6	6	4	3	12	10	8	6
2#	8	6	4	2	12	10	8	6	6	6	4	2	12	10	10	6
3#	8	6	6	3	13	10	8	6	8	8	6	6	13	13	8	8

设备参数调整后,篷布及储丝柜的启停率降低了 80%,设备故障率及生产过程中堵料次数分别降低了 70% 和 10%,也使得后期设备维修保养的成本降低 75%,增大了 60%的设备使用寿命,风送后卷接机台整丝率由调整前的 81.39%提高到 82.85%,进一步降低了风送喂丝环节造碎,减少了风送环节过程损耗。

6.4.4 降低卷制过程损耗

研究结果表明,影响卷制过程消耗的重点是卷制设备工况[21]。为降低卷制过程损耗,充分发挥卷接设备效率,减少残次烟支量,降低单箱卷烟原料消耗,在烟丝来料一致的情况下,以 ZJ17-GDX2 卷接机组为研究对象,通过对设备产生坏烟的相关因素的分析,查找主因、制定优化方案并跟踪验证效果,控制卷制过程损耗,降低消耗。

细支卷烟各种类坏烟率统计情况见表 6.28。

表中的结果显示,空头、跑条、打孔轮堵塞、烟库少烟,合计占 80%,根据“二八原则”,确定影响该品牌细支卷烟坏烟率的四个主要缺陷项为:空头、跑条、打孔轮堵塞、烟库少烟。通过关键流程识别和潜在因素探索分析,结合失效起因的严重度和失效起因的 RPN 值,将 RPN 值≥100 的及严重度大于 8 的失效起因重点研究,整理出形成细支卷烟坏烟的关键因素,并开展了如下优化改善。

表 6.28　坏烟产生量统计表

序　　号	坏 烟 名 称	坏烟产生量/(kg/箱)	占坏烟总比/(%)
1	空头	0.171	42.75
2	烟库少烟	0.058	14.50
3	跑条	0.046	11.50
4	打孔轮堵塞	0.045	11.25
5	故障处理	0.021	5.22
6	机台自检	0.020	4.98
7	塞丝	0.014	3.48
8	衬纸外观	0.009	2.24
9	漏气	0.008	1.99
10	重量超限	0.005	1.24
11	烟包外观	0.003	0.75
12	缺嘴	0.002	0.50

(1) 吸丝带刮刀位置与烟舌入口高度的改进

吸丝带刮刀的作用是使烟丝脱离吸丝带并使烟丝成型，刮刀位置不合适，容易导致烟丝不能完全脱离吸丝带以及烟丝不能正常成型，进而造成烟支空头；烟舌的作用是在烟丝进入小压板之前给烟丝施加压力，以使烟丝能够顺利进入小压板。烟舌入口高度不合适，烟丝无法平顺的进入小压板，导致烟支空头，而吸丝带刮刀与烟舌在设备装配上相互连接且共同影响空头烟的产生，通常两者配合调整来降低空头，所以选择 3 因子 2 水平全因子设计，应用响应面分析找到尺寸配合的最佳值，结果如图 6.17 所示。

试验结果显示，刮刀与吸丝带间距为 0.05 mm，刮刀出口与布带间距为 5.0 mm，烟舌入口高度为 5.8 mm 时，空头数最小，为 108。

重新设置刮刀与吸丝带间距为 0.05 mm，刮刀出口与布带间距为 5.0 mm，烟舌入口高度为 5.8 mm，进行生产，每隔 10 min 统计一次空头数，空头数为 112 支，并计算空头坏烟率为 0.141(kg/箱)，稳定且处于比较低的水平。表 6.29 所示为坏烟率统计表。

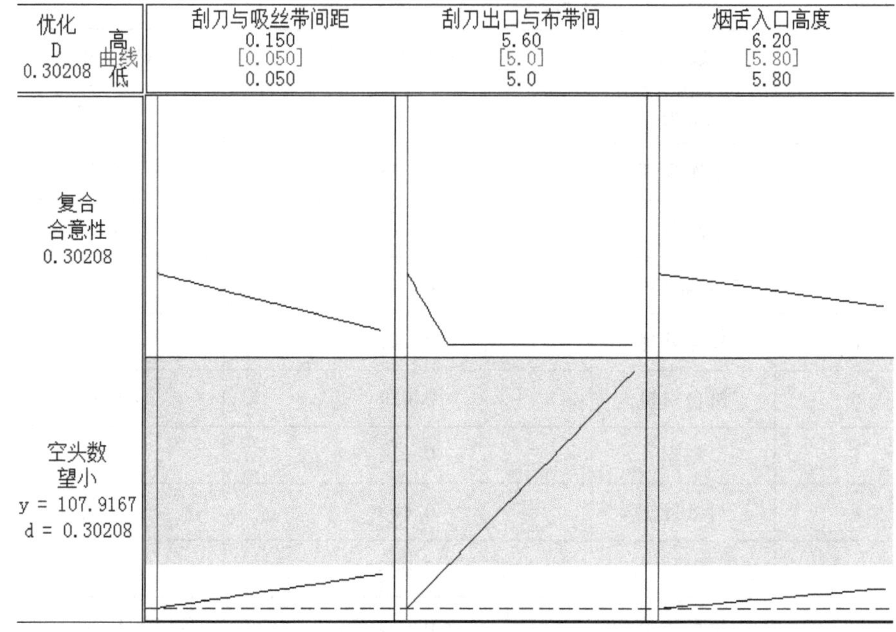

图 6.17 响应面优化结果

表 6.29 坏烟率统计表 1

试　验	空头数/支	坏烟率/(kg/箱)
1	112	0.14
2	109	0.139
3	115	0.142
4	117	0.145
5	109	0.139
平均值	112	0.141

(2) 吸丝带张紧气缸压力值的改进

吸丝带张紧气缸用于拉紧吸丝带，烟丝通过吸丝带输送至吸丝带铲刀。张紧气缸压力值不合适时，易出现烟丝在吸丝带上运行的不稳定的情况，直接导致大量空头烟的产生。因此项目组在上述优化的基础上，使用同一批次烟丝，在同样的生产条件下选取 7 个吸丝带张紧气缸压力值 150 Pa、175 Pa、200 Pa、225 Pa、250 Pa、275 Pa 和 300 Pa，每个压力值稳定情况下生产 10 min，记录空头数，每组重复 5 次试验，数据统计如表 6.30 所示。

表 6.30　不同吸丝带张紧气缸压力值的烟支空头数统计表

试验	150 Pa	175 Pa	200 Pa	225 Pa	250 Pa	275 Pa	300 Pa
1	186	166	150	134	105	126	157
2	198	172	149	136	113	132	160
3	192	165	153	142	112	128	162
4	189	177	157	129	109	135	158
5	195	170	155	138	115	130	165

对上述数据进行回归拟合，得到回归方程，当吸丝带张紧气缸压力值为 245 Pa 时，空头数最低。

根据优化结果重新设置吸丝带张紧气缸压力值为 245 Pa，进行生产，每隔 10 min 记录空头数，空头平均数为 104 支，计算坏烟率为 0.135 kg/箱，坏烟率稳定并且处于较低的水平(表 6.31)。

表 6.31　坏烟率统计表 2

试　　验	空头数/支	坏烟率/(kg/箱)
1	102	0.14
2	104	0.139
3	105	0.142
4	107	0.145
5	103	0.139
平均值	104	0.135

(3) 布带轮直径的改进

布带把卷烟纸和烟条带过烟枪，并且帮助烟条成型。布带在气缸作用下缠绕在布带轮上，为了使烟条速度与布带速度同步，带动布带的布带轮直径是可以调节的。布带轮直径调节至合适的大小，能防止卷烟纸的颤动和撕裂。布带轮直径调整不合适，则设备易出现跑条、断卷烟纸等故障。设计 4 种不同直径的布带轮，相同生产条件下稳定生产 10 min，记录坏烟数，数据统计结果如表 6.32 所示。

表 6.32　不同布带轮直径下坏烟率统计结果

布带轮直径/mm	175	180	185	190
坏烟率/(kg/箱)	0.0387	0.0297	0.0347	0.0425
	0.0389	0.0307	0.0349	0.0435
	0.0394	0.0288	0.0334	0.0452
	0.0379	0.0286	0.0329	0.0413
	0.0384	0.0284	0.0334	0.0438
	0.0381	0.0294	0.0351	0.0432

对表 6.32 中数据进行回归拟合得到回归方程，依据回归方程计算得出，当布带轮直径为 181.3 mm，即 180 mm 时，坏烟率最低，为 0.0271 kg/箱。重新调整布带轮直径为 180 mm 进行生产，统计 5 个班次的跑条坏烟率，平均坏烟率为 0.0277 kg/箱（表 6.33）。

表 6.33　坏烟率统计表 3

试　　验	坏烟率/(kg/箱)
1	0.0262
2	0.0301
3	0.0256
4	0.0279
5	0.0288
平均值	0.0277

(4) 小搓板与打孔轮间距的改进

烟支卷制过程中，由各个组段黏接成的双倍长烟支，经过小搓板与激光打孔轮进行在线打孔。小搓板与打孔轮间距过大，烟支在行进过程中不稳定；间距过小，烟支在行进过程中受阻，以上两种情况均导致激光打孔轮堵塞。因此针对小搓板与打孔轮间距进行优化调整，分别设计了 4 种间距，相同生产条件下稳定生产 10 min，记录坏烟数，数据统计结果如表 6.34 所示。

表 6.34　不同小搓板与打孔轮间距下坏烟率统计结果

小搓板与打孔轮间距/mm	4.5	4.7	4.8	5.0
坏烟率/(kg/箱)	0.0387	0.0297	0.0347	0.0425
	0.0389	0.0307	0.0349	0.0435
	0.0394	0.0288	0.0334	0.0452
	0.0379	0.0286	0.0329	0.0413
	0.0384	0.0284	0.0334	0.0438
	0.0381	0.0294	0.0351	0.0432

对表 6.34 中数据进行回归拟合得到回归方程，依据回归方程计算得出，当小搓板与打孔轮间距为 4.8 mm 时，坏烟率最低，为 0.032 kg/箱。重新调整小搓板与打孔轮间距为 4.8 mm 进行生产，统计 5 个班次的打孔轮堵塞的坏烟率，平均坏烟率为 0.0316 kg/箱（表 6.35）。

表 6.35　坏烟率统计表 4

试　　验	坏烟率/(kg/箱)
1	0.0312
2	0.0309
3	0.0316
4	0.0325
5	0.0318
平均值	0.0316

(5) 效果验证

综合运用上述改进措施,设置刮刀与吸丝带间距为 0.05 mm,刮刀出口与布带间距为 5.0 mm,烟舌入口高度为 5.8 mm,吸丝带张紧气缸压力值为 245 Pa,布带轮直径为 180 mm,小搓板与打孔轮间距为 4.8 mm,针对 PT1＃、PT10＃、PT2＃、GD12＃进行跟踪验证。对 PT1＃进行效果跟踪,改进前、后空头坏烟率由 0.168 kg/箱降至 0.135 kg/箱;对 PT10＃进行效果跟踪,改进前、后跑条坏烟率由 0.042 kg/箱降至 0.027 kg/箱;对 PT2＃进行效果跟踪,改进前、后打孔轮堵塞坏烟率由 0.04 kg/箱降至 0.032 kg/箱;对 GD12＃进行效果跟踪,改进前、后烟库坏烟率由 0.056 kg/箱降至 0.039 kg/箱,综合而言,通过对吸丝带刮刀位置与烟舌入口高度、吸丝带张紧轮气缸压力、布带直径、小搓板与打孔轮间距的改进实施后,坏烟率下降效果明显,不仅提高了卷接设备效率,更降低了卷接过程损耗。

参考文献

[1] 张亚平,张晓宇,周顺,等.卷烟纸组分对常规和细支卷烟烟气释放量及感官质量的影响[J].烟草科技,2017(11):48-57.

[2] 李钊.提高细支烟在 PSSIM 机型改造后的可靠性[J].机械工程师,2014(9):222-223.

[3] 廖晓祥,赵云川,邹泉,等.梗丝形态对细支卷烟品质稳定性的影响[J].烟草科技,2016(10):74-80.

[4] 丁美宙,刘欢,刘强,等.梗丝形态对细支卷烟加工及综合质量的影响[J].食品与机械,2017(9):197-202.

[5] 柳宝华,郜海民,郭书裴,等.提高烟草制丝叶片加料精度的工艺研究[J].中国新技术新产品,2016(10):57-58.

[6] 郑飞,李媛,刘德强,等.基于图像处理的烟片加料均匀性评价方法[J].烟草

科技,2015(11):65-68.

[7] 孙达. 卷烟制丝工序加料均匀性检测项目设计[D]. 上海交通大学硕士论文,2004.

[8] 熊晓敏,郝喜良,李建英,等. 滚筒物料填充系数对叶片加料均匀性的影响[J]. 烟草科技,2013(2):9-11.

[9] White M. Transition of uncut to cut particle size[EB/OL]. http://legacy.library.ucsf.edu/tid/cac14d00,2002-02-01.

[10] 李新学. 降低烟叶损耗提高经济效益[J]. 烟草科技,1990(5):4-5.

[11] 袁行思. 关于卷烟生产原料消耗问题的解析[J]. 烟草科技,1991(2):7-13.

[12] 叶鸿宇,许峰,张建中,等. 成丝工艺参数对梗丝结构和卷烟吸阻稳定性的影响[J]. 烟草科技,2013(11):12-13.

[13] 廖晓祥,赵云川,邹泉,等. 不同形态梗丝对卷烟物理质量的影响[J]. 烟草科技,2012(10):74-80.

[14] 陈晨,黄欢. 基于数字图像处理的棒材自动统计方法[J]. 郑州轻工业学院学报(自然科学版),2012(1):73-75.

[15] 李晓,郑力文,何超,等. 基于计算机视觉技术的梗丝形态表征方法[J]. 烟草科技,2016(7):84-90.

第 7 章　细支卷烟的个性化技术

2006 年左右，"梦都"品牌两款细支卷烟产品上市，国产细支卷烟实现了从无到有的转变，随后国内卷烟工业企业陆续推出细支卷烟产品。回顾细支卷烟的发展历程可以发现，在发展初期，国产细支卷烟在市场竞争能力上一直处于相对较弱的地位。

分析国产细支卷烟发展初期遇到的困难，一是跟随式发展，尚处于对国外产品的简单模仿、尝试阶段，技术能力尚显不足；二是缺乏明确的产品定位，与国外细支卷烟的差异化不明显，仍属小众化产品。如部分品牌的细支卷烟产品，与国外细支卷烟相比无论是卷烟的吸味特征，还是包装设计的风格、市场零售价都高度相似，基本成为细支卷烟消费群体的备选产品，从而形成销量增速较慢、市场局面未能有效打开的状况。

近年来，在工业企业的技术努力下，新生的细支烟产品风格开始明显回归国内市场主流的烤烟型口味，并凭借不俗的市场表现显现出旺盛的发展潜力。细支卷烟的发展历程充分说明，细支卷烟在国内卷烟市场要取得长足发展，还是要以中式卷烟为根本，将中式卷烟的风格运用于细支卷烟产品的设计开发中，坚持"形变而神不变"的原则，必须依据中式卷烟的品类特征，开展个性化、特色化技术研究，不断丰富品类特色，打造自身特色鲜明、满足市场差异化需求和符合中国消费者需求的中式细支卷烟。

本章从功能性卷烟纸添加物的应用、接装纸甜味剂施加以及卷烟纸竖打孔技术的开发及应用等角度，介绍细支卷烟在发展过程中应用的一些个性化的、创新性的技术，以及这些技术应用后，对开发具有感官效应佳、时尚、新颖、个性化的细支卷烟产品所起到的支撑性作用。

7.1　功能性卷烟纸添加物的研究与应用

从物理形态上看，卷烟纸的主要功能是包裹烟丝，在卷烟抽吸时，它是唯一参与燃烧的卷烟材料，对于卷烟的燃烧速率、烟气组分、包灰效果及感官质量等产生直接影响。随着卷烟纸生产技术的进步，透气度、强度、燃烧匹配性等问题已基本解决，如何进一步突出卷烟纸的功能性已经成为近年来的研究热点。

目前，行业内关于功能性卷烟纸的研究，主要集中在提升卷烟抽吸品质、降低烟气有害成分以及着色、阻燃等特殊功能等方面。王增瑜等[1]研究表明烟草提取物为主的添加剂(TSJ)可有效增加卷烟烟气中重要致香成分，丰富烟香，并且降低游离烟碱的含量。黄富等[2]将分子囊化薄荷脑采用涂布方式制成薄荷型卷烟纸，使卷烟抽吸时具有天然的薄荷香味，改善抽吸的舒适感，提升抽吸品质。

尹升福等[3]考察不同金属盐对卷烟纸裂解行为及卷烟主流烟气中 CO 释放量的影响，结果表明添加不同金属盐的卷烟纸对卷烟烟气 CO 释放量有不同的影响，柠檬酸钾使主流烟气 CO 释放量显著降低；而醋酸锌、醋酸钙、氯化钙和氯化锌则使 CO 显著增加。彭忠等[4]对彩色卷烟纸的作用总结为与白色卷烟纸形成强烈的视觉反差、具有一定的防伪作用以及提高卷烟感官质量和抽吸品质，并综述了彩色卷烟纸添加物的种类和性质、添加方式以及彩色卷烟纸质量 3 个方面的研究进展。

细支卷烟与常规卷烟相比，其卷烟纸参与燃烧的比重更高，对于感官质量的影响较常规卷烟更为明显，因此，应更加关注卷烟纸功能添加物的研究与应用。

7.1.1 添加物施加部位对烟气释放量的影响

Jenkins 等[5]研究了多个添加物施加于卷烟横截面的不同部位后，对烟气释放物的贡献。将^{14}C 标记 L-脯氨酸分别采用均匀混合、相对中心注射、极中心(10%)填充三种方式制备卷烟样品，并测试烟气中的标记成分(表 7.1)。结果表明，侧流烟气的气相水平随脯氨酸向中心集中而增加；主流烟气的气相水平随脯氨酸向中心集中而略有增加，粒相水平降幅明显。

表 7.1 不同部位^{14}C 标记 L-脯氨酸对烟气的影响 (单位：%)

烟气类型		添加方式		
		均匀混合	相对中心注射	极中心填充
侧流烟气	气相	68.4	69.6	77.1
	粒相	8.2	10.3	4.8
	合计	76.6	79.9	81.9
主流烟气	气相	12.1	12.2	12.7
	粒相	11.3	7.9	5.4
	合计	23.4	20.1	18.1

表 7.2 所示为^{14}C 标记转化糖的测试结果。结果表明，主流烟气中的气相和粒

相物含量在均匀混合状态下要明显高于中心注射。

表 7.2　不同部位^{14}C标记转化糖对烟气的影响　　(单位:%)

烟气类型		均匀混合	中心注射
侧流烟气	气相	67.6	75.0
	粒相	8.3	8.1
	合计	75.9	83.1
主流烟气	气相	14.6	9.9
	粒相	9.6	7.0
	合计	24.2	16.9

表 7.3 所示为^{14}C标记纤维素的烟气测试结果,结果表明,外围分布的^{14}C标记纤维素在主流烟气的气相和粒相成分中占比更高,中心位置的含量较低。

表 7.3　不同部位^{14}C标记纤维素对烟气的影响　　(单位:%)

烟气类型		外围分布	均匀混合	中心注射
侧流烟气	气相	69.5	74.8	80.4
	粒相	8.7	7.0	5.9
	合计	78.2	81.8	86.3
主流烟气	气相	14.4	11.6	8.2
	粒相	7.6	6.6	5.5
	合计	22.0	18.2	13.7

综上可知,添加物分布在卷烟外围部分时,对主流烟气的气相及粒相贡献更大,而分布于卷烟中心部位时则对侧流烟气的贡献较大;不同物质对烟气转化的表现存在差异,转化糖、纤维素的气相部分变化幅度大于 L-脯氨酸,而 L-脯氨酸的粒相部分变化幅度大于其他两种物质。

这一结果与卷烟烟气的形成原理相吻合。在烟支抽吸时,大部分气流是从燃烧锥底部周围即旁通区进入,而燃烧也主要在此区域内发生,形成气溶胶并从烟支抽吸端冒出,成为主流烟气;烟支抽吸间隔时,燃烧主要发生在燃烧锥的周围,锥体阴燃变短,并释放侧流烟气。因此燃烧锥底部周边在主流烟气形成过程中比中心区起更大的作用,将加香物质施加于卷烟外围将对主流烟气的贡献更大。

7.1.2　添加物在卷烟纸及烟丝间的迁移

将^{14}C标记乙酰丙酸注射到烟丝内,叶组中的乙酰丙酸逐渐迁移到卷烟纸中,在平衡 16 周(112 日)后,卷烟纸中的含量已达到 50%,如图 7.1 所示。

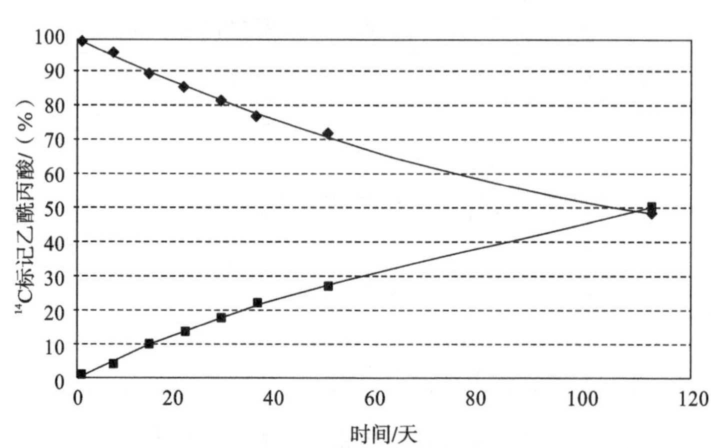

图 7.1　^{14}C 标记乙酰丙酸在烟草叶组和卷烟纸间的迁移

如表 7.4 所示,对不同迁移时段的烟支检测结果表明,随着卷烟纸中的乙酰丙酸含量增加,侧流烟气气相的乙酰丙酸释放量逐渐降低;主流烟气气相的占比上升;粒相部分虽微有下降,但主流烟气总体仍为上升趋势。

表 7.4　^{14}C 标记乙酰丙酸迁移对烟气的影响　(单位:%)

卷烟纸中乙酰丙酸占比		7%(14 日)	18%(28 日)	50%(112 日)
侧流烟气	气相	52.44	50.14	45.53
	粒相	12.40	9.85	12.64
	合计	64.84	59.99	58.17
主流烟气	气相	8.05	11.49	16.82
	粒相	12.16	11.89	9.84
	合计	20.21	23.38	26.66

这一结果与上述添加物在烟丝不同部位的影响趋势一致,说明在卷烟纸中添加功能性物质能够对主流烟气产生影响。但也表明不同物质对于烟气粒相、气相的影响方式存在差异。

各种添加物在卷烟纸及烟丝间的迁移特性也不尽相同。乙酰丙酸 16 周后在烟丝及卷烟纸内达到平衡;香兰素在添加到卷烟纸的 7 日内大部分都转移至烟丝内(图 7.2);而乙基香兰素在添加到卷烟纸中后保持了较好的稳定性,在常温下仅有微量迁移,在高温下迁移仅微有上升(表 7.5)。

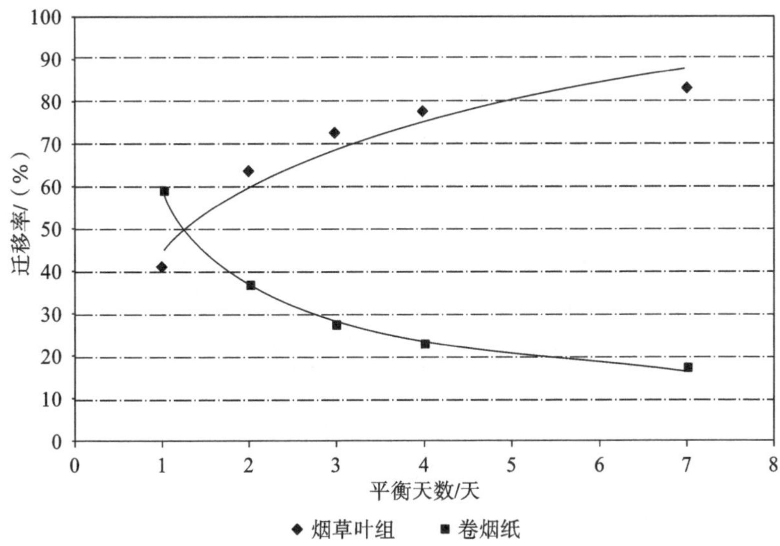

图 7.2　^{14}C 标记香兰素在烟草叶和卷烟纸组间的迁移

表 7.5　^{14}C 标记乙基香兰素在烟草叶和卷烟纸组间的迁移　　（单位：%）

时间	12 天	71 天	140 天	12 天	71 天	140 天
温度	常温			32 ℃		
卷烟纸	98.15	97.98	97.27	98.65	95.87	84.72
烟丝	1.83	1.98	2.67	1.35	4.00	5.08
滤嘴	0.02	0.02	0.06	0	0.13	0.20

由于控制烟丝分布在生产上难以实现，而卷烟纸作为烟支最外层的包裹物，工艺简便、可操作性强，可以作为添加物施加的良好载体，实现添加物在卷烟主流烟气中的功能最大化。研究结果也充分说明在卷烟纸上施加功能性添加物具备可行性。

7.1.3　添加物的选型及试验研究

添加物的选择不仅要注重对卷烟抽吸品质的正向影响，更要关注不同物质在卷烟纸及烟丝间的迁移特性差异，避免在卷烟存放期间感官质量发生变化。基于前文的研究基础，以降低卷烟纸纸味和木质气、改善口感体验为目标，本节给出了满足安全性需求的 3 种功能性添加物的施加示例及效果评价。

优选 3 种功能性添加物，经查证以上物质均满足安全性评价要求。将 3 种物质（简称 HE、HP、HL）调配不同比例，并通过涂布方式施加到基纸上，制成卷烟纸样品，并先后在品牌卷烟上进行接装试验。试制卷烟的烟气检测结果如表 7.6、表 7.7 和表 7.8 所示。

对数据进行对比分析后可以看出，HE 处理卷烟纸的总粒相物、焦油相比对照样略有上升，烟碱和 CO 水平差异较小。HP 处理卷烟纸施加量在 0.1%水平时，焦油、烟碱、CO 及水分与对照样相比有所增加；施加量为 0.05%水平时，烟气释放量与原样差异不大。HL 处理卷烟纸施加量在 0.1%水平时，焦油、烟碱与对照样相比有所增加，CO 增幅较大，施加量为 0.05%水平时与原样差异不大。总体来看，3 种添加物对于主流烟气释放量的影响在较小范围内波动。

表 7.6 HE 处理卷烟纸烟气结果

样品编号	口数 /puff	总粒相物 /(mg/支)	焦油 /(mg/支)	烟碱 /(mg/支)	CO /(mg/支)	水分 /(mg/支)
对照样	7.10	12.98	10.33	1.02	10.35	1.63
0.2%	7.22	13.08	10.48	1.03	9.83	1.56
0.4%	7.08	13.16	10.50	1.03	10.21	1.63

表 7.7 HP 处理卷烟纸烟气结果

样品编号	口数 /puff	焦油 /(mg/支)	烟碱 /(mg/支)	CO /(mg/支)	水分 /(mg/支)	通风度 /(%)
对照样	6.96	10.24	1.00	10.45	1.48	20.1
0.05%	6.75	10.28	0.98	10.54	1.56	19.6
0.1%	6.94	10.60	1.02	10.81	1.68	20.1

表 7.8 HL 处理卷烟纸烟气结果

样品编号	口数 /puff	焦油 /(mg/支)	烟碱 /(mg/支)	CO /(mg/支)	水分 /(mg/支)	通风度 /(%)
对照样	6.58	11.38	1.12	10.66	1.76	17.9
0.05%	6.34	11.34	1.13	10.83	1.81	17.0
0.1%	6.58	11.54	1.17	11.69	1.78	17.1

对 3 种处理的卷烟纸样品进行感官评价，得出初步的评价结果如表 7.9 所示。HE 处理卷烟纸的香气量增加，细腻及绵柔感较好，回甜感好，烟气成团性较好但偏沉抑，微有杂气；HP 处理卷烟纸的香气量较充足，烟气浓度提高，透发性好，较生津，但刺激有所增加，协调性稍有下降；HL 处理卷烟纸香气量及浓度变化不大，烟气较为细腻绵长，涩，刺激增加，余味较差，与原样相比改善不明显。

表 7.9　3 种处理的卷烟纸样品感官评价结果

卷烟纸	香气量	香气质					协调	烟气					刺激	劲头	杂气	余味		灰色
		沉闷	细腻	醇和	纯净	绵柔		甜味	浓度	柔和	润感	粗糙				干净	回甜	
HE	+	−	++			+		++	++	++					−	−	++	
HP	+	++					−	+	++				−					
HL		−	+			+						−	−				−	

经过在卷烟上的初步试验评价，结果表明，HE、HP 两种处理卷烟纸在感官质量方面表现较好，对于卷烟纸味改善明显，有助于提升卷烟的吸食品质。

7.2　基于味觉行为的接装纸调味技术研究

目前经典的观点认为人的基本味觉有酸、甜、苦、咸、鲜（氨基酸味）5 种。其中甜味是人类最喜好的基本味感，它能够用于改进食品的可口性和某些食用性质。甜味的强弱可以用相对甜度来表示，通常以 5%或 10%的蔗糖水溶液（因为蔗糖是非还原糖，其水溶液比较稳定）为标准，在 20 ℃、同浓度的其他甜味剂溶液与之比较来得到相对甜度，是甜味剂的重要评价指标。一般来说，大多数高甜度甜味剂都属于人工合成的，其甜度是蔗糖的几十倍至上万倍，具有甜度高、热量低、价格低廉、不易发生龋齿等优点，在食品生产中应用极其广泛[6]。

糖类物质作为甜味剂，在卷烟配方中起着重要的作用，特别是在含糖量低、烟碱含量高、烟气 pH 值偏高的卷烟配方中应用更为广泛[7]。从各类卷烟的烟气 pH 值看，不同类型的卷烟，烟气 pH 值相差较大。烤烟型卷烟烟气 pH 值为3.5～4.6；混合型卷烟烟气 pH 值为 5.0～5.5；晾烟型卷烟烟气 pH 值为 5.5～7.5；小雪茄烟烟气 pH 值为 6.5～9.0[8]。

以糖类物质为主的甜味剂在卷烟领域的应用，最为普遍的施加方式是香料调配直接施加于烟丝中，如叶晓青等[7]研究了紫苏葶等新型甜味剂应用后具有提高卷烟内在质量、增加烟草天然清甜味、明显改善卷烟吸味的作用。在滤棒及接装纸的甜味应用上，也有多项专利公开，如朱巍等[9]公开了一种添加有超高效甜味剂的卷烟，将超高效甜味剂 N-[N-[3-(羟基-4-甲氧苯基) 丙基-α-天冬氨酰]-L-苯丙氨酸-1-甲酯添加在卷烟丝束和滤嘴接装纸上，可达到提高甜味，抑制苦、辣、涩等口感的效果。

本节介绍在接装纸表面施加适量的甜味剂调味技术，重点介绍甜味剂的施加工艺条件及影响，以及应用于烤烟型细支卷烟后，在减少吸烟者的口腔干燥、增加生津、改善吃味方面的效果。

7.2.1 接装纸施加甜味剂工艺流程

接装纸的生产过程一般要经过印刷、烘干、收卷、烫金、分切、包装等环节。在接装纸甜味剂的工艺实现上，一般将甜味剂以液体的形式，按照比例添加在光油和溶剂中，并充分搅拌均匀，在印刷过程中，转移到接装纸上，使接装纸上附带有甜味口感。

接装纸的生产工艺流程见图 7.3。

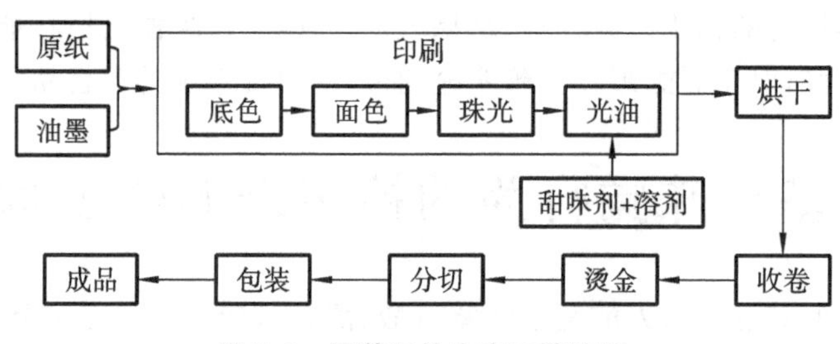

图 7.3 接装纸的生产工艺流程

7.2.2 影响甜味口感的因素

由于甜味剂是混合在溶剂和光油中通过涂布方式施加在接装纸表面的，因此，甜味的口感表现受到多种因素的影响。

1. 溶液体系的影响

溶液体系的影响主要有 3 方面的因素。

①溶剂及光油的影响。光油是一种合成树脂，其光度和亮度很好，对接装纸表面起透明保护的作用。在甜味剂的添加工艺中，溶剂作为一个载体，使甜味剂与光油进行充分搅拌混匀。由于光油、溶剂种类较多，不同种类的溶剂与甜味剂、光油进行溶解时，会出现白色絮状物、分层等现象。同时，由于甜味剂、光油在溶剂中溶解度的差异性，当甜味剂、光油在溶剂中的比例偏大时，会出现过饱和现象，造成搅拌不均匀，转移到接装纸上的甜味分布不匀，影响甜味口感的一致性。

②溶液均匀度对于甜味口感的影响也较大。甜味剂与光油的搅拌不均匀，会导致甜味剂物质在溶液体系中分布不匀，直接导致接装纸甜味的波动。在印刷过程中，确定甜味剂与光油比例后，须使用搅拌器在容器中不停搅拌，保证溶液体系搅拌均匀，同时每卷生产后的半成品须用透明保鲜膜包裹，防止甜味剂的散发。

③溶液体系的黏度对于甜味口感也有较强的影响作用。印刷过程中，由于溶剂自身有一定的挥发性，使油墨黏度在发生变化，转移到接装纸上的油墨量也在不停变化，会导致附着在接装纸上的甜味剂量有波动，对甜味剂的口感产生影响。在

生产过程中，需要通过黏度仪测量，实时补充溶剂以调整油墨黏度参数，保证油墨黏度的稳定性。

2. 印刷工艺的影响

印刷版辊、速度等因素对甜味口感的表现也有一定的影响。版辊在雕刻过程中存在一定的差异。版辊线数越深，上墨量越大；版辊线数越浅，上墨量越小。而上墨量的大小会直接影响接装纸的甜味感受，同时甜味剂的检测数据也会出现较大偏差。

印刷速度过快会影响油墨印刷的流平性，导致上墨不均匀，使甜味剂分布不均匀。在实际生产过程中，印刷速度控制在 120～150 m/min 时，表面效果、甜味口感最佳，稳定性较好。

烘箱温度过高对甜味剂的影响较大。甜味剂在酸性环境下，温度过高时，其甜味会减弱。在实验研究中发现烘箱温度控制在 90～100 ℃时，既能保证溶剂挥发，又能最大限度降低甜味的迁移，保证甜度口感的稳定性。

7.2.3 接装纸施加甜味剂的变化趋势

1. 印刷环节的甜味波动

在印刷环节连续抽取 15 个卷盘的样品，对甜味剂含量进行检测（图 7.4）。结果表明，在连续生产过程中，由于溶剂挥发、黏度变化等原因，甜味剂含量也在不断发生变化，容易造成接装纸甜味表现不稳定。因此需要及时调整各项工艺参数，并对半成品进行检测，以控制印刷环节的甜味剂含量在所需标准范围内。

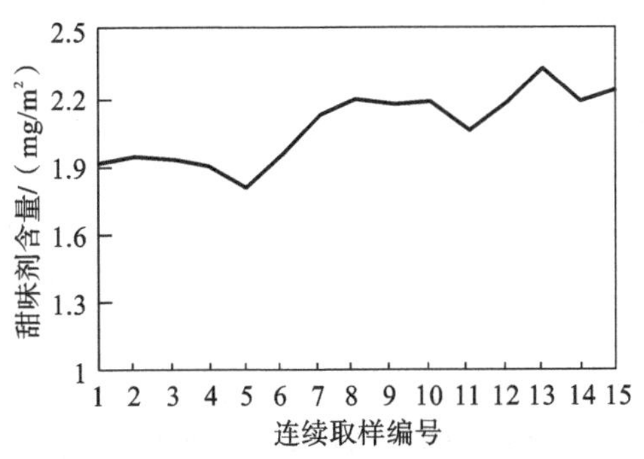

图 7.4　印刷环节甜味剂含量连续变化情况

2. 印后环节的甜味波动

甜味剂在酸性环境下，温度过高，其甜味会衰减。为了解甜味剂添加后在不同生产环节的变化情况，对同一个样品在印刷、烫金、分切、平衡二周后 4 个阶段分别进行检测，结果见图 7.5。

从图 7.5 中可以看出，随着 4 个生产环节的递进，接装纸甜味剂含量呈现下降

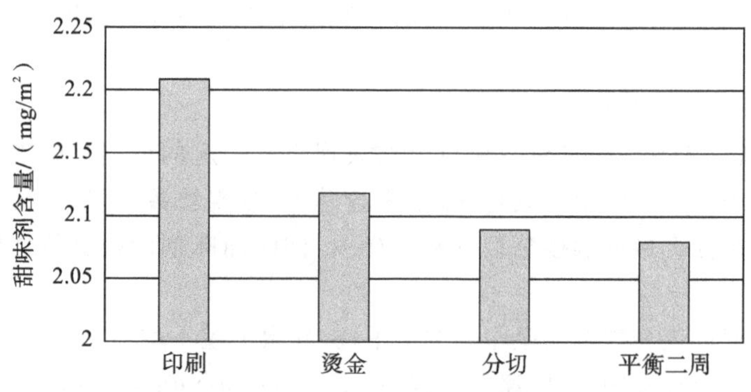

图 7.5 甜味剂在不同阶段的变化情况

趋势。在印刷到烫金的过程中，甜味剂含量下降幅度较大，主要是由于烫金过程的版辊温度在 180 ℃左右，温度较高导致甜味剂有一定损失。分切阶段以及平衡二周后这两个环节的甜味剂含量损失较少，这可能是由于在常温下条件，温度较低对其衰减影响较小。从整体上看，甜味剂在生产过程中存在一定的损失，可以按比例适当提高印刷环节的甜味剂含量，最终获得符合要求的、具有适当甜度的接装纸。

7.2.4 接装纸施加甜味剂的监控

针对甜味剂在口感中的表现形式以及波动情况，建立接装纸中的甜味剂含量的测定方法，结合感官评价效果，对接装纸中甜味剂进行质量监控。

目前，对于甜味剂的测定主要集中于饮料、白酒、乳制品等食品基质[10,11]。分析方法有液相色谱法[12]、离子色谱法[13,14]、毛细管电泳法[15~17]、气相色谱法[18~21]等，主要以液相色谱法为主。不同甜味剂的物理化学性质、电化学性质和光谱性质存在显著差异，液相色谱法很难满足多种甜味剂同时检测要求，离子色谱法、毛细管电泳法等也由于灵敏度低等原因应用不多。随着各国对甜味剂的使用监管要求越来越严格，液相色谱-串联质谱技术被广泛应用于食品领域的检测，它具有检测通量大、准确、灵敏的特点，运用该技术同时分析多种甜味剂已经成为一种趋势[22~24]。然而，在分析基质复杂的样品时，样品本身所带来的基质效应给质谱分析带来很大的挑战，必须采用适当的措施来降低或消除样品基质效应，以确保分析结果的可靠性及准确性。

本节在相关研究的基础上[25]，介绍一种基质匹配曲线校正-HPLC/MS/MS 法同时测定干性食品包装纸中安赛蜜、糖精钠、甜蜜素、三氯蔗糖、阿斯巴甜、新橙皮甙二氢查尔酮、纽甜、甜菊糖苷等 8 种甜味剂的含量。该方法基本上排除了基质效应的影响，具有简单、快捷、准确可靠的特点。在确保检测结果质量的同时，也在很大程度上提高了检测效率，适用于接装纸中甜味剂含量的检测。

为更加便捷有效的在生产过程中对产品甜味口感进行控制，建立甜味感官评审标准及制作感官标样，并成立甜味感官评审小组，对每批次生产的半成品、成品的甜味进行评审，保证批次间产品甜味口感的一致，以达到生产工艺的同质化。

1. 材料与方法

(1) 材料、试剂和仪器

材料、试剂：甲醇、乙腈(HPLC级，美国 Tedia公司)；甲酸、三乙胺(色谱纯，国药集团化学试剂有限公司)、乙酸铵(分析纯，国药集团化学试剂有限公司)；安赛蜜、糖精钠、甜蜜素、三氯蔗糖、阿斯巴甜、新橙皮甙二氢查尔酮、纽甜、甜菊糖苷(标准品，含量≥98.0%，美国 Aladdin 公司)。

仪器：1260/6460 超高效液相色谱-三重四极杆质谱仪(配备电喷雾电离源，美国 Agilent 公司)；KQ-500DE 超声波发生器(昆山市超声仪器有限公司)；TDZ4A-WS 离心机(湘仪实验室仪器开发有限公司)；T201 电子天平(感量 0.0001 g，瑞士 Mettler Toledo 公司)；Milli-Q 超纯水系统(美国 Millipore 公司)。

(2) 标准工作溶液配制

基质匹配溶剂：取包装材料，准确裁取面积为 4 cm×4 cm 试样，将其剪碎成约 1 mm×1 mm 大小纸片，并全部转移至 50 mL 具塞锥形瓶中，准确加入 10 mL 超纯水，于 60%功率条件下超声萃取 45 min，结束后摇匀，静置片刻，经 0.22 μm 水相滤膜过滤，得基质匹配溶剂。

标准工作溶液：分别准确称取 40 mg 安赛蜜、50 mg 糖精钠、30 mg 甜蜜素、60 mg 三氯蔗糖、40 mg 阿斯巴甜、20 mg 新橙皮甙二氢查尔酮、10 mg 纽甜、30 mg 甜菊糖苷(精确至 0.1 mg)，转移至 100 mL 容量瓶中，用基质匹配溶剂稀释并定容至刻度，混匀，制得 8 种甜味剂混合标准储备液。再分别准确移取标准储备液 10 μL、25 μL、50 μL、250 μL、500 μL、1000 μL，用基质匹配溶剂稀释定容至 10 mL 容量瓶中，配制得到 6 级标准工作溶液。

(3) 样品前处理

将 0.8 mL 甲酸加入 1 L 水中，然后在搅拌的状态下用约 2.5 mL 三乙胺调 pH 值至 4.5，配制成三乙胺缓冲溶液。然后，取接装纸，裁取面积为 4 cm×4 cm 试样，并准确称其质量(精确至 0.1 mg)，将其剪碎成约 1 mm×1 mm 大小纸片，并全部转移至 50 mL 具塞锥形瓶中，准确加入 10 mL 三乙胺缓冲溶液，浸润 1 h，然后于 60%功率条件下超声萃取 45 min，结束后摇匀，试样溶液于离心机上，在转速 4000 r/min 条件下离心 5 min，静置片刻，取上层清液得样品进样液，待上机分析。

(4) 仪器分析

色谱柱：ZORBAX Eclipse XDB-C18 柱(150 mm×4.6 mm，填料粒度 3.5 μm)；柱温：40 ℃；进样量：5 μL；流速：0.4 mL/min；流动相：A 相为甲醇，B 相为 5 mmol/L 乙酸铵的水溶液；梯度洗脱程序：0～8 min 为 30% A 和 70% B，8.1～30 min 为 60% A 和 40% B,30.1～35 min 为 80% A 和 20% B,35.1～40 min 为 30% A 和 70% B;离子源:电喷雾离子源(ESI);离子源温度:100 ℃;干燥气温度:300 ℃;干燥气流量:9 L/min;雾化气压力:40 psi;毛细管电压:正离子为 4000 V,负离子为 3500 V;检测方式:多反应监测模式(MRM),详细参数见表 7.10。

表 7.10　8 种甜味剂的 MRM 参数

化合物名称	保留时间/min	离子源模式	母离子	裂解电压/V	子离子*	碰撞能量*/eV
安赛蜜	3.930	—	162	115	82,162	10,5
糖精钠	4.337	—	182	115	106,42	20,30
甜蜜素	6.528	—	178	135	80,177	30,5
三氯蔗糖	12.339	—	395	135	358,394.3	5,5
阿斯巴甜	14.730	+	295	115	180,235	10,5
新橙皮甙二氢查尔酮	16.974	—	610.9	115	302.5,610.7	30,5
纽甜	28.310	+	379	135	172,319	20,10
甜菊糖苷	36.866	—	803	115	641,802	10,10

*:前值为定量子离子和碰撞能量,后值为定性子离子和碰撞能量。

2. 质谱条件优化

取最高浓度混合标准溶液,在 ESI 源正负离子模式下进行质谱全扫描检测,得出被测化合物一级质谱图,结果显示:阿斯巴甜$[M+H]^+$和纽甜$[M+H]^+$在正离子模式丰度较高,而安赛蜜$[M-K]^-$、糖精钠$[M—Na\text{-}2H_2O]^-$、甜蜜素$[M—Na]^-$、三氯蔗糖$[M—2H]^-$、新橙皮苷二氢查尔酮$[M—H]^-$、甜菊糖苷$[M—H]^-$在负离子模式丰度较高,选择每个化合物丰度最高的特征离子为其对应的母离子。在优选的离子模式下对各化合物进行选择离子扫描,对裂解电压进行优化。得到合适的裂解电压后,进行二级质谱扫描确定其子离子,选取两组特征离子作为定量和定性子离子,其中安赛蜜、甜蜜素、三氯蔗糖、新橙皮甙二氢查尔酮和甜菊糖苷裂解时得到的碎片离子较少,依据丰度较强、信号稳定的原则,分别选择m/z 162、m/z 177、m/z 394.3、m/z 610.7 和 m/z 802 为其定性子离子。最后分别进行碰撞能量优化,得到安赛蜜、糖精钠、甜蜜素、三氯蔗糖、阿斯巴甜、新橙皮甙二氢查尔酮、纽甜、甜菊糖苷 8 种甜味剂的较佳质谱参数,如表 7.10 所示。

3. 色谱条件优选

一般来说,反相色谱的流动相常由水和有机溶剂(如甲醇、乙腈)等组成。由于部分被测物质极性较强,流动相的洗脱能力刚开始不宜过强,同时待分离的 8 种甜味剂有些极性相近，保留时间相近，采用乙腈为有机相时易导致个别组分共流出情况较甲醇严重；而甲醇可使 8 种甜味剂保留时间相对延迟，同时考虑到各目标物的峰面积响应相差不大，且乙腈的毒性较甲醇大，故选择甲醇为实验的有机相。进一步，由于流动相要进入质谱仪，添加一定量的缓冲溶液可以增加响应值，所以考虑甲醇-水溶液、甲醇-乙酸铵的水溶液、甲醇-甲酸的水溶液 3 种流动相体系。以目标物在色谱柱上的分离度、峰形、灵敏度等为考察指标，对 3 种流动相体系进行比较。结果表明，体系中添加了乙酸铵，不仅更有利于目标物在色谱柱上的保留，而且能够提高部分物质的电离化程度，增加信号响应，从各目标物分离度、峰形、响应值以及保留时间的稳定性等指标进行综合衡量。甲醇-乙酸铵的水溶液作为流动相时，优于其余两种流动相，结果如图 7.6 所示。因此，本研究为了避免较高浓度的缓冲盐体系对质谱的影响，在满足要求的情况下选用甲醇-5 mmol/L 乙酸铵的水溶液为流动相进行梯度洗脱。

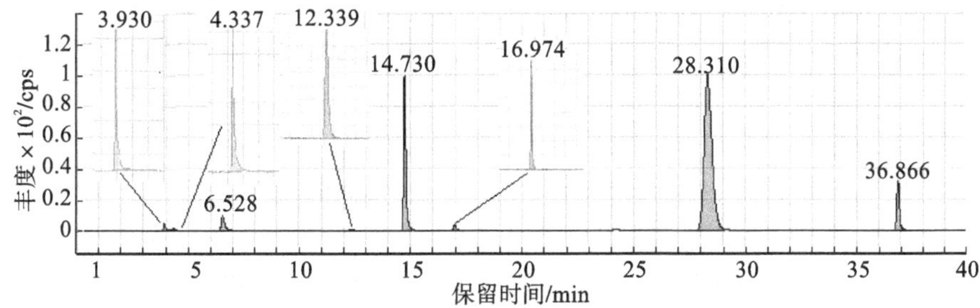

图 7.6　MRM 模式下 8 种甜味剂总离子流色谱图（按保留时间递增依次为安赛蜜、糖精钠、甜蜜素、三氯蔗糖、阿斯巴甜、新橙皮甙二氢查尔酮、纽甜、甜菊糖苷）

4. 样品前处理优化

综合考虑 8 种甜味剂的理化性质，可知阿斯巴甜、纽甜等二肽类化合物一般在 pH 值 3～5 的环境下较为稳定[11]，因此以接装纸样品为对象，添加一定量的混合标准溶液，考察纯水和三乙胺缓冲溶液作为溶剂对目标物萃取效率的影响，结果见表 7.11。从表 7.11 中可以看出，大部分甜味物质检测结果较为一致，只有阿斯巴甜的检测结果分别为 1.55 μg/mL 和 1.87 μg/mL，两者相差较大，为此，选用三乙胺缓冲溶液为样品萃取溶剂。

表 7.11　不同溶剂对 8 种甜味剂的检测效果（$n=3$）

萃取溶剂	含量均值/(μg/mL)							
	安赛蜜	糖精钠	甜蜜素	三氯蔗糖	阿斯巴甜	新橙皮甙二氢查尔酮	纽甜	甜菊糖苷
水	4.47	6.02	2.65	6.84	1.55	0.64	0.64	4.16

续表

萃取溶剂	含量均值/(μg/mL)							
	安赛蜜	糖精钠	甜蜜素	三氯蔗糖	阿斯巴甜	新橙皮甙二氢查尔酮	纽甜	甜菊糖苷
三乙胺缓冲溶液	4.51	6.00	2.76	6.85	1.87	0.63	0.71	4.22

5. 基质效应评估

基质效应普遍存在于液相色谱串联质谱检测中，表现为离子增强或离子抑制，从而导致定量结果有一定的偏差。为了考察本方法在去除基质效应方面的效果，按照 Matuszewski 等报道的方法对其进行基质效应评估[26]。按照 7.2.3 节所述，以不含目标物的包装材料用原纸为样品对象进行处理，制得基质匹配溶剂，再配制混合标准工作溶液。此外，用超纯水配制同样质量浓度的混合标准溶液。最后用 HPLC/MS/MS 分别分析以上两种混合标准溶液。按照公式“ME＝(基质标准溶液峰面积/溶剂标准溶液峰面积)×100%”计算基质效应，其中 ME 表示基质效应的大小，大于 100%时为基质增强效应，小于 100%时为基质抑制效应。不同浓度条件下 8 种甜味剂在食品纸张样品中的基质效应见图 7.7。从图 7.7 中可以看出：安赛蜜、糖精钠、甜蜜素、三氯蔗糖、纽甜等 5 种甜味剂的 ME 值都在 95%～105%之间，说明基质效应较弱；阿斯巴甜平均 ME 值为 92.34%，其中较低值为 87.36%，说明存在一定的基质抑制效应，而新橙皮甙二氢查尔酮和甜菊糖苷平均 ME 值分别为 107.03%和 105.38%，其中较高值分别为 116.39%和 108.75%，说明存在一定的基质增强效应。因此，采用基质匹配溶剂配制标准工作溶液来消除和(或)补偿基质效应给定量带来的偏差。

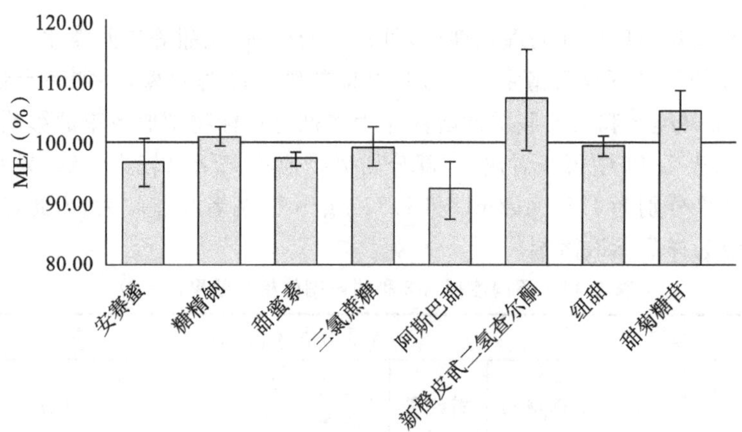

图 7.7　8 种甜味剂在纸张样品中的基质效应

6. 方法学验证

(1) 方法的线性范围、检出限及定量限

采用优化好的 HPLC/MS/MS 条件对系列标准工作溶液进行测定，以系列标准工作溶液甜味剂的峰面积 y 为纵坐标，其质量浓度 x 为横坐标，绘制标准工作曲线，并进行线性拟合，计算线性回归方程。以各种甜味剂信噪比(S/N)为 3 时的进样浓度确定为每种甜味剂的 LOD，以各种甜味剂信噪比(S/N)为 10 时的进样浓度确定为每种甜味剂的 LOQ。如表 7.12 所示，8 种甜味剂在各自的线性范围内线性关系良好，线性相关系数(R^2)均大于 0.995，8 种甜味剂的检出限和定量限分别在 0.010～0.200 μg/mL 和 0.034～0.666 μg/mL 之间，可以满足各物质的定量分析要求。

表 7.12 8 种甜味剂的回归方程、线性范围、相关系数、检出限及定量限

化合物名称	回归方程	线性范围/(μg/mL)	相关系数	LOD/(μg/mL)	LOQ/(μg/mL)
安赛蜜	$y=446.43x+4928.99$	0.45～45	0.9958	0.114	0.380
糖精钠	$y=1349.12x+1771.75$	0.50～50	0.9976	0.140	0.468
甜蜜素	$y=13559x+6326.81$	0.28～28	0.9994	0.091	0.303
三氯蔗糖	$y=442.88x+147.18$	0.67～67	0.9998	0.139	0.462
阿斯巴甜	$y=61830.84x-18355.30$	0.40～40	0.9997	0.200	0.666
新橙皮甙二氢查尔酮	$y=8652.70x-1348.40$	0.13～13	0.9989	0.083	0.276
纽甜	$y=805939.61x-11592.14$	0.10～10	0.9998	0.013	0.044
甜菊糖苷	$y=34457.60x-7056.93$	0.25～25	0.9990	0.010	0.034

(2) 方法的准确度和精密度

以一种接装纸样品为对象，通过加标样品的回收率实验来验证该方法的准确度，并以 RSD 来评价精密度。在低、中、高三个不同浓度水平(2 倍 LOQ、10 倍 LOQ 和 20 倍 LOQ)下进行回收率实验，每个浓度水平重复测定 6 次，计算样品中各种甜味剂的回收率和 RSD，结果见表 7.13。从表 7.13 中可以发现，8 种甜味剂在不同浓度水平下的加标回收率在 87.88%～108.81%之间，RSDs 在 1.96%～6.15%之间，表明方法具有较好的准确度和重复性，能够满足微量目标物的定量分析。

表 7.13　不同浓度下的加标回收率和相对标准偏差($n=6$)

化合物名称	2 倍 LOQ		10 倍 LOQ		20 倍 LOQ	
	回收率/(%)	RSD/(%)	回收率/(%)	RSD/(%)	回收率/(%)	RSD/(%)
安赛蜜	108.81	2.65	107.74	3.73	97.12	3.29
糖精钠	102.03	3.29	107.87	4.58	97.87	2.21
甜蜜素	100.70	2.48	91.86	3.58	90.74	2.65
三氯蔗糖	93.41	3.15	92.32	2.38	95.47	1.96
阿斯巴甜	92.56	4.82	93.64	3.82	98.32	6.15
新橙皮甙二氢查尔酮	103.57	3.23	98.12	3.60	95.63	3.97
纽甜	87.88	4.05	93.66	3.18	95.38	2.60
甜菊糖苷	96.20	2.24	99.97	2.83	96.16	3.57

(3) 实际样品的测定

采用本方法，对不同品牌 10 余个不同规格的接装纸样品进行检测分析，结果显示有 1 个样品中检测出含有安赛蜜和纽甜，含量分别为 0.56 g/kg 和 0.015 g/kg，结果满足 GB 2760—2014《食品安全国家标准 食品添加剂使用标准》中有关甜味剂的使用要求。如图 7.8 所示为典型样品中甜味剂检测总离子流色谱图。

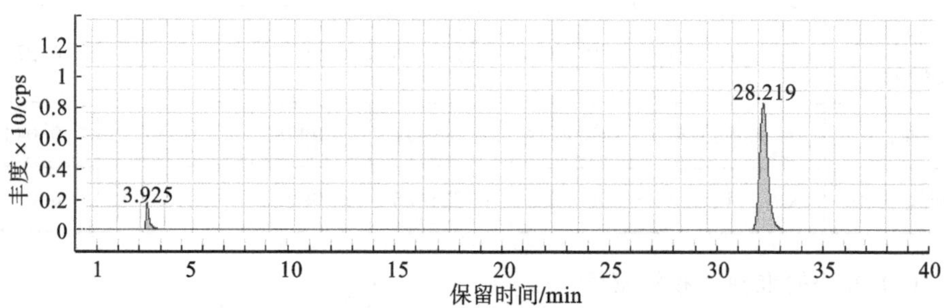

图 7.8　典型样品中甜味剂检测总离子流色谱图

7.2.5　接装纸施加甜味剂的感官评价及应用

1. 不同类型甜味剂施加感官评价

甜味剂种类较多，包括天然甜味剂和合成甜味剂。为筛选适合于接装纸施加的甜味剂，对 3 种适合于工业化生产的甜味剂进行感官质量评价。将 3 种甜味剂分别按照一定的比例添加到接装纸上，经过卷烟样品卷制后进行感官评价。评价结果显示，甜味剂 A 的甜味表现稍显滞后，烟气中甜韵表现较弱，烟气状态显粗糙，微有杂气显露；甜味剂 B 的甜味表现较为明显，在口腔中能较快分散，烟气中能够明显感知甜味，且与烟气融合较好，烟气表现细腻，协调性较好；甜味剂 C 的甜味表现在唇部及口腔中能够较快感知，但在烟气中表现较弱，对烟气无明显改善，抽吸后甜味减弱速度较快。

通过评审，认为甜味剂 B 对感官质量有明显的提升，应用效果较好。

2. 在产品上的应用

针对产品设计目标，使用甜味剂 B 生产了 4 个不同添加比例的接装纸样品。采用感官评吸的方法，优选出评委喜好或认为消费者会普遍接受的样品，为新产品接装纸甜度设计提供参考。表 7.14 所示为接装纸甜味剂含量情况。

表 7.14　接装纸甜味剂含量情况　（单位：mg/m^2）

样品编号	甜味剂目标值	实测值
1#	1.0	0.96
2#	2.0	2.13
3#	4.0	4.31
4#	8.0	7.86

接装纸施加甜味剂的目的是通过消费者的味觉行为改善卷烟抽吸时的口感（甜味起生津的作用）及舒适度，评吸结果表明，添加适宜比例的甜味剂有利于产品质量目标的实现。在评吸过程中，绝大多数评委认为，4# 样品甜味感过强，对烟气的性状改变过度；1# 样品甜味感过弱，不能引起消费者的注意。2#、3# 样品接受度较高。经讨论考虑到该产品定位为烤烟型卷烟，认为 2# 样品的甜度对感官质量提升作用要优于 3# 样品。

形成的最终评吸结论是，采用接装纸施加甜味剂的设计，能够通过味觉感受提升产品感官质量，对烟气甜感增加，口感改善作用明显。该方法有利于产品质量目标的实现，增加产品亮点；评审拟选 2# 甜味剂施加量为该产品接装纸甜度标准。

7.3　细支卷烟烟支竖打孔技术

细支卷烟产品开发需要通过叶组配方、加工工艺、三纸一棒等多方位协同推进提升“三感”。但是，由于细支卷烟直径小、烟支长的特点，使其吸阻明显大于常规卷烟，特别是在烟支点燃端由于烟丝密度较大，导致前三口抽吸的阻力更大。而吸阻过大会影响抽吸时的轻松感、满足感等抽吸体验，经常会有消费者反映细支卷烟抽起来比较费劲、烟气淡薄等缺点。

针对细支卷烟的高吸阻与抽吸轻松感问题，孙东亮等[27]研究了消费者感知的细支卷烟轻松感、满足感关系，通过开展不同品牌的消费者自由品吸评价试验、主流烟气检测和专家模拟消费者评吸，分析了吸烟过程的抽吸压力形成原理，探讨了消费者抽吸行为特点，归纳了与轻松感形成有关的重要因素，并提出以低通风、高满足为方向的细支卷烟轻松感设计理念。林婉欣等[28]为提高生产过程中细支卷烟吸阻的稳定性，研究了细支卷烟的吸阻与单支重量、硬度、长度、圆周间的相关性，结果表明，细支卷烟的吸阻与单支重量、圆周有显著的线性相关关系。

细支卷烟的产品设计一般采用不同透气度的卷烟纸配合合适的滤嘴通风，以及烟丝结构、烟支重量等来调节整支卷烟的吸阻，并满足烟气释放量的要求。对于细支卷烟点燃端烟丝密度较大形成硬点的问题，可以通过改进平准器的劈刀结构，即调节劈刀上的凹槽深度来减少点燃端的烟丝密度，降低硬点对抽吸前几口的影响。但是经过试验，采用浅凹槽劈刀或平劈刀生产的细支卷烟样品，虽然硬点问题得到一定解决，但同时带来点燃端易掉烟丝、空头现象严重等质量缺陷。

目前烟支打孔应用较为普遍的卷烟滤嘴打孔技术，主要作用是利用通风稀释的物理方法降低卷烟主流烟气释放量，并调节抽吸阻力。在技术实现上，可使用激光打孔、静电打孔等方式预先在接装纸上打孔，配合高透滤棒进行卷接，也可直接采用在线激光打孔方式对烟支滤嘴进行打孔。

而在烟支卷烟纸上直接打孔的卷烟产品，目前市场上尚未发现。在使用化学方法增加卷烟纸透气度方面，银董红等[3]研究了燃烧过程中卷烟纸的孔结构特征对主流烟气 CO 释放量的影响，通过将纤维素裂解催化剂与致孔剂涂布到卷烟纸上，使烟支燃烧时的碳化线下方的卷烟纸致孔。在卷烟纸透气度与卷烟物理、化学指标关系的研究方面，一般基于不同水平自然透气度卷烟纸开展研究[29,30]，且基本是围绕常规卷烟开展。

因此，围绕提升细支卷烟的轻松感、舒适感和满足感以及突出“细支烟粗支效应”，本节介绍一种细支卷烟烟支竖打孔的实现方法，即在烟支卷烟纸上进行有规律的打孔。通过适当增加烟丝段的透气量，重点解决细支烟前三口抽吸轻松感较差的问题，同时细支卷烟作为一种特殊规格的细分市场，消费者对各种外观及功能的创新具有较好的接受度，该技术的应用也能够增加视觉冲击力。

7.3.1 竖打孔技术的实现路径

卷烟滤嘴打孔技术已普遍应用，主要分为预打孔和在线打孔两种方式。参考滤嘴打孔技术，实现烟支竖打孔技术也可采用两种途径，即预打孔方式和在线打孔方式。

其中，预打孔方式需要卷烟纸的生产厂家配备打孔设备，一是卷烟工业企业的卷烟机需要增加卷烟纸的定位装置，参与方较多、协调难度大；二是卷烟纸预打孔后承受拉力的强度降低，断纸风险较高；三是烟支卷制过程中可能有烟丝从预制的孔洞穿出，影响烟支外观；此外，预打孔方式不能随时调节打孔方式，灵活性较差。

而与之相反，在线打孔方式仅需在卷烟机上安装一套激光打孔设备，并在同步收到烟支切割信号时完成打孔，实现性较好；打孔方式可随意调节，缩短试验过程，具有较强灵活性；而且对卷烟纸的生产厂家没有特殊要求，对卷烟纸的外观质量影响较小。综合来说，采用卷烟在线打孔的方式较为适宜，表 7.15 所示为预打孔与在线打孔两种技术对比情况。

表 7.15　预打孔与在线打孔两种技术对比情况

项目	预打孔方式	在线打孔方式
打孔实现	离线，卷烟纸厂完成	在线，卷烟生产过程中完成
打孔位置定位	对卷烟纸打孔位置进行定位，并同步切割烟条	取切割烟支信号，对烟支进行定位并打孔
参与方	卷烟厂、卷烟纸厂、设备厂	卷烟厂、设备厂

7.3.2　细支卷烟烟支竖打孔设备的开发

1. 确定设备安装方式及打孔位置

江苏中烟相关技术人员通过对卷接机组进行考察，经过多次讨论并制图比较，最终提出了项目总体设计方案。即激光打孔机械设备的安装位置选择在 SE 与 MAX 之间，如图 7.9 所示。

激光器箱体位于 SE 与 MAX 交接处的下方，光路经几次转折后引入到烟条在 SE 刀盘分切双倍长烟支的上方，烟条在分切后沿导轨前行的过程中进行激光打孔。

2. 设备开发

按照设计方案完成设备研制的相关工作。具体如下：①完成柜体、控制器件、激光器、精密级激光镜片、机械构件及相关辅材的定制及加工；②开发 PLC 控制软件及人机界面软件，研制开发一套适合卷烟纸激光打孔的计算机控制板及软件；③完成试验设备的组装，并在该设备上制作多种打孔形式的细支卷烟样品并进行评审，为后期试验方案确立提供依据。

3. 设备试验验证及改进

设备研制完成后，在细支卷接机组上进行首次联机调试及试验工作。在设备安装及首次调试过程中发现在机械、电控等方面还有进一步的改进空间。机械方面，激光头尺寸偏大影响刀头罩壳的关闭，光路中护光管尺寸偏大影响烟机上防护

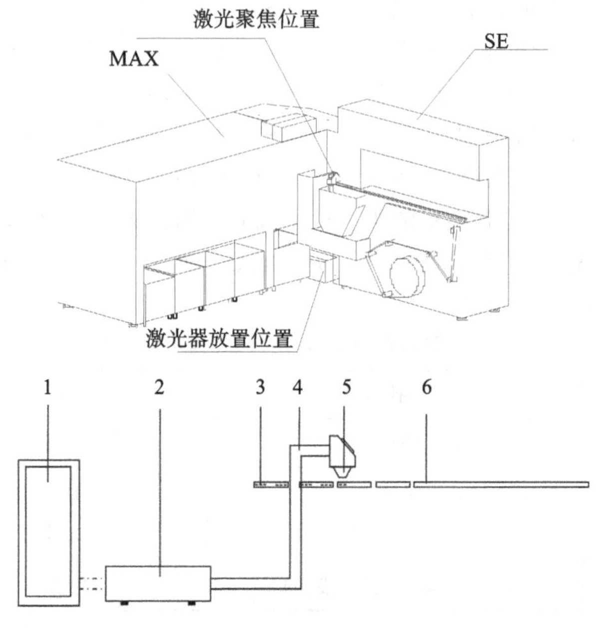

图 7.9 打孔设备安装位置及结构示意图

1—控制系统;2—激光器;3—孔;4—激光管路;5—激光头;6—烟条

板的安装。电控方面,烟机每次重新启动时在卷烟纸上的打孔位置不同,烟机停机后激光还持续一段时间打孔,直到烟机速度低于设定的打孔起始速度为止,容易将烟支点燃。

针对以上问题对设备进行改进,重新加工激光头及护光管,完善 PLC 电控系统信号的连锁控制,更换采集方式,并按照多点连线打孔方式对电脑控制软件进行修改。

经过机械改造和软件修改后,在第二次安装调试中又对如下问题进行了反复修改,一是信号采集更换到 SE 主电机后,传感器受到电机信号干扰,打孔容易丢失脉冲,通过更换屏蔽电缆、增加硬件滤波器、增加软件对干扰信号的过滤功能;二是打孔过程中产生许多灰尘附着在聚焦镜片表面,未及时清理会将激光镜片烧坏。为防止灰尘污染镜片增加激光头内的吹风装置,并设计激光头固定装置、预留空压吸尘装置等。经过上述开发及改进,细支卷烟烟支在线激光竖打孔设备已基本具备试验及初步生产能力。

4. 设备开发完成效果

通过控制软件调节,设备可按照不同的透气度、外观需要,灵活采用各种打孔组合方式。图 7.10 为烟支竖打孔不同打孔方式示意图。比如可在整个烟支段的卷烟纸上进行连线打孔,也可在烟支段的部分卷烟纸上打孔;可以采用单点打孔,

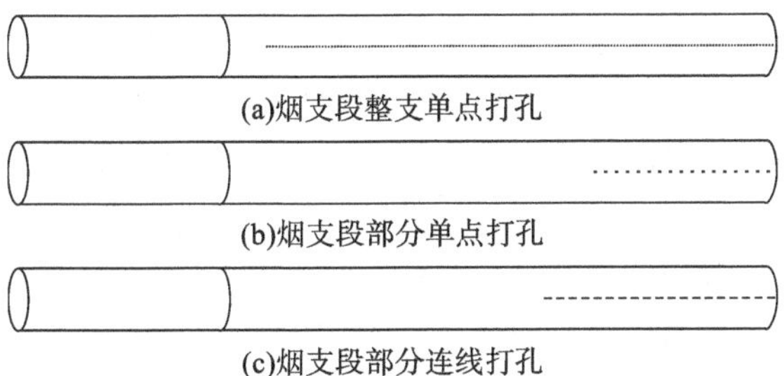

图7.10 烟支竖打孔不同打孔方式示意图

也可采用多孔连线的方式，最终体现出不同的感官及视觉效果，图7.11所示为烟支竖打孔不同打孔方式实物图。

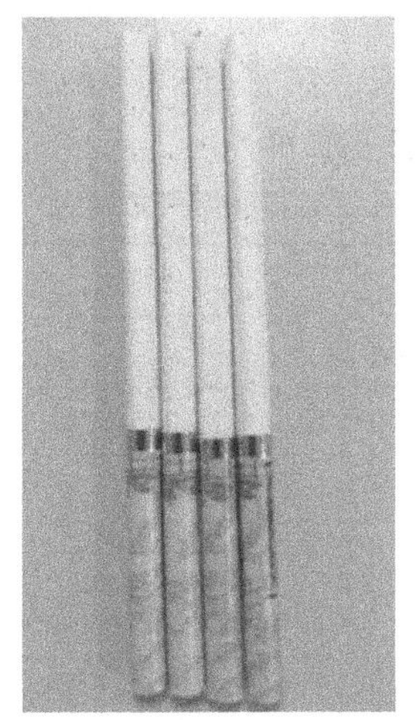

(a)整支单点打孔、部分单点打孔

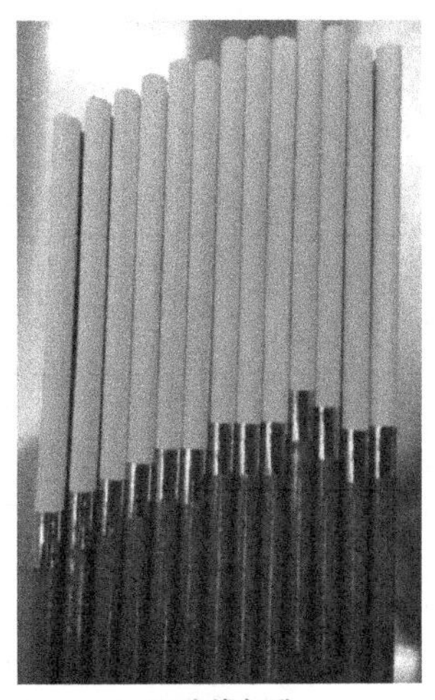

(b)连线打孔

图7.11 烟支竖打孔不同打孔方式实物图

7.3.3 细支卷烟烟支竖打孔技术的应用

1. 烟支竖打孔技术在细支卷烟上的试验及改进

江苏中烟在细支卷烟烟支竖打孔配套设备安装调试基本满足试验条件后，开展了细支卷烟的烟支竖打孔试验、评价及改进工作。

通过整个烟支段的卷烟纸上进行连续打孔试验样品的感官评价，表明烟支竖打孔方式下，烟支空气感增强，且整个抽吸过程都有烟气从卷烟纸打孔中流出，视觉效果较差。结合烟支竖打孔技术的初衷，即重点解决细支卷烟前三口抽吸轻松感较差的出发点，最后认为将烟支竖打孔集中于烟支段的前三分之一处。

将烟支竖打孔定位于烟支段前三分之一处，虽然对于烟条切割和打孔时机的一致性匹配难度较高，但对于产品却具有很多优点。一是消费者抽吸细支卷烟时，会感受到细支卷烟的抽吸阻力一般集中于烟支前段，抽吸至烟支后段时会明显感觉吸阻下降，而在烟支前段打孔后能集中提升前三口的抽吸轻松感，从而保证整支卷烟抽吸阻力的一致性。二是经过前三口抽吸后烟支打孔段燃烧完成，后段与普通细支烟没有差异，接受度较高；三是视觉效果较好，整支打孔会使人产生密集恐惧，且持续不断的侧流烟气会对消费者心理产生一定影响。

采用烟支段前三分之一单点打孔的方式，分别打 4 孔、5 孔，每种孔数各 5 个打孔时间梯度（打孔强度），即 20 μs 至 60 μs，试验样品的烟气检测结果见表 7.16。从烟气检测数据看，打孔样品与原样相比焦油量、CO 量微有下降，烟碱变化不明显，吸阻及通风度等也没有明显变化，说明现有的打孔强度对烟气及物理指标作用不显著。通过对 4 孔、5 孔各梯度的样品进行感官评吸，并与原样对比，结果表明，在目前的卷烟纸打孔状态下，卷烟纸打孔样品在感官、烟气及物理指标方面均未能体现出明显特点，需要改变打孔方式，加大打孔强度。

表 7.16 烟支前段单点打孔试验样品烟气结果

样品		口数/puff	焦油/(mg/支)	烟碱/(mg/支)	CO/(mg/支)	水分/(mg/支)	吸阻/kPa	通风度/(%)
对照样		5.92	5.65	0.51	4.21	0.64	1.289	52.0
4 孔	20 μs	5.83	5.40	0.49	4.24	0.64	1.280	52.2
	30 μs	6.02	5.13	0.50	4.22	0.51	1.284	51.9
	40 μs	6.13	5.86	0.54	4.45	0.64	1.552	46.5
	50 μs	6.00	5.49	0.54	3.98	0.62	1.298	52.3
	60 μs	5.86	5.49	0.53	3.96	0.57	1.295	51.9
5 孔	20 μs	5.89	5.46	0.49	4.05	0.47	1.307	52.7
	30 μs	5.81	5.45	0.52	3.89	0.49	1.283	51.6
	40 μs	5.91	5.23	0.53	3.78	0.63	1.306	52.3
	50 μs	5.80	5.21	0.52	3.67	0.57	1.253	51.3
	60 μs	5.83	5.26	0.53	3.55	0.44	1.236	50.5

在第一次试验结果的基础上，对试验方案进行了优化，试验普通滤棒、胶囊滤棒两种滤棒，每种滤棒分别试验 3 孔、4 孔两种打孔方式，并由上轮试验的单点打孔改为多点连线打孔，每种打孔方式各 3 个梯度，打孔长度分别为 1.0 mm、1.5 mm、2.0 mm。试验样品的烟气检测结果见表 7.17。表 7.17 中数据显示，打孔长度为 1.0 mm 时，与对照样品相比，其烟气释放量变化幅度最小。

表 7.17　烟支前段多点连线打孔试验样品烟气结果

样品			口数/puff	焦油	烟碱	CO	吸阻/kPa	通风度/(%)
				/(mg/支)				
普通滤棒	3 孔	1.0 mm	5.44	5.83	0.62	3.55	1.290	47.3
		1.5 mm	5.64	5.88	0.77	3.59	1.335	47.3
		2.0 mm	6.05	6.27	0.58	3.59	1.350	48.1
	4 孔	1.0 mm	6.04	6.24	0.59	3.53	1.309	47.4
		1.5 mm	5.72	5.99	0.63	3.51	1.397	46.8
		2.0 mm	5.98	5.80	0.63	3.96	1.424	49.7
胶囊滤棒	3 孔	1.0 mm	5.65	6.49	0.66	4.67	1.224	44.6
		1.5 mm	5.80	6.90	0.71	4.79	1.225	44.2
		2.0 mm	5.63	6.33	0.63	4.42	1.214	45.1
	4 孔	1.0 mm	5.62	6.69	0.67	4.67	1.227	44.6
		1.5 mm	5.72	6.82	0.71	4.78	1.225	42.8
		2.0 mm	5.58	6.05	0.62	4.28	1.189	42.9

对 3 孔、4 孔的打孔长度为 1 mm 的普通滤棒样品与原样进行感官对比评吸，参评人员均认为与原样相比，打孔样品的抽吸轻松感较好，尤其表现在前三口，而对 3 孔、4 孔的选择上则各有偏好。对打孔长度为 1 mm、1.5 mm 的普通滤棒样品进行对比评吸，参评人员认为打孔长度 1.5 mm 样品的烟气较稀薄、空气感强，前后一致性较差，而打孔长度 1 mm 样品的均衡性较好。因此建议打孔长度选择 1 mm。对普通滤棒和胶囊滤棒的两个样品进行对比评吸，小部分评委认为胶囊滤棒样品香气丰富性好，甜度稍好；大部分评委认为胶囊滤棒样品残留较明显，风格有变化，记忆点不鲜明，烟气浑浊，前后一致性差。建议细支卷烟采用卷烟纸打孔为 4 孔，打孔长度 1 mm 的参数进行烟支竖打孔。

2. 烟支竖打孔技术在产品开发上的应用

经过前期的试验验证及设备改进，在南京某品牌中试产品上进行了烟支竖打孔试验，打孔方式为多点连线打孔，孔数 4 个，孔长为 1 mm，打孔及不打孔样品的烟气检测结果见表 7.18。从烟气检测结果看，打孔样品的焦油量为 5.57 mg/支，烟碱量为 0.53 mg/支，CO 量为 4.50 mg/支，吸阻为 1.286 kPa，均低于不打孔样品，而打孔样品的纸通风度为 16.2%，显著高于不打孔样品。

表 7.18 中试试验样品烟气结果

样品	口数/puff	焦油/(mg/支)	烟碱/(mg/支)	CO/(mg/支)	水分/(mg/支)	吸阻/kPa	滤嘴通风/(%)	纸通风/(%)
不打孔	5.67	6.09	0.55	5.07	0.64	1.385	43.5	10.0
打孔样	5.35	5.57	0.53	4.50	0.58	1.286	45.2	16.2

对比感官评吸表明，打孔样品抽吸的前几口轻松感较好，烟气较透发、柔顺，香气质量尚可，且在烟气表现形式、余味干净程度及舒适性上表现更优，但空气感稍显，将打孔长度适当降低，经优化试验调整到 0.8 mm。

根据以上试验结果，确定了该产品的烟支打孔技术要求(表 7.19)。按执行该标准生产出来的卷烟成品的感官评价认为，采用竖打孔方式生产的细支卷烟，增加了烟支的透气量，减少了抽吸阻力，从而提高了前三口抽吸的轻松感，烟气丰满程度也有所增加，取得了较好的效果。

表 7.19 烟支竖打孔技术要求

孔数(排数×每排孔数)	孔	4(1×4)
首孔距点烟端	mm	3±0.5
孔间距	mm	4±0.5
孔长	mm	0.8±0.1

为进一步验证采用烟支竖打孔技术细支卷烟的吸阻变化情况，并分析抽吸轻松感提升的原因，对烟支竖打孔样品及不打孔样品的吸阻、总粒项物进行逐口抽吸测试，结果见表 7.20。

表 7.20 烟支竖打孔样品与不打孔样品逐口抽吸结果

<table>
<tr><th rowspan="2">样品</th><th rowspan="2">口数</th><th colspan="3">吸阻/kPa</th><th rowspan="2">TPM/(mg/支)</th><th rowspan="2">口数/puff</th><th rowspan="2">CO/(mg/支)</th></tr>
<tr><th>最大吸阻</th><th>平均吸阻</th><th>总和吸阻</th></tr>
<tr><td rowspan="6">打孔</td><td>第 1 口</td><td>3.179</td><td>1.635</td><td>923.925</td><td>0.77</td><td rowspan="6">5.04</td><td rowspan="6">4.48</td></tr>
<tr><td>第 2 口</td><td>3.254</td><td>1.650</td><td>927.038</td><td>1.31</td></tr>
<tr><td>第 3 口</td><td>3.094</td><td>1.586</td><td>913.595</td><td>1.63</td></tr>
<tr><td>第 4 口</td><td>3.255</td><td>1.634</td><td>923.835</td><td>1.80</td></tr>
<tr><td>第 5 口</td><td>3.269</td><td>1.691</td><td>935.239</td><td>1.74</td></tr>
<tr><td>第 6 口</td><td>3.230</td><td>1.687</td><td>934.431</td><td>0.13</td></tr>
<tr><td colspan="2">均值</td><td>3.214</td><td>1.647</td><td>926.444</td><td>1.230</td><td></td><td></td></tr>
<tr><td colspan="2">标准差</td><td>0.067</td><td>0.039</td><td>7.754</td><td>0.659</td><td></td><td></td></tr>
</table>

续表

样品	口数	吸阻/kPa			TPM /(mg/支)	口数 /puff	CO /(mg/支)
		最大吸阻	平均吸阻	总和吸阻			
不打孔	第 1 口	3.834	1.995	996.068	0.90	5.37	4.94
	第 2 口	3.619	1.866	970.298	1.22		
	第 3 口	3.810	1.915	979.969	1.51		
	第 4 口	3.412	1.767	950.325	1.61		
	第 5 口	3.442	1.795	955.943	1.81		
	第 6 口	3.507	1.868	970.613	0.79		
均值		3.604	1.868	970.536	1.303		
标准差		0.183	0.083	16.507	0.406		

对比两个样品的逐口吸阻数据，打孔样品的最大吸阻、平均吸阻及总和吸阻的均值分别为 3.214 kPa、1.647 kPa、926.444 kPa，明显低于不打孔样品的均值，说明打孔样品的抽吸轻松感整体上优于不打孔样品。从逐口吸阻的标偏分析看，打孔样品各个指标的标准差明显低于不打孔样品，说明打孔样品的逐口吸阻间稳定性较好。

详细对比两个样品的平均吸阻、最大吸阻的逐口变化趋势(图 7.12)。不打孔样品的第 1 口的最大吸阻为 3.834 kPa，平均吸阻为 1.995 kPa，明显高于打孔样品，随后第 2、3 口微有下降，但仍然保持较高水平，直至第 4、5、6 口才有较为明显的降低，这也从数据上解释了目前常规细支卷烟在前三口抽吸时轻松感较差的原因。而打孔样品的第 1 口的最大吸阻为 3.179 kPa，平均吸阻为 1.635 kPa，明显低于不打孔样品，之后的每口吸阻都稳定在较小区间内，说明在烟支前端打孔通风的

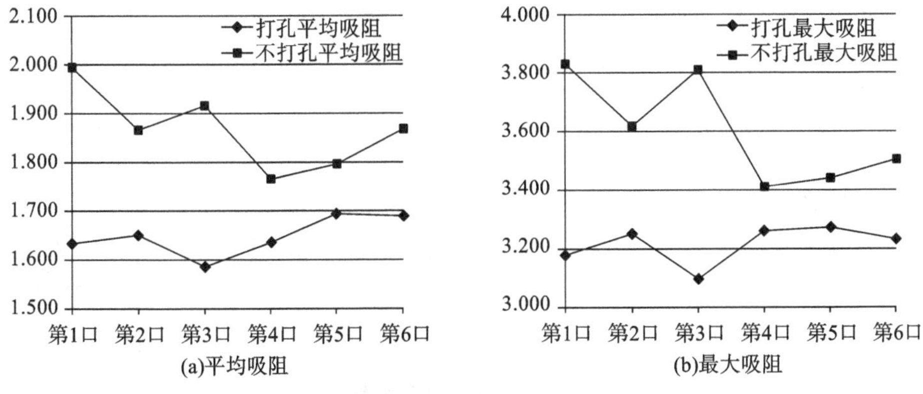

图 7.12　烟支竖打孔样品与不打孔样品逐口吸阻比较(单位：kPa)

作用下，前三口的吸阻下降明显，且整支卷烟的吸阻稳定性良好，从而保证了较好的抽吸体验。

从总粒项物的释放情况看，由于打孔样品的抽吸口数较少，因此第6口的释放量较小，导致其标准差较大。但统计前5口的总粒项物释放量，打孔样品为7.25 mg/支，不打孔样品为7.03 mg/支，说明在正常抽吸情况下，打孔样品的单口释放量要高于不打孔样品，证明了烟气丰满程度略有增加的感官结论。而打孔样品的CO释放量低于不打孔样品，与烟支通风增加对CO的扩散有关。

7.3.4 竖打孔细支卷烟不同抽吸模式主流烟气释放量对比

1. 材料与方法

(1) 材料、试剂和仪器

材料、试剂：烟支长度为97 mm，圆周17 mm，首孔距离烟支末端均为2 mm，其余参数见表7.21（图7.13为卷烟孔带示意图），由江苏中烟提供；异丙醇：分析纯，国药集团化学试剂有限公司；乙醇：色谱纯，天津科密欧化学试剂有限公司；正十七碳烷：色谱纯，梯希爱（上海）化成工业发展有限公司；烟碱标液：>97%，郑州烟草研究院。

表7.21 不同卷烟样品打孔参数及物理指标

样品编号	打孔数量/个	孔带宽度/mm	孔间距离/mm	吸阻/kPa	滤嘴通风/(%)	纸通风/(%)	总通风度/(%)	烟支质量/g
P0	0	0	0	1.329	47.6	10.0	57.6	0.531
P1	3	1.0	6.5	1.291	47.4	15.5	62.9	0.531
P2	3	1.5	6.0	1.318	47.9	20.4	68.3	0.534
P3	3	2.0	5.5	1.308	47.0	22.6	69.6	0.541
P4	4	1.0	5.0	1.305	47.3	16.6	63.9	0.548
P5	4	1.5	4.5	1.309	47.9	20.7	68.6	0.532
P6	4	2.0	4.0	1.381	48.5	24.4	73.9	0.552

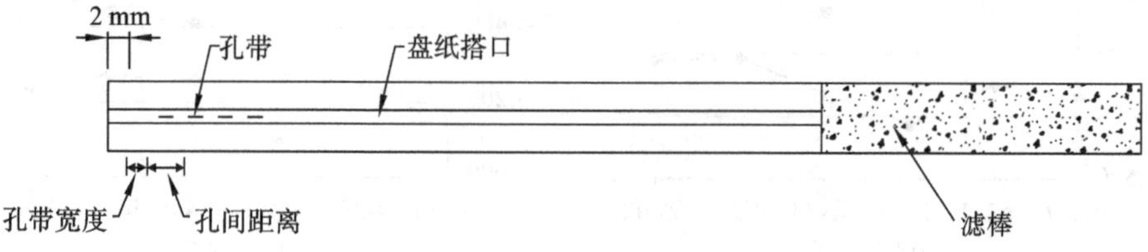

图7.13 卷烟孔带示意图

20 孔道吸烟机：RM20H 型，德国 Borgwaldt KC 公司；综合测试台：DT-5 型，德国 Borgwaldt KC 公司；气相色谱仪：7890A 型，美国 Agilent 公司；电子天平：AL204 型，瑞士 Mettler Toledo 公司。

（2）方法

按照 GB/T 16450—2004《常规分析用吸烟机定义和标准条件》规定的条件逐口抽吸卷烟。抽吸完毕，按照 GB/T 19609—2004《卷烟常规分析用吸烟机测定总粒相物和焦油》、GB/T 23203.1—2013《卷烟 总粒相物中水分的测定 第 1 部分：气相色谱法》及 GB/T 23355—2009《卷烟 总粒相物中烟碱的测定 气相色谱法》处理每口抽吸的剑桥滤片，测定每口烟气粒相物中焦油、水分及烟碱的含量。每个样品平行测定两次。

2. ISO 模式下焦油、烟碱释放量

表 7.22、表 7.23 给出了 ISO 模式下不同卷烟样品的逐口烟气焦油、烟碱释放量。结果表明，完整抽吸口序时（前 5 口），各样品焦油逐口释放量范围为 0.2947～1.3873(mg/cig)，烟碱逐口释放量范围为 0.0325～0.1517(mg/支)，各样品焦油、烟碱逐口释放量随抽吸口序的增加呈显著增加趋势。对照样品的焦油和烟碱方差分别是 0.0672 和 0.0009，均小于纸打孔样品，表明相对于纸打孔样品，对照样品逐口烟气释放量的变化趋势较为平缓。

表 7.22　ISO 模式下不同卷烟样品烟气中焦油释放量

样品编号	逐口释放量/(mg/支)							抽吸口数	总释放量/(mg/支)
	第 1 口	第 2 口	第 3 口	第 4 口	第 5 口	第 6 口	方差		
P0	0.6155	0.8145	1.1084	1.1486	1.3132	0.8387	0.0672	5.63	5.8389
P1	0.4926	0.7943	1.1060	1.2275	1.2762	0.7061	0.0998	5.59	5.6027
P2	0.4394	0.8209	1.1649	1.1994	1.3873	0.7813	0.1208	5.64	5.7931
P3	0.4668	0.7280	1.0844	1.1726	1.2965	1.0413	0.0954	5.90	5.7896
P4	0.4751	0.8498	1.1365	1.1669	1.3197	0.9046	0.0904	5.73	5.8527
P5	0.4235	0.7996	1.1152	1.1954	1.3012	0.6269	0.1211	5.49	5.4618
P6	0.2947	0.5626	0.9428	1.0493	1.1680	1.2736	0.1428	5.97	5.2910

表 7.23　ISO 模式下不同卷烟样品烟气中烟碱释放量

样品编号	逐口释放量/(mg/支)							抽吸口数	总释放量/(mg/支)
	第 1 口	第 2 口	第 3 口	第 4 口	第 5 口	第 6 口	方差		
P0	0.0571	0.0997	0.1260	0.1275	0.1422	0.0962	0.0009	5.63	0.6486
P1	0.0485	0.1041	0.1281	0.1319	0.1354	0.0823	0.0012	5.59	0.6303
P2	0.0451	0.1093	0.1337	0.1304	0.1517	0.0920	0.0014	5.64	0.6622

续表

样品编号	逐口释放量/(mg/支)							抽吸口数	总释放量/(mg/支)
	第1口	第2口	第3口	第4口	第5口	第6口	方差		
P3	0.0454	0.1014	0.1317	0.1334	0.1444	0.1187	0.0013	5.90	0.6750
P4	0.0480	0.1122	0.1318	0.1298	0.1425	0.1100	0.0012	5.73	0.6743
P5	0.0427	0.1093	0.1305	0.1314	0.1442	0.0745	0.0015	5.49	0.6325
P6	0.0325	0.0845	0.1249	0.1255	0.1325	0.1457	0.0018	5.97	0.6456

与对照样品相比，一方面，纸打孔卷烟样品从燃烧端进入的空气流量被分割为从燃烧锥端和孔带处两部分进入，增加了烟气的稀释度；另一方面，纸打孔增加了纸通风率，改变了卷烟燃烧锥燃烧状态，氧气补给速率提升，引起卷烟烟丝在富氧状态下燃烧[31]，焦油释放量也相应降低。因此，纸打孔样品的焦油释放量有不同程度降低。

表7.22的结果显示，与对照样相比，纸打孔卷烟样品第1口的焦油释放量均明显降低，且随着孔带宽度的增加，P4～P6第1口焦油释放量显著降低，P1～P3第1口焦油释放量变化规律不够明显。随着抽吸口序的进行，烟支燃烧端向滤嘴端前移，燃烧锥接近或通过打孔位置，抽吸至第3口时，P1～P3这3个样品的燃烧锥已全部通过打孔位置，P4～P6这3个样品的燃烧锥接近最后一个打孔位置，打孔数目的减少，直接导致打孔对卷烟焦油释放量的影响进一步减小。因此，并非所有纸打孔样品的第2口焦油释放量均低于对照样品，抽吸至第3口时，纸打孔样品的焦油释放量与对照样品已无明显差异。

表7.23数据显示，卷烟纸打孔，对于卷烟焦油释放量的影响较烟碱更加明显。P6的焦油降幅高达9.38%，而烟碱降幅仅为0.46%，其第2口焦油降幅为30.93%，烟碱释放量仅从0.0997 mg/支降至0.0845 mg/支，降幅为15.25%。与对照样品相比，纸打孔卷烟的烟碱总释放量变化幅度并不明显，P3样品的烟碱总释放量变化幅度最大，也仅是增加了4.07%。这可能是由于烟气中的烟碱由烟草中的烟碱直接迁移而来[32]，盘纸打孔降低了卷烟燃烧锥的温度，致使焦油有所降低[33]，但是燃烧锥温度仍远高于烟碱160～220 ℃的烟碱迁移温度[34]。

3. HCI模式下焦油、烟碱释放量

表7.24、表7.25给出了HCI模式下不同卷烟样品的焦油、烟碱逐口释放量。由于采用了更小的抽吸频率、更大的抽吸容量以及滤嘴通风孔的完全封闭，样品的抽吸口数明显增加，焦油和烟碱释放量明显高于ISO模式下的释放量。对照样品HCI模式下焦油、烟碱释放量分别是ISO模式的2.92倍、2.32倍，P6样品更是高达3.30倍、2.40倍。

表 7.24　HCI 模式下不同卷烟样品烟气中焦油逐口释放量

样品	逐口释放量/(mg/支)										抽吸口数	总量/(mg/支)
	第 1 口	第 2 口	第 3 口	第 4 口	第 5 口	第 6 口	第 7 口	第 8 口	第 9 口	第 10 口		
P0	1.5661	1.6457	1.9888	2.2627	2.2318	2.3461	2.3047	1.8669	0.8562	—	8.25	17.0690
P1	1.3608	1.6441	1.8246	1.9407	1.9851	2.4396	2.0462	2.0358	1.3596	0.5907	8.40	17.2273
P2	1.4796	1.7485	2.0576	2.1423	2.4358	2.3451	2.3990	2.3688	1.0274	—	8.43	18.0041
P3	1.3226	1.6384	2.0054	2.2903	2.3241	2.4660	2.3807	2.2818	1.1263	—	8.37	17.8356
P4	1.5447	1.7210	2.0386	2.2129	2.3780	2.5139	2.3600	2.4294	0.9914	—	8.36	18.1898
P5	1.3604	1.7137	2.0690	2.2603	2.3838	2.4428	2.3082	1.9437	0.9026	—	8.48	17.3846
P6	1.0292	1.3466	1.8697	2.0985	2.1573	2.3044	2.1417	2.0174	1.8418	0.6528	9.15	17.4594

表 7.25　HCI 模式下不同卷烟样品烟气中烟碱逐口释放量

样品	逐口释放量/(mg/支)										抽吸口数	总量/(mg/支)
	第 1 口	第 2 口	第 3 口	第 4 口	第 5 口	第 6 口	第 7 口	第 8 口	第 9 口	第 10 口		
P0	0.1137	0.1517	0.1758	0.1987	0.1990	0.2070	0.2002	0.2007	0.0611	—	8.25	1.5079
P1	0.0889	0.1451	0.1647	0.1812	0.2079	0.1968	0.1953	0.1818	0.1151	0.0441	8.40	1.5208
P2	0.1038	0.1741	0.1985	0.1981	0.2139	0.2080	0.2108	0.2067	0.0800	—	8.43	1.5939
P3	0.1211	0.1260	0.2091	0.2085	0.2112	0.2192	0.2160	0.2044	0.0928	—	8.37	1.6084
P4	0.1029	0.1679	0.1936	0.1997	0.2170	0.2201	0.2131	0.2136	0.0811	—	8.36	1.6088
P5	0.0887	0.1619	0.1972	0.2051	0.2053	0.2179	0.2003	0.1736	0.0646	—	8.48	1.5147
P6	0.0631	0.1327	0.1873	0.1954	0.1968	0.1952	0.1871	0.1977	0.1624	0.0324	9.15	1.5501

与ISO模式不同，HCI模式下各样品完整抽吸口序时（前8口），仅仅只有前5口的焦油和烟碱释放量随抽吸口序的增加而增加，第7口开始，基本呈现逐渐降低的趋势。这可能是由于随着抽吸口序的进一步增加，烟支变短，烟气在未燃烧烟支内部的沉积、冷凝等因素令抽吸燃烧期间压降升高、截留效应增加所致[35,36]，尚有待于进一步深入研究。

表7.24、表7.25中数据显示，在HCI模式下，卷烟纸打孔对样品烟气中焦油和烟碱释放量与ISO模式有较大的区别。P1～P6样品中，与对照样品相比，只有P6样品前7口的焦油释放量有一定降低，P1样品前5口略有下降，但是，两样品的总焦油释放量较对照样均有所升高，其中P6的焦油升高了2.29%，P1升高了0.93%，其他4个样品总焦油和烟碱释放量均比对照样品高，焦油和烟碱增幅分别在0.94%～6.56%和0.45%～6.7%之间，表明在HCI模式下，卷烟纸打孔对于卷烟整体焦油和烟碱释放量有不利的影响。

4. 两种抽吸模式下焦油与烟碱释放量分析

ISO模式下，P1～P6样品前3口焦油释放量变化较为明显，因此，进一步比较分析了两种抽吸模式下前三口焦油逐口释放量的增长率（图7.14），其中图7.14(a)、(b)、(c)分别表示第1口到第2口、第2口到第3口、第3口到第4口的增长率。如图7.14所示，ISO模式下第1口到第2口的增长率最高，其对照样增长率为32.3%，P1～P6增长率在56.0%～90.9%之间，而HCI模式下对照样增长率只有5.1%，P1～P6增长率在11.4%～30.8%之间，远低于ISO模式下的增长率；第2口到第3口，对照样增长率为36.1%，打孔卷烟增长率在33.7%～67.6%之间，纸打孔样品的增长率有所减小，HCI模式下对照样增长率为20.8%，打孔卷烟增长率在11.0%～38.8%之间，缩小了与ISO模式增长率之间的差距；ISO模式下第3口到第4口的增长率继续迅速降低，此时卷烟样品HCI模式下的增长率已与ISO模式相当。前三口焦油增长率的变化趋势反映了ISO模式下焦油逐口释放量的变化趋势较HCI模式大。

如前所述，ISO模式下对照样a值为32.3%，P1～P6样品a值在55.9%～90.9%之间，以P1为例，ISO模式下P1的a值为61.2%，打孔造成的影响是P1的a值增加了89.4%，而HCI模式下对照样a值为5.1%，P1的a值为20.8%，打孔致使其增幅达到了309.6%，其他样品的a、b、c值也遵循此规律，可见同样的抽吸口数时HCI模式下打孔造成的焦油逐口增长率变化幅度范围远大于ISO模式，因此HCI模式下纸打孔带来的影响更大。

与对照样品相比，HCI模式下，纸打孔样品的焦油和烟碱总释放量均有不同程度的升高。P4样品的焦油增幅最大，达6.57%，烟碱增幅达6.69%。一方面是由于纸打孔时，静燃速率未受卷烟纸打孔的影响，卷烟抽吸口数明显增加所致（表7.24，P6样品的抽吸口数较对照样增加了0.9口）；另一方面，尽管HCI模式下，采

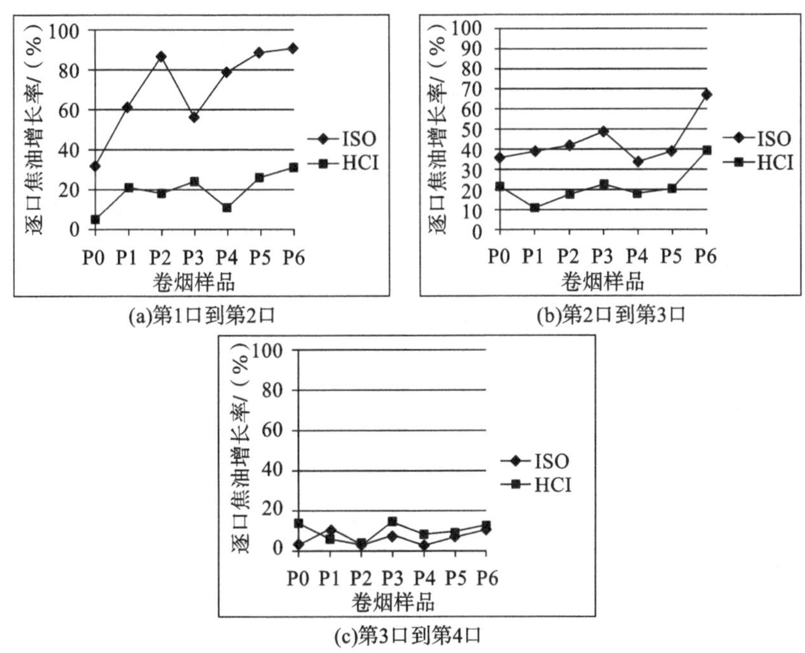

图 7.14　不同卷烟样品两种抽吸模式下前三口烟气中焦油的逐口增长率

用较高的抽吸容量，卷烟燃烧温度升高，而阴燃温度差异性不大[33]，抽吸结束后热气流降温速率较快，有利于挥发性成分的迅速冷凝，以及在下一口抽吸时向烟支下游的递送，同时，抽吸燃烧期间升温速率的升高，也进一步增加了烟气焦油释放量[37]。

5. 两种抽吸模式下烟碱/焦油比分析

表 7.26 给出了两种抽吸模式下烟气中烟碱/焦油比值的分析结果。从表 7.26 中可以看出，HCI 模式下，与对照样品相比，总的烟碱/焦油比数值变化不大，变化范围在 0%～2.12%之间，但是无论是总烟碱/焦油比还是逐口烟碱/焦油比，打孔卷烟与对照样品均未呈现明显的变化规律。而在 ISO 模式下，纸打孔卷烟的总烟碱/焦油比均大于对照样品，且呈现打孔数目相同的情况下，总烟碱/焦油比随着孔带宽度的增加而增加，孔带宽度相同时，烟碱/焦油比随着打孔数目的增加而升高的趋势。ISO 模式下的逐口烟碱/焦油比值显示，针对完整抽吸口序（前 5 口），相同打孔数目下，随着孔带宽度的增加，P1～P3 样品第 2 口的烟碱/焦油比逐渐升高，第 3 口先降低后升高，第 4 口、第 5 口又逐渐升高。P4～P6 样品第 2 口、第 3 口的烟碱/焦油比逐渐升高，第 4 口先降低后升高，第 5 口又逐渐升高。如前文所述，相对于对照样品，打 3 个孔时，第 3 口为过渡抽吸口序，打 4 个孔时，第 4 口为过渡抽吸口序，纸打孔对卷烟燃烧状态的影响所致。有研究表明，烟草中烟碱保持一定水平，吸烟者抽吸低焦油卷烟时无代偿作用[38]，而且烟碱/焦油比与卷烟的香

气、杂气、刺激性、余味等指标之间均呈显著线性正相关关系[39]，即烟碱/焦油比在一定范围内增加时，卷烟的综合质量较好，设计低焦油卷烟时，应设法提高烟碱/焦油比的数值。因此，纸打孔卷烟在焦油释放量降低的同时，烟碱/焦油比仍维持在较高的水平，可为低焦油细支卷烟的设计提供一定的技术支撑。

表 7.26 两种模式下不同卷烟样品主流烟气烟碱/焦油比值

模式	样品	第 1 口	第 2 口	第 3 口	第 4 口	第 5 口	第 6 口	第 7 口	第 8 口	第 9 口	总量
ISO	P0	0.0928	0.1224	0.1137	0.1110	0.1083	0.1147	—	—	—	0.1111
	P1	0.0985	0.1311	0.1158	0.1075	0.1061	0.1166	—	—	—	0.1125
	P2	0.1026	0.1331	0.1148	0.1087	0.1093	0.1178	—	—	—	0.1143
	P3	0.0973	0.1393	0.1214	0.1138	0.1114	0.1140	—	—	—	0.1166
	P4	0.1010	0.1320	0.1160	0.1112	0.1080	0.1216	—	—	—	0.1152
	P5	0.1008	0.1367	0.1170	0.1099	0.1108	0.1188	—	—	—	0.1158
	P6	0.1103	0.1502	0.1325	0.1196	0.1134	0.1144	—	—	—	0.1220
HCI	P0	0.0726	0.0922	0.0884	0.0878	0.0892	0.0882	0.0869	0.1075	0.0714	0.0883
	P1	0.0653	0.0883	0.0903	0.0934	0.1047	0.0807	0.0954	0.0893	0.0847	0.0883
	P2	0.0702	0.0996	0.0965	0.0925	0.0878	0.0887	0.0879	0.0873	0.0779	0.0885
	P3	0.0916	0.0769	0.1043	0.0910	0.0909	0.0889	0.0907	0.0896	0.0824	0.0902
	P4	0.0666	0.0976	0.0950	0.0902	0.0913	0.0876	0.0903	0.0879	0.0818	0.0884
	P5	0.0652	0.0945	0.0953	0.0907	0.0861	0.0892	0.0868	0.0893	0.0716	0.0871
	P6	0.0613	0.0985	0.1002	0.0931	0.0912	0.0847	0.0874	0.0980	0.0882	0.0888

参考文献

[1] 王增瑜，魏玉磊. 卷烟纸添加剂对“泰山”卷烟烟气水分和游离烟碱含量的影响[J]. 食品工业，2012，2：50-53.

[2] 黄富，刘斌，王平军. 特色薄荷型卷烟纸的开发与应用[J]. 中国造纸，2012，31(1)：42.

[3] 尹升福，谭蓉，银董红. 金属盐对卷烟纸裂解致孔及主流烟气中 CO 释放量的影响[J]. 烟草科技，2016，49(8)：35-43.

[4] 彭忠，张俊松，兰中于. 彩色卷烟纸的作用与研究进展[J]. 轻工科技，2014，2：105-106.

[5] Jenkins，R W Jr，M K Chavis. Cigarette smoke formation studies：VI The carbon contribution to total smoke from each individual component in 1R1-

type cigarette[J]. Beit. Tabak. Int. 10(3),145-148,1980.

[6] Garder C, Wylie-Rosett J, Gidding S S, et al. Nonnutritive sweeteners: current use and health perspectives a scientific statement from the American heart association and the American diabetes association[J]. Diabetes Care, 2012,35(8):1798-1808.

[7] 叶晓青.新型甜味剂在卷烟配方中的作用[J].烟草科技,2000,2:3-4.

[8] 朱尊权.从卷烟发展史看“中式卷烟”[J].烟草科技,2004(4):4-7,41.

[9] 朱巍,刘俊辉,赵国豪.一种添加有超高效甜味剂的卷烟.中国,CN201310013299.X[P].2013-04-03.

[10] 张国文,胡兴,丁花芳,等.国内食品添加剂分析方法研究进展[J].分析试验室,2018,37(12):1478-1488.

[11] 杨君,王建华,刘靖靖,等.食品中甜味剂的检测技术研究进展[J].化学分析计量,2013,22(5):100-103.

[12] 刘芳,王彦,王玉红,等.固相萃取-高效液相色谱-蒸发光散射检测法同时检测食品中5种人工合成甜味剂[J].色谱,2012,30(3):292-297.

[13] Zhu Y,Guo Y Y,Ye M L,et al. Separation and simultaneous determination of four artificial sweeteners in food and beverages by ion chromatography [J]. Journal of Chromatography A,2005,1085(1):143-146.

[14] 桂建业,孙威,张辰凌,等.离子色谱-串联质谱法分析环境水体中痕量人工甜味剂[J].分析化学,2016,44(3):361-366.

[15] Hiorie M,Ishikawa F,Oishi M,et al. Rapid determination of cyclamate in foods by solid-phase extraction and capillary electrophoresis[J]. Journal of Chromatography A,2007,1154(1-2):423-428.

[16] 蒋奕修,魏瑞霞,杨桂珍,等.磺胺类人工合成甜味剂的毛细管电泳/电导法分离检测[J].分析测试学报,2009,28(7):838-841.

[17] Bergamo A B,Fracassi DA, Silva J A,et al. Simultaneous determination of aspartame, cyclamate, saccharin and acesulfame-K in soft drinks and tabletop sweetener formulations by capillary electrophoresis with capacitively coupled contactless conductivity detection [J]. Food Chemistry,2011,124(4):1714-1717.

[18] 张雅珩,周围,李斌.衍生化毛细管气相色谱法同时测定无糖食品中的多种糖醇类甜味剂[J].分析化学,2013,41(6):911-916.

[19] 段建发,林超,林文.气相色谱-质谱法测定食品中甜蜜素[J].理化检验:化学分册,2012,48(9):1112-1114.

[20] Hashemi M, Habibi A, Jahanshahi N. Determination of cyclamate in

artificial sweeteners and beverages using headspace single-drop microextraction and gas chromatography flame-ionisation detection[J]. Food Chemistry,2011,124(3):1258-1263.

[21] Yu S B, Zhu B H, Lv F, et al. Rapid analysis of cyclamate in foods and beverages by gas chromatography-electron capture detector(GCECD)[J]. Food Chemistry,2012,13(4):2424-2429.

[22] 马书民,王明泰,韩大川,等. 液相色谱串联质谱法测定食品中甘露糖醇、麦芽糖、木糖醇、山梨糖醇[J]. 中国食品添加剂,2011,206-210.

[23] 李晶,徐济仓,缪明明,等. 固相萃取-超高效液相色谱/串联质谱同时检测饮料中13种禁限用食品添加剂[J]. 分析科学学报,2013,29(4):488-492.

[24] 胡强,王延云,李超豪,等. 超高效液相色谱串联质谱法快速测定白酒中痕量甜味剂[J]. 食品科学,2013,34(20) :232-236.

[25] 唐吉旺,袁列江,肖泳,等. 固相萃取-高效液相色谱-质谱联用法同时测定食品中9种人工合成甜味剂[J]. 色谱,2019,37(6):619-625.

[26] Matuszewski B K, Constanzer M L, Chaner-eng C M. Strategies for the assessment of matrix effect in quantitative bioanalytical methods based on HPLC-MS/MS[J]. Analytical chemistry,2003,75(13):3019-3030.

[27] 孙东亮,赵华民. 基于消费者感知的细支卷烟轻松感、满足感设计思路[J]. 中国烟草学报,2017 ,23(2).

[28] 林婉欣,招美娟,石晓江. 细支卷烟的吸阻与物理指标相关性分析[J]. 工程设备与材料,2017,5:115-116.

[29] 谢兰英,钟科军,刘琪等. 卷烟烟气CO及其降低去除研究进展[J]. 环境科学与技术,2006,29(9):109-111.

[30] 谢定海,黄宪忠,单婧,等. 卷烟纸透气度对卷烟燃烧温度及烟气指标的影响[J]. 纸和造纸,2013,32(1):45-49.

[31] Baker R R The kinetics of tobacco pyrolysis[J]. Thermochimica Acta, 1976,17(1):29-63.

[32] Davis B R , Houseman T H , Roderick H R. Studies of cigarette smoke transfer using radioisotopically labelled tobacco constituents Part Ⅲ: The use of dotriacontane-16,17-14C as a marker for the deposition of cigarette smoke in the respiratory system of experimental animals[J]. Beiträge Zur Tabakforschung,1973,7(3):148-153.

[33] 郑赛晶,顾文博,张建平,等. 抽吸参数对卷烟燃烧温度及主流烟气中某些化学成分的影响[J]. 中国烟草学报,2007,13(2):6-11.

[34] Seeman J I, Fournier J A, Paine J B. Aspects of the thermal behavior of

nicotine and its salts with carboxylic acids[J]. Coresta Meet. Smoke-Techno Groups, Innsbruck, 1999, abstr. ST 18.

[35] 朱怀远,张媛,庄亚东,等. 卷烟抽吸期间区带压降与温度的关系及对烟气常规成分的影响[J]. 烟草科技,2016,49(2):47-54.

[36] 闫克玉. 卷烟烟气化学[M]. 郑州:郑州大学出版社,2002:122-123.

[37] Ozbay N, Pütün A E, Pütün E. Bio-oil production from rapid pyrolysis of cottonseed cake: product yields and compositions[J]. International Journal of Energy Research, 2010, 30(7): 501-510.

[38] 刘景英. 吸烟者焦油代偿现象的配对双盲研究[J]. 华南预防医学,2003,29(4):41-42.

[39] 王建民,李晓,闫克玉,等. 烟碱/焦油比与卷烟吸味品质之间的关系[J]. 烟草科技,2002,(5):8-11.

第 8 章　细支卷烟研发及品系发展

通过中式细支卷烟品类特征分析及构建研究，形成了中式细支卷烟品类的核心特征。通过细支卷烟原料配方保障技术、特色香原料开发技术、材料设计及特色技术、工艺设计技术等系统化设计及关键技术研究的开展，利用原料、配方、调香、工艺及材料等多个方面的综合效应，着力解决细支卷烟“三感”问题，彰显细支卷烟感官效应，提升消费者的感官体验和消费体验。通过细支卷烟品质提升技术、降本增效技术、稳焦控焦技术等生产制造过程控制技术的研究，从打叶复烤到卷接工艺全流程调控，推动细支卷烟制造水平的稳步提升，体现细支卷烟低焦低害的产品优势。通过提升细支卷烟文化内涵关键技术研究，以问题导向创新中式细支卷烟包装设计手法，形成独具品牌特色的视觉体系，提升产品的文化感知。

本章将结合江苏中烟工业有限责任公司细支卷烟产品的研发，阐述如何通过技术集成、产品应用、品系发展这一路径，实现关键技术对产品研发、品质提升、品类优化的支撑，从而构建出“有支撑、成体系、能感知”的中式卷烟细支品类。

8.1　集成应用

围绕细支品类核心特征的支撑技术、附属特征的强化技术的集成应用，采用卷烟系统化设计思路，推进通用技术在细支卷烟中的普遍应用，提升感官质量水平、凸显低害低耗优势；推进个性技术在具体产品中的应用，解决同质化问题，凸显产品亮点卖点，强化对中式卷烟细支品类创新的技术支撑。

8.1.1　细支卷烟系统化设计系统

卷烟系统化设计系统一般由配方设计、调香设计、材料设计与工艺设计等几个方面组成。在细支卷烟设计中，需要特别关注卷烟圆周减小至 17 mm 时，细支卷烟在吸阻特征、燃烧状态和烟气释放量等方面的变化。正如前文所述，与常规卷烟相比，在吸阻特征方面，细支卷烟吸阻标偏增加80%～100%，动态吸阻标偏超过200 Pa，且逐口感官质量差异显著。在燃烧状态特征方面，细支卷烟燃烧体积降低50%；最高燃烧温度与特征温度升高50～80 ℃；静燃速率与抽吸中瞬时燃烧速率增加30%；单口烟丝消耗量降低40%～50%；抽吸过程中升温速率最高提升80%～100%。在细支卷烟设计时，燃烧体积降低提示烟气设计需要加强，燃烧温度的升高为调香技术应用提供空间，须考虑各因素与燃烧过程的匹配性以实现合适的燃烧速率，单丝消耗量的降低应重新开展调香设计。同时，升温速度的提高，为梗丝、再造烟叶的利用及香料设计提供了条件；在烟气释放量方面，释放总量和单口释放量都有明显降低，为降低吸阻的设计提供空间。

综上所述，细支卷烟产品易出现吸阻大、满足感不强、逐口抽吸时波动较大等问题。与常规卷烟相比，细支卷烟在吸阻、燃烧和烟气成分释放量等指标上体现出烟支圆周降低所带来的内在特征。所以在细支卷烟系统化设计平台构建时，应根据上述特征和长期的设计要素研究实践，以问题为导向，重点在配方系统化设计、材料系统化设计以及调香系统化设计等方面，构建适用于细支卷烟产品设计的系统化设计平台，并利用该设计平台指导产品前期开发和后期维护、调整与优化。

1. 配方系统化设计

细支卷烟配方系统化设计技术，综合前述细支卷烟在原料保障技术、原料配方技术、特色调香技术、制丝工艺及掺配技术方面的基础，由叶组配方技术、特色调香技术和制丝工艺及掺配技术构成。

叶组配方技术设计应根据烟叶原料的香型风格，结合目标产品风格定位，选用特色香韵烟叶，对原料进行模块化打叶复烤加工，同时进行模块化配方技术应用。配方的模块化主要是利用数字化配方技术进行精准配方设计，同时在设计中考虑低焦低害控制。通过叶组配方技术的应用，充分发挥原料特色，构建中式细支卷烟配方技术。

2. 材料系统化设计

细支卷烟材料的系统化设计是细支卷烟系统化设计的关键，也是实现正向设计、反向维护、调控和优化等数字化设计的基础工作。细支卷烟在圆周减小后，感官特征呈现新的特点，突出体现了卷烟材料设计的重要性，需更好地结合卷烟工艺技术，更好地发挥材料在卷烟风格特征调控上的优势。

在细支卷烟滤棒丝束研究中，针对不同规格的高单旦低总旦丝束成型细支滤棒的压降、丝束量、滤棒质量综合水平及过滤效率、感官质量等方面开展研究。通过构建细支滤棒压降模型、制作细支滤棒及细支胶囊滤棒丝束特性曲线、优化细支卷烟烟气过滤经验方程，分析烟气过滤效率及感官质量。普通细支滤棒在压降为

4300 Pa时感官表现较优，压强过高或过低均会带来一些负面效应。细支滤棒的感官质量表现为多种因素叠加下的结果，因此在选型过程中要综合考量压降、丝束类型、烟气过滤效率等，选择与产品开发需求相适应的滤棒指标。

在精准设计抽吸阻力方面，以产品风格特征为导向，结合材料、叶组配方和工艺技术的综合应用，对产品吸阻进行精准设计，在保证产品感官风格特征稳定的同时，降低和控制细支卷烟吸阻，提升卷烟轻松感。材料技术集成应用将细支滤棒压降由4600 Pa降低到4300 Pa，降低卷烟滤棒吸阻75 Pa(一切四)；叶组配方与工艺技术协同设计，结合卷烟劈刀盘创新设计优化烟支密度，将烟丝部分吸阻由1000 Pa以上降低到700 Pa以下，细支卷烟吸阻整体降低350 Pa以上。

在精准调控烟气过程效率方面，依据构建的滤棒过滤效率模型和通风稀释率模型，优化丝束规格和三纸一棒规格，设计通风系统参数，根据卷烟感官和烟气设计目标精准调控烟气过滤效率，结合叶组配方和工艺技术低焦低害设计，在满足危害性指标降低或稳定的基础上，提升卷烟满足感。

在精准控制卷烟各部分吸阻分配方面，依据构建的吸阻网络模型，对卷烟吸阻在各部分的分配进行优化设计，卷烟纸的选型和在线竖打孔技术是设计考虑的关键。通过卷烟纸克重、透气度等关键指标选择，同时结合在线竖打孔技术和卷制工艺稳健控制技术，实现卷烟逐口抽吸烟气质量均匀性的提升。

3. 调香系统化设计

特色调香技术设计是消费感知导向下的叶组配方与香精香料协调设计，应用的技术手段主要是接装纸调味技术、特征爆珠技术和热裂解补香技术。接装纸调味技术，提升产品舒适感，增强消费感知；特征爆珠技术，凸显产品风格特色，丰富产品品类；热裂解补香技术，结合细支卷烟特点，强化料香转移。多路径的增香技术与味觉行为特征协调统一应用，实现了舒适感与满足感的协同提升。

8.1.2 生产制造过程控制技术集成

卷烟生产制造是卷烟设计到产品实现的重要环节，也是决定卷烟品质的关键环节之一。为了不断提升生产制造水平，实现提高卷烟质量、降低消耗、稳焦控焦等目标，各烟草企业针对常规卷烟生产制造的制丝、卷接等核心环节开展了多方面研究。与常规卷烟相比，细支卷烟全支吸阻高600～1000 Pa，硬度减小5%～15%，同时其单重、吸阻、硬度及滤嘴通风度等指标的稳定性均低于常规卷烟，造成原有工艺加工技术并不能完全解决细支卷烟生产过程中遇到的问题。因此，细支卷烟对卷烟加工工艺参数科学性、过程稳定性、稳焦控焦技术手段等提出了新的更高要求。

1. 品质提升技术

与常规卷烟相比，细支卷烟的生产具有独特的特点，在多项指标的稳定性方面均有一定差距。因此，在细支卷烟的生产制造过程中，针对细支卷烟的品质提升研究主要集中在提升生产过程的均质化和稳定性，从而更好地实现产品的设计思想。在品质提升技术研究方面，通过建立细支卷烟加料均匀性评价方法，对影响细支卷烟制丝加工过程中料液施加均匀性的加料雾化效果、物料填装系数、叶片舒展度、加料喷嘴位置、延时时间等主要因素进行优化。开发双元加料系统解决不同香料之间溶解度差异带来的影响，取得了良好的应用效果。通过建立加香均匀性评价方法，使用标志物含量的变异系数评价加香工序后烟丝中施加香精的均匀性情况，为细支卷烟制丝加香工序精细化控制提供支撑。以细支卷烟卷接过程中卷接质量特性为研究对象，建立了多目标稳健优化设计模型，为提高细支卷烟卷制质量稳定性提供技术支撑。以上对加料加香过程均匀性研究以及卷接质量特性等研究的开展为提升细支卷烟品质稳定性提供了重要支撑。

2. 降本增效技术

按照理论推算，细支卷烟烟叶理论耗用应比常规卷烟少40%左右，但2016年的数据显示，行业细支卷烟平均烟叶消耗为22.39千克/箱，约为常规卷烟33.41千克/箱的67%，明显高于理论耗用水平，存在较大的降耗空间。有鉴于此，针对细支卷烟在生产制造过程中损耗较高的突出问题，有必要开展针对性、系统性的研究。通过构建细支卷烟单重设计模型，改造劈刀盘结构，降低单重标偏，提高烟支密度均匀性，降低单支重量与原料消耗；通过消除设备洒漏点、控制筛分过程损耗、降低储丝风送造碎损耗、降低卷接过程坏烟率等措施的系统改进，降低制丝卷接过程的原料损耗。以江苏中烟工业有限责任公司为例，通过细支卷烟降本增效技术的研究与应用，2017年该企业的细支卷烟烟叶单耗达到了20.3千克/箱，相比行业内其他卷烟企业大幅提高了原料有效利用率，烟叶单耗优势明显。

3. 稳焦控焦技术

细支卷烟在烟气释放量上相比常规卷烟有天然的优势，但由于细支卷烟烟丝填充量少，相较于常规卷烟，烟丝结构的波动对细支卷烟烟气指标的稳定性影响具有放大效应，而烟支物理形态的变化对烟丝状态与加工工艺过程匹配也提出了新的要求。与此同时，细支卷烟圆周大幅降低后导致抽吸时空气流速增加，燃烧锥处单位烟丝接触的氧气量更高，燃烧状态更加剧烈，对烟气中化学成分的产生、有害成分释放量及危害性指数水平产生影响。因此，围绕细支卷烟的特点，从原料均匀性、叶组配比等方面入手，结合细支卷烟燃烧状态变化，可以更好地研究烟丝状态、烟丝结构等因素对细支卷烟烟气成分释放量的影响。通过烟丝形态控制技术研究，采用40 mm定长切丝模式，优化烟支的长短丝比例，提升烟丝结构均匀性，提高细支卷烟物理指标和烟气指标稳定性。通过丝状梗丝形态控制技术，采用薄压薄切结合气流干燥梗丝工艺，得到成丝结构与叶丝结构相似的丝状梗丝，有利于提高掺配均匀性、增加烟支物理指标和烟气指标的稳定性，促进梗丝在细支卷烟中的应用。系统考察添加不同比例的丝状梗丝、烟草薄片及膨胀丝对细支卷烟有害成分及危害性指数的影响，有效指导丝状梗丝和烟草薄片在细支卷烟产品中的合理应用。

江苏中烟工业有限责任公司通过细支卷烟系统化设计和生产制造过程控制技术的研究和实践，逐步解决了细支卷烟产品研发和生产过程中遇到的诸多问题。将以上集成技术综合应用于江苏中烟细支卷烟的产品开发、生产保障及品类构建中，彰显了细支卷烟的感官效应、突出了细支卷烟的低焦低害优势、挖掘了细支卷烟的降耗增效能力，形成以南京(炫赫门)、南京(雨花石)、南京(十二钗系列)、南京(细支九五)等为代表的 10 个细支卷烟规格的产品集群，取得了较好的应用效果。

8.1.3 产品开发示例

1. 南京(炫赫门)产品的研发

南京(炫赫门)是开启中式卷烟细支品类创新的第一包产品，也是目前烟草行业销量最大的细支规格。在南京(炫赫门)产品开发过程中，江苏中烟分析总结了南京品牌梦都系列细支卷烟存在的不足，逐渐归纳出中式卷烟细支品类所应具有的特征，通过优化原料适配性、调整配方设计思路、改进材料及工艺参数等多方面创新集成，使吸阻、香气、劲头等具有较好的协调性，提升了产品的感官体验。以材料设计为例，主要通过卷烟纸、滤棒、接装纸的优化设计提升产品品质。

(1) 滤棒、卷烟纸优化设计应用

细支卷烟的细支滤棒丝束选型系统研究结果表明，6.0Y17000、6.0Y18000 丝束在压降为 4300 Pa 时的感官评价最优、烟气过滤效率较为适中。在南京(炫赫门)设计中，结合产品配方试验，制备 3 组具有不同压降滤棒的卷烟样品(表 8.1)，采用感官评吸的方法，对烟气余味、刺激性、抽吸顺畅感等方面进行质量评价。

表 8.1 卷烟样品使用滤棒情况

编号	滤棒规格/mm×mm	滤棒压降/Pa	丝束规格
1#	120×16.7	4600	6.0Y17000
2#	120×16.7	4300	
3#	120×16.7	4000	

感官评吸结果表明，1#样品使用压降为 4600 Pa 的滤棒，存在抽吸阻力偏大，抽吸不顺畅的感官不足。大多数评委认为 2#、3#样品的抽吸顺畅性较好，但 3#样品在解决抽吸流畅感的同时也存在热塌陷及不同程度的外观缩头现象，同时带

来了刺激性、杂气增大等问题。综合来看，细支滤棒选择丝束规格 6.0Y17000，压降 4300 Pa 时，抽吸轻松感较好，感官表现较优，与丝束选型系统研究结果相符。

由于细支卷烟直径较小，卷烟纸参与燃烧的比例显著高于常规卷烟，对感官影响较大。在卷烟纸设计上，通过 3 个轮次 11 个卷烟纸样品的筛选，最终确定了南京(炫赫门)采用 VGL50-27C STP 卷烟纸，该卷烟纸的透气度为 50CU，烟气表现较为协调，纸质气味较弱，符合产品设计需求。

(2) 接装纸调味技术应用

通过基于味觉行为的接装纸调味技术研究，形成了甜味接装纸的生产工艺流程。结合南京(炫赫门)产品开发，筛选了适合施加于接装纸的甜味剂类型和施加量。结果表明：①采用接装纸施加甜味剂的设计后，能够通过味觉感受提升产品的感官质量，在增加烟气甜感、改善吃味方面作用明显，提升了抽吸的舒适感。②甜味接装纸的率先使用能够增加产品亮点，有助于产品质量目标的实现。

(3) 南京(炫赫门)感官评价效果

南京(炫赫门)产品 2009 年底上市。在当年全国评烟委员会年度主题报告研讨会上，专家组成员对该产品进行了评审，经感官评吸和充分讨论认为：南京(炫赫门)的协调性好，劲头适中，余味舒适、干净，继承和发扬了"南京"品牌一贯的风格特点，香气充足、丰满质感好，满足感强。南京(炫赫门)能在焦油含量较低的情况下，拥有如此好的香气特征和满足感，难能可贵。

针对南京(炫赫门)开展的市场调研表明，消费者普遍认为产品的烟丝光泽油润，烟气柔和丰溢，烟香飘逸细腻，留香绵长舒适；吸味口感纯正，劲头适中。与梦都细支产品相比，烟支吸阻略有降低，烟气量有明显提升，满足感更强，抽吸舒适度较高，消费者对南京(炫赫门)具有广泛的认可度。

采用消费感知评价方法对南京(炫赫门)进行评价，结果如图 8.1 所示。南京(炫赫门)的甜感指标突出，达到 9.5，说明接装纸甜味能够有效转化到烟气中，在饱满、劲头、圆润、透发、均衡、柔顺方面表现较好，表明南京(炫赫门)的"三感"较为均衡。

2. 南京(十二钗系列)产品的研发

(1) 烟草薄片在南京(十二钗薄荷)中的应用

为了拓展"三丝"在细支卷烟的应用，提升产品稳焦控焦和降本增效能力，根据薄片对烟气危害性指数的分析结果，在南京(十二钗薄荷)产品上开展了薄片应用试验。

通过添加不同比例的薄片，并检测烟气危害性指数的变化情况(表 8.2)，结果表明薄片用量为 3.6%时，相对于对照样品(未添加薄片)，卷烟焦油没有发生变化，但是氢氰酸(HCN)、苯酚均有较大降幅，卷烟危害性指数也有所降低，从 5.40 降低至 5.10。薄片使用比例继续加大后，卷烟焦油略有升高，苯酚降低幅度较大，降幅高达 31.3%，其余几种有害成分释放量有所升高，但是升幅较小，卷烟整体危

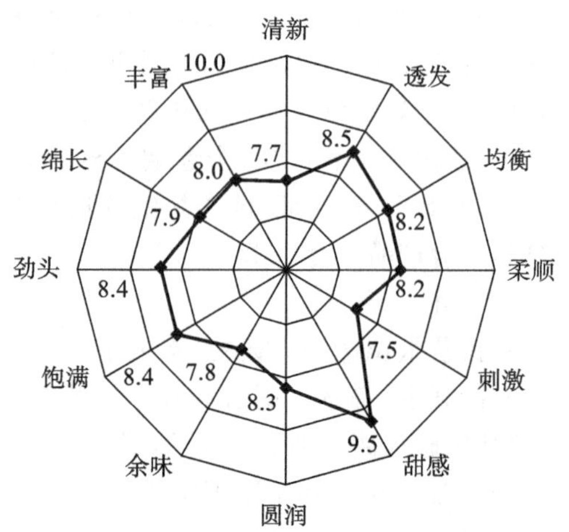

图 8.1　南京(炫赫门)消费感知评价得分

害性指数与添加前相比,未发生变化。

表 8.2　南京(十二钗薄荷)添加不同比例薄片危害性指数变化情况

添加比例	释放量								危害指数
	焦油/(mg/支)	CO/(mg/支)	HCN/(μg/支)	NNK/(ng/支)	氨/(μg/支)	苯并芘/(ng/支)	苯酚/(μg/支)	巴豆醛/(μg/支)	
0%	6.2	4.2	61.1	3.2	5.3	4.6	14.4	11.1	5.40
3.6%	6.2	4.3	47.2	3.4	5.6	4.1	11.1	11.9	5.10
7.2%	6.3	4.6	65.5	4.7	4.5	4.4	9.9	11.6	5.40

对南京(十二钗薄荷)产品的薄片使用前后卷烟感官质量变化情况进行对比(表 8.3、图 8.2)。结果表明,薄片的使用基本没有改变卷烟的内在感官质量。从原料实用角度考虑,薄片的使用进一步提高了原料的使用价值,预计内掺薄片在7.2%时,单箱成本降低约 113 元/箱,降本降耗效果显著。

表 8.3　南京(十二钗薄荷)感官质量评价表

一级评价指标	二级评价指标	不掺薄片	内掺薄片 3.6%	内掺薄片 7.2%
轻松感	清新	8.4	8.3	8.2
	透发	7.8	7.8	7.9
	均衡	7.7	7.7	7.7
	柔顺	8.2	8.3	8.3
	刺激	7.7	7.7	7.6

续表

一级评价指标	二级评价指标	不掺薄片	内掺薄片 3.6%	内掺薄片 7.2%
舒适感	甜感	7.5	7.5	7.4
	圆润	7.9	7.9	7.9
	余味	8.2	8.2	8.2
	饱满	7.5	7.5	7.4
满足感	劲头	7.7	7.7	7.6
	绵长	7.5	7.5	7.5
	丰富	7.4	7.5	7.6

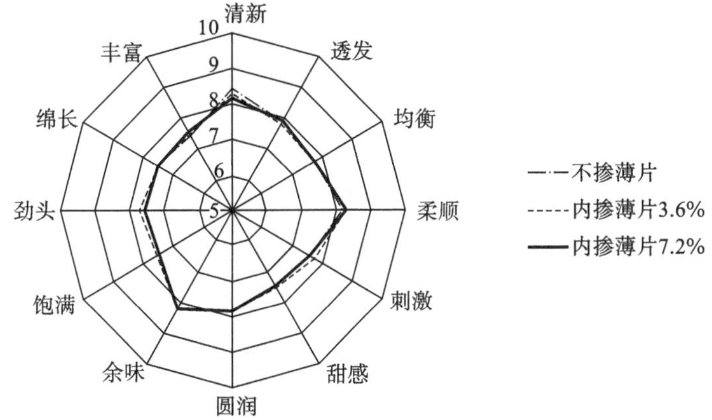

图 8.2　南京(十二钗薄荷)消费感知评价得分

(2) 特色香料和双元加料技术在南京(十二钗烤烟)中的综合应用

南京(十二钗烤烟)产品在继承“南京”品牌一贯的风格特征同时,通过香精香料配方调制的创新,首次采用了新型香料海洋生物提取物 KDTR-1 添加技术。通过反复研究论证、精确配比,确定该香料与“南京(金陵十二钗)”的配方相辅相成,有效中和上部烟叶造成的粗糙感和干燥感,有效增加细支卷烟细腻程度,使得烟气飘逸绵长,提高生津感,减少干燥感,对于改善烟气感官表现效果显著。

在产品开发过程中,发现部分香料与功能性香料 KDTR-1 的溶解性存在差异。料液组分中这两类物质在不同溶剂中的溶解性呈现对立的现象,使料液出现絮状物。根据香料在水、乙醇两种溶剂中的溶解性,将底料香精配方拆分成两个部分,采用二元加料模式施加。南京(十二钗烤烟)料液组分溶解性如表 8.4 所示。

表 8.4 南京(十二钗烤烟)料液组分溶解性

香料种类	溶剂 1(水)	溶剂 2(乙醇)
KDTR-1	溶	不溶
部分香料	不溶	溶

通过双元加料系统改造，实现了不同溶解性能的香料组分在同一产品配方中的均匀施加，且加料精度能够满足设计要求。

采用消费感知评价方法对南京(十二钗烤烟)进行评价，结果见图 8.3。从图 8.3 中可看出，南京(十二钗烤烟)各项指标比较均衡，在透发、柔顺、均衡方面表现较好。

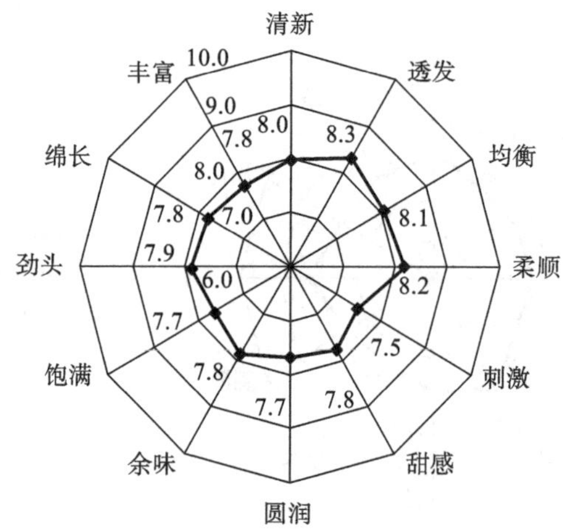

图 8.3 南京(十二钗烤烟)消费感知评价得分

3. 南京(雨花石)产品的研发

(1) 特色香原料开发技术应用

根据特色香原料开发技术研究成果，对树苔浸膏中分离的组分进行合理组合、调配，开发出了质量稳定、方便使用的高端卷烟树苔功能香基。该功能香基应用到南京(雨花石)产品后，较好地继承、保持了卷烟的风格特色。高端卷烟树苔功能香基组成及比例如表 8.5 所示。

表 8.5 高端卷烟树苔功能香基组成及比例

原料名称	配比/(%)
1#-3	18.5
2#-1	10.0
2#-3	12.7

续表

原 料 名 称	配比/(%)
其他单体	11.2
溶剂	47.5

在南京(雨花石)底料香精中,开展了酸类香料板块自主调香研究。通过对乳酸、异戊酸、2-甲基丁酸、丙酮酸等十余种酸类香料在江苏中烟细支参比卷烟中的作用效果进行评价,明晰各香料的香气特性、烟气特性和风格特征。

依据上述酸类香料的作用评价和香韵分析,开展酸类香料板块的设计、调配及在卷烟中的应用研究。选择柠檬酸、乳酸、3-甲基戊酸、苯乙酸等多种酸,以及一种樱桃酸性提取物为原料,初步确定单体酸性香料的用量,以江苏中烟空白细支卷烟为参比,开展酸类香料板块设计、调配、优化,形成 4 种酸类香料板块,通过优选将其中一种酸香板块香料应用于南京(雨花石)产品香料配方中。

对南京(雨花石)细支卷烟的香气风格评价结果表明(图 8.4),该产品以烤烟烟香为主体,青滋香、烘焙香和甜香指标得分较高,与行业细支卷烟平均值相比,分别高 0.17 分、1.07 分、0.15 分和 0.16 分;果香和辛香低于行业细支卷烟平均值 0.24分和 0.18 分。

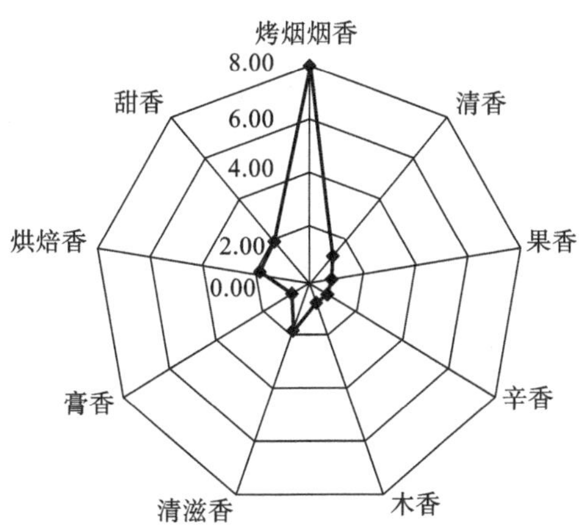

图 8.4　南京(雨花石)香气风格评价得分

总体来看,南京(雨花石)应用特色树苔功能香基和酸香板块香料后,体现出以烤烟烟香、清滋香和甜香为主体风格香韵,兼具果香、辛香、膏香、烘焙香,尤其以清滋香香韵较为突出,与烤烟烟香谐调性好,形成了江苏中烟细支卷烟独特的香气风格特征。

(2) 特色进口烟叶应用

采用细支卷烟配方模块化定向设计技术成果,对阿根廷烟叶特有质量特色进行分析和定位，明晰烟叶风格相似度，结合品质特征分析界定烟叶质量档次及使用定位，通过系统开展其在细支卷烟配方中的应用研究，发挥进口烟叶对国内烟叶资源的补充优势，彰显细支卷烟产品配方特色。

①质量风格特色定位：阿根廷两个烟叶产区的烟叶都具有干草香、焦甜香、正甜香、木香、辛香、焦香等6种香韵，其中，干草香为尚明显至较明显，焦甜香为稍明显至较明显，焦香为微显至尚明显，这三种香韵为主要香韵，烟气状态较沉溢、烟气浓度和劲头整体较高，因此可以确定阿根廷烟叶属于浓香型烟叶，且具有较强的满足感(表8.6、表8.7)。

表8.6 阿根廷烟叶香型及香韵标度值

区域	标度	浓香型	干草香	正甜香	焦甜香	木香	焦香	辛香
Salta省	最大值	3.86	3.25	1.50	3.00	1.29	2.71	1.29
	最小值	2.00	2.00	0.00	1.14	0.63	1.00	0.86
	平均值	2.95	2.62	0.63	1.90	0.95	1.66	1.12
Jujuy省	最大值	3.33	3.00	1.00	2.33	1.29	2.56	1.25
	最小值	2.13	2.25	0.00	1.25	0.75	0.75	0.86
	平均值	2.82	2.62	0.35	1.78	0.95	1.66	1.07

表8.7 阿根廷烟叶香气状态、浓度、劲头标度值

区域	标度	沉溢	浓度	劲头
Salta省	最大值	3.71	3.43	3.86
	最小值	2.00	2.14	2.00
	平均值	2.86	2.96	2.96
Jujuy省	最大值	3.13	3.63	4.22
	最小值	2.13	2.13	2.13
	平均值	2.76	3.00	3.02

②在产品配方中的应用：根据阿根廷烟叶风格质量特点及其使用定位，结合细支卷烟产品的风格，选择适当等级在南京(雨花石)产品中使用，经过多次试验，最终以8.32%的比例加入叶组配方。

叶组配方成本对比分析表明(表8.8)，使用阿根廷烟叶叶组配方成本比未使用的叶组配方成本低2.46元/kg，单箱成本降低约54元/箱。

表 8.8　叶组配方结构对比分析表

样品名称	阿根廷烟叶比例/(%)	配方成本/(元/kg)
N1	0	99.48
N2	8.32	97.02

注：未使用阿根廷烟叶命名为 N1、使用阿根廷烟叶命名为 N2，下同。

化学成分对比分析(表 8.9)表明，使用阿根廷烟叶的叶组与未使用的叶组化学成分差异不大，基本稳定。

表 8.9　化学成分对比分析表

样品名称	氯/(%)	钾/(%)	还原糖/(%)	总糖/(%)	烟碱/(%)	总氯/(%)
N1	0.40	1.96	23.61	27.02	2.58	1.78
N2	0.40	2.02	23.25	26.84	2.48	1.80

烟气成分对比分析(表 8.10)表明，使用阿根廷烟叶与未使用的产品烟气成分基本稳定，均满足盒标要求。

表 8.10　烟气成分对比分析表

样品名称	抽吸口数	总粒相物/mg	一氧化碳/mg	烟碱/mg	焦油/mg
N1	6.06	10.17	6.66	0.82	8.56
N2	5.96	10.29	6.87	0.87	8.48

消费感知评价对比分析(表 8.11、图 8.5)表明，使用阿根廷烟叶与未使用阿根廷烟叶的南京(雨花石)卷烟整体质量保持一致，在满足感上有一定提升，在轻松感的透发性上略有改善。

从总体应用效果看，通过采用烟叶质量风格特色感官评价方法，对阿根廷进口烟叶进行质量风格特征评价定位，结合基地烟叶质量风格相似性评价，实现了阿根廷进口烟叶在南京(雨花石)卷烟中的应用，对保持产品整体质量一致性、降低叶组配方成本起到了较好作用。

表 8.11　南京(雨花石)叶组使用阿根廷烟叶前后感官评价对比情况

一级评价指标	二级评价指标	使用阿根廷烟叶	未使用阿根廷烟叶
轻松感	清新	7.7	7.7
	透发	8.5	8.3
	均衡	8.2	8.2
	柔顺	8.2	8.2

续表

一级评价指标	二级评价指标	使用阿根廷烟叶	未使用阿根廷烟叶
舒适感	刺激	7.5	7.5
	甜感	9.3	9.3
	圆润	8.3	8.2
	余味	7.8	7.8
满足感	饱满	8.4	8.2
	劲头	8.4	8.2
	绵长	7.9	7.9
	丰富	7.9	7.6

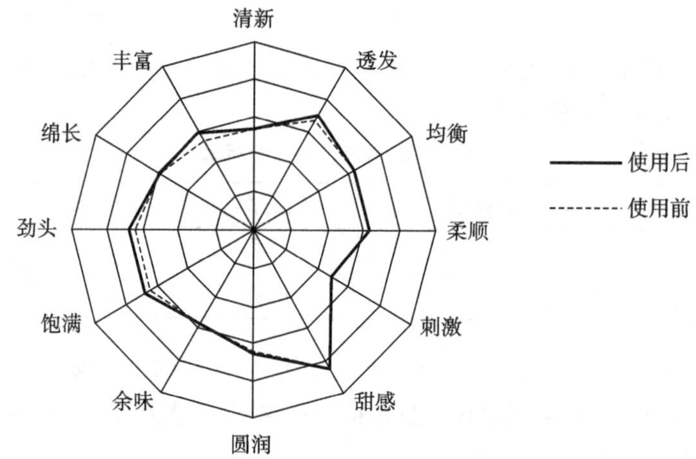

图 8.5　南京(雨花石)叶组使用阿根廷烟叶整前后消费感知评价得分

8.2　细支卷烟品系发展

中式卷烟细支品类关键技术研究的开展,为品类构建打下了较为坚实的技术基础。而最终品类构建的实现落地,需要品牌形成自身的产品体系,并以具体的卷烟产品来呈现。以江苏中烟工业有限责任公司为例,该公司中式卷烟细支品系的建立主要是围绕感官品系和文化品系两条主要脉络进行不断充实和完善。以高端引领为导向形成从中端到高端全方位覆盖的完整产品链,以特色技术创新凸显产品个性亮点,从而打造拥有自主核心技术、富有中式卷烟特色、具有较强消费感知力的中式卷烟细支品类特色产品集群。

8.2.1　感官品系

以中式卷烟风格为立足点，紧跟时代发展步伐，在不断强化中式香韵特征，坚定风格自信的同时，从香韵、香气量、浓度、口感等指标出发，多维度促进中式细支卷烟感官品系发展，形成中式烤烟型、中式外香型、中式薄荷型、中式混合型、中式甜香型等五种不同香型风格的中式卷烟细支新品类（图8.6），以适应不同卷烟消费群体的需求。

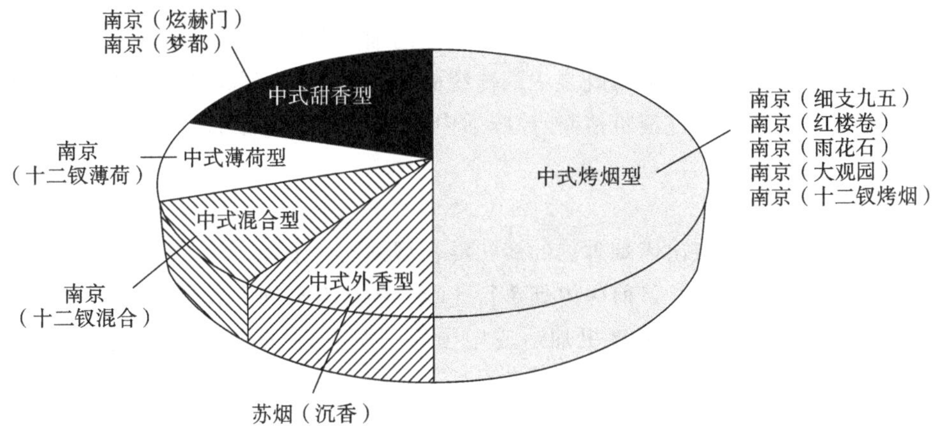

图8.6　感官品系示意图

1. 中式烤烟型

风格定位：具有传统中式烤烟型卷烟风格特征的细支卷烟。

南京（细支九五）：中式细支卷烟的巅峰作品，具有烟草本香突出、香韵丰富、烟气浓度高、流畅性好、口感舒润的特征，适合社会地位尊贵、经济实力雄厚的消费者。在2017年度行业细支卷烟专项抽检中，该产品的感官得分位列全部抽检产品的首位。

南京（雨花石）：中式细支卷烟的扛鼎之作，具有香气高雅、飘逸，烟气柔和、细腻，口感舒适、干净的特征，感官指标均衡性突出，适合社会地位较高、经济基础较好、具备生活智慧的消费者。该产品位列国家烟草专卖局认定的2017年行业十大优秀新产品之首。

南京（十二钗烤烟）：十二钗系列产品的开篇之作，定位于具有一定消费能力的群体，感官质量较为均衡，包装设计体现了丰富红学文化韵味，受到消费者的广泛好评。

南京（大观园）：小盒包装创新的六连幅卷轴设计，采用外圆内方异形空腔滤棒，爆发力强，满足感好，适合对浓度有较高追求的消费群体。

南京(红楼卷):包装设计集红学文化系列大成,古朴优雅。首创烟支竖打孔技术,抽吸轻松感好,前后一致性较优,适合极度追求生活品位的消费群体。

2. 中式外香型

风格定位:以典型中式风格香韵修饰的细支卷烟。

苏烟(沉香):非烟草中式香韵突出的细支卷烟,具有外香与烟草本香高度协调、香气丰富浓郁且留香时间较长的特征,适合独享人间乐、深藏功与名的消费群体。该产品是江苏中烟开发的第一个千元价位的中式细支卷烟。

3. 中式薄荷型

风格定位:兼具薄荷型与烤烟型卷烟特征的细支卷烟。

南京(十二钗薄荷):薄荷既是中国传统的中草药,又是在全球广泛应用的调味料,该产品具有薄荷香气淡雅清新、凉味适中、前后一致性好的特征,深受广大消费者欢迎。

4. 中式混合型

风格定位:更加突出烤烟香韵的淡味混合型细支卷烟。

南京(十二钗混合):目前国内烟草行业唯一的混合型细支卷烟,与国外产品相比,该产品的白肋烟香气浓度更加适应中国的消费者,白肋烟香与烤烟香协调较好,醇和飘逸,浓度适中。

5. 中式甜香型

风格定位:更加突出甜感特征的中式细支卷烟。

南京(炫赫门):中式细支卷烟开山之作,在产品设计中创新性地引入了味觉行为概念,把接装纸甜味技术应用到中式细支卷烟中。该产品具有香气饱满,满足感较强,烟气细腻、柔和、流畅,口感清甜生津的特征。该产品也是目前国内卷烟市场销量最大的一款细支卷烟,一直处于供不应求的市场状态。

南京(梦都):该产品采用爆珠的形式增加了甜味感受,在淡淡的花香中若有若无地透出一丝微甜,增加了烟气的甜润感和生津感,并有效增加了烟气浓度,提高了抽吸时的心理满足感。

8.2.2 文化品系

以展现中式卷烟细支品类文化内涵为出发点,围绕现有品牌充分挖掘具有悠久历史、传统精髓、地方特色的各种文化,通过嫁接融合,不断赋予产品最具感知力的文化特色。在具体产品的包装设计上,通过色彩选择、版面搭配、元素应用、结构创新等多方面作用,彰显和强化中式细支卷烟的文化特征,打造外在丰满、内涵丰富的中式细支卷烟文化品系。

通过不断探索和实践,目前已形成九五文化、红学文化、新时代文化、沉香文化四类具有不同文化内涵的中式细支卷烟文化品系（图8.7），在满足不同消费需求的同时，引导消费者从文化感知中加深对产品的认知，从产品认知中强化对文化的认同，相得益彰，相互促进。

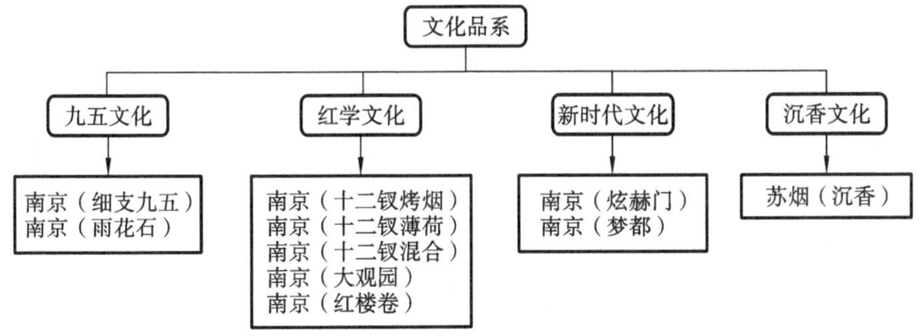

图8.7　文化品系示意图

1. 九五文化

以南京六朝古都为背景，以中华民族龙文化为支撑，以正黄色为主调，以海水江崖等皇家元素为点缀，彰显尊贵、厚重、大气的文化特征，强调历史厚重感与胸怀大格局。

代表产品：南京（细支九五）、南京（雨花石）。

2. 红学文化

以深受广大人民喜爱的四大名著之首《红楼梦》为背景，以红楼故事为支撑，以彰显荣华富贵的紫红、金色等为主色调，以诗词歌赋为点缀，彰显精致、贵气、优雅、含蓄的文化特征，强调生活质感和人生美感。

代表产品：南京（十二钗烤烟）、南京（十二钗薄荷）、南京（十二钗混合）、南京（大观园）、南京（红楼卷）。

3. 新时代文化

以南京城市风貌为背景，以中西元素的混搭为主要手法，通过简洁明快的元素堆积，突出中西文化碰撞，强调时代感和现实感。

代表产品：南京（炫赫门）、南京（梦都）。

4. 沉香文化

沉香香品高雅，且十分难得，自古以来即被列为众香之首。以与食文化、酒文化、茶文化并存的四大文化之一沉香文化为背景，通过富有沉香文化特色的元素提炼，包装设计体现出古朴典雅的韵味，并与感官品系完美融合，体现了品香识道的美好意境。

代表产品：苏烟（沉香）。

8.2.3 产品链构建

细支卷烟产品架构的形成不是一蹴而就的，而是根据市场发展状况、消费需求、目标群体等因素的变化，在不断探索的过程中逐渐完善和丰满。

按照细支卷烟“高品质、高技术、高起点、高效益”的发展方针，始终坚持“引领消费、领跑高端”发展定位，江苏中烟中式卷烟细支品类构建已初具规模，形成了以南京(细支九五)等高端产品为引领、以南京(雨花石)等中高端产品为骨架、以南京(炫赫门)等中端产品为底座的从中端到高端全方位覆盖的完整产品链。

1. 构建历程

回顾江苏中烟中式卷烟细支品类的发展历程，其产品链的形成大概可分为以下三个阶段。

(1) 探索阶段

从梦都系列细支卷烟模仿跟随式的尝试，到围绕中式卷烟理念创新开发南京(炫赫门)细支卷烟，是江苏中烟细支卷烟的探索阶段。梦都系列作为首款国产细支卷烟，实现了从无到有的突破，但其产品开发理念还很不成熟，从感官到包装直至价位都与竞品“爱喜”雷同，仅能成为细支消费群体的替代选择。南京(炫赫门)作为真正意义上的中式细支卷烟开山之作，是在深入分析国内消费群体对细支卷烟的需求基础上，以中式卷烟理念为遵循，从产品定位、感官调制、包装设计、文化挖掘等多个方面突破，成为中式细支卷烟的代表规格。

(2) 成长阶段

南京(炫赫门)受到市场好评后，江苏中烟相继开发了南京(十二钗烤烟)、南京(十二钗薄荷)、苏烟(沉香)、南京(雨花石)四个产品，逐步拓展了江苏中烟细支卷烟产品线。在成长阶段，对中式细支卷烟品类定位的理解逐步清晰，感官品系不断突破，文化品系不断丰富，产品布局涵盖 230 元/条至 1000 元/条的中高端市场，江苏中烟细支卷烟产品架构初具雏形。

(3) 完善阶段

随着细支卷烟销量的爆发式增长，江苏中烟从完善品系、补齐空缺的角度开发了南京(十二钗混合)、南京(大观园)、南京(细支九五)、南京(梦都)、南京(红楼卷)五个产品。从文化品系角度看，南京(十二钗混合)、南京(大观园)、南京(红楼卷)完善了红学文化系列，南京(细支九五)完善了九五文化系列，南京(梦都)完善了新时代文化系列；从感官品系看，南京(十二钗混合)成为中式混合型的代表，南京(细支九五)、南京(大观园)、南京(红楼卷)丰富了中式烤烟型品系，南京(梦都)以不同的表达方式充实了中式甜香型品系。五个产品的补位使江苏中烟中式细支卷烟的产品架构羽翼渐丰，不同文化品系间的价位互为补充，形成了一条从 160 元/条至

1000元/条的布局合理、各具特色的细支卷烟产品链。

2. 产品链特征

分析江苏中烟中式细支卷烟产品链的构建过程，可以发现以下几个特征。

一是随着产品价位上升，烟气释放量呈现逐渐下降趋势。在中端价位，消费者对于生理满足有一定需求，稍高的烟气释放量在满足这一需求的同时，能够让常规卷烟消费群体更易接纳细支卷烟；在高端价位，较低的烟气释放量契合了高端消费者对于健康的高关注度。

二是随着产品架构的形成，细支卷烟的价格区间稳步提升。初期的中端产品有利于培育基础的消费群体，扩大受众，实现细支卷烟从小众向大众的转变；中期的高端产品树立了细支卷烟品类的形象，并带动中端产品销量上扬；后期逐渐填补空白价区，形成与常规卷烟相对应的完整价格体系。

三是通过产品架构与感官品系、文化品系相互交叉融合，产生了一系列脉络清晰，既有传承又各具特色的产品，从而使中式细支卷烟品类构建通过一个个鲜活的产品实现落地，让消费者切实感受到细支品类的独特魅力。

综上所述，中式卷烟细支品类构建必须紧贴市场变化，紧跟消费潮流动态，积极主动响应，在构建过程中不断调整完善，才能使细支卷烟品类不断发展壮大，拥有与时俱进的旺盛生命力。这些经验也同样适用于与细支卷烟类似的短支烟、爆珠烟、加热卷烟的品类创新。

8.2.4 应用集成技术开发产品示例

中式卷烟细支品类创新就像一棵茁壮生长的大树，扎根于中式卷烟这片沃土，吸吮丰富的思想和精髓。中式卷烟细支品类关键技术研究就是树根，为枝叶和果实的生长打牢了技术基础，而感官品系、文化品系、产品链构建及其分支就是树干和树叶，它们传递养分、互相交融，最终结出了一个个产品的硕果。在产品开发的具体实践中，如何让每个果实都亮点鲜明，色相诱人，就要通过感官、文化交互作用，辅以特色技术进行提亮，最终呈现出各具特色的细支卷烟产品。

1. 南京(雨花石)产品特色

(1) 产品定位

中式烤烟型+皇家文化，中式细支卷烟中高端代表产品，零售价530元/条。

(2) 特色技术

亮点一：包装设计

南京(雨花石)卷烟包装以正黄为主色调，选用了多个不同时期的龙形纹，并配合独具特色的南京雨花石和自然风光图片为主图案，形成了五款系列套标，整体包装突出自然之美和文化之韵，展现了南京六朝古都丰富的文化遗产(图8.8)。

图 8.8　南京(雨花石)包装设计

亮点二:特色香原料技术应用

南京(雨花石)应用特色树苔功能香基和酸香板块香料后,体现出以烤烟烟香、清滋香和甜香为主体风格香韵,兼具果香、辛香、膏香、烘焙香,尤其以清滋香香韵表征较为突出的特点,其特征香气与烤烟烟香谐调性好,形成了江苏中烟细支卷烟独特的香气风格特征。

(3) 感官评价

采用消费感知评价方法对南京(雨花石)进行评价(图 8.9)。南京(雨花石)在清新、透发、均衡、柔顺上得分较高,其他指标也表现均衡,消费感知综合得分为 83.11 分。尤其是该产品应用特色香原料技术形成了特有的风格特征被广大消费者接受,获得"2015—2017 年度行业十大优秀卷烟新产品"第一名的荣誉称号。2019 年销售量更是达到 9.45 万箱,成为中式卷烟细支品类在高价位段的代表产品。

2. 南京(十二钗系列)产品特色

(1) 产品定位

中式烤烟型、薄荷型、混合型+红学文化,中式细支卷烟中端代表产品,零售价 200～280 元/条。

(2) 特色技术

亮点一:包装设计

南京(十二钗系列)卷烟包括烤烟型、薄荷型、混合型 3 个香型系列,是红学文化的基础产品。在设计元素选用上,金陵十二钗人物图、判词、印章的"诗书画印"融为一体,集中展现了作为红学文化代表的金陵十二钗人物的艺术风采。在 3 个香型系列的设计上,运用格式塔的重复性原则,在保持主体元素统一的前提下,通

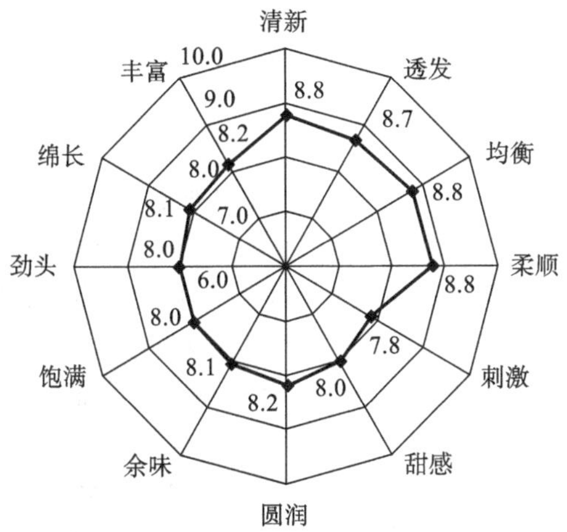

图 8.9　南京(雨花石)消费感知评价得分

过不同底色的变化与香型进行匹配,展现出丰富的视觉效果(图 8.10)。

图 8.10　南京(十二钗系列)包装设计

亮点二:薄荷型细支卷烟

南京(十二钗薄荷)属于薄荷香型细支卷烟,薄荷的清凉感受是产品的主要特色。在该产品的设计上,主要通过薄荷底料香精、表香香精的开发及薄荷滤棒的稳定性控制来确保产品薄荷风格的一致性。

①薄荷底料香精、表香香精的开发。通过天然薄荷类物质及与其配伍性较好的凉味剂的筛选,开展底料香精、表象香精的设计、调配、实验室验证。在应用过程中,通过逐口抽吸分析卷烟主流烟气中薄荷类物质的含量,研究薄荷香精在烟丝、滤棒等载体中的不同施加方式及施加比例对主流烟气中薄荷类物质含量的影响,进一步优化香精的施加方式、施加比例,从而保证薄荷卷烟抽吸的前后一致性。

②细支薄荷滤棒稳定性控制。由于薄荷类物质较易挥发,为确保其感官品质

的稳定，主要通过薄荷香精及香精甘油酯品质检测、薄荷香精甘油酯的存储环境温湿度调节、生产过程中甘油酯施加系统雾化情况、储运环节密封包装及温度控制等技术来保证滤棒质量稳定。

亮点三：中式混合型细支卷烟

南京(十二钗中式混合型)属于中式混合型细支卷烟。该产品是在系统分析国外细支卷烟在国内消费状态，以及消费人群对混合型细支卷烟认知和吸食喜好的基础上，提出设计更加突出烤烟香韵的淡味混合型细支卷烟的研发目标。

在产品配方设计上注重白肋烟香与烤烟香有机融合，通过配伍性试验研究，分析不同组合比例对关键香韵的影响规律，最终确定以均衡协调为主的配方设计方案。在工艺设计上围绕烟叶类型物理特性、化学成分和感官质量的差异性，分析不同加工强度对其感官质量影响度，确定采取分组加工处理方式，并应用双元加料技术，充分发挥调香技术的彰显力，提升产品特色。目前南京(十二钗中式混合型)成为国内烟草行业唯一的具有高成长性的混合型细支卷烟。

(3) 感官评价

采用消费感知评价方法对南京(十二钗薄荷)进行评价(图 8.11)。南京(十二钗薄荷)的清新指标较为突出，在柔顺、余味、透发等方面表现较好，饱满、绵长表现较弱，消费感知综合得分为 78.03 分。南京(十二钗薄荷)产品的薄荷清凉感较为适中，前后一致性较好，感官表现清爽透发，成为其显著的产品特色，但在烟气的饱满程度上有所欠缺。

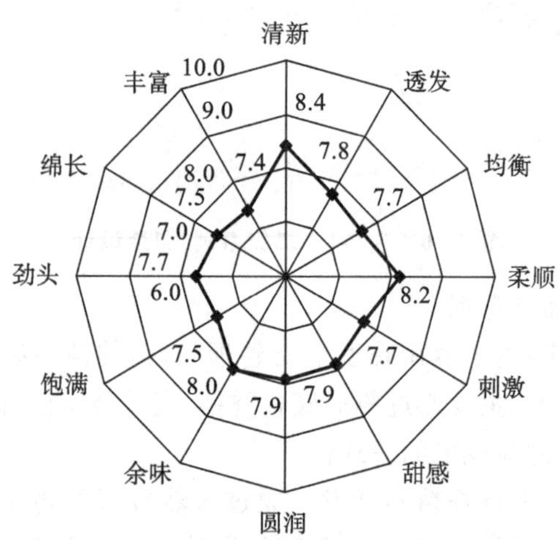

图 8.11　南京(十二钗薄荷)消费感知评价得分

采用消费感知评价方法对南京(十二钗中式混合型)进行评价(图 8.12)。从图中可知，南京(十二钗中式混合型)的劲头较为突出，透发、均衡、柔顺等也表现较好，但在清新、甜感、绵长上表现稍弱，消费感知综合得分为 77.86 分。从评价结果看，该产品的主体风格为突出烤烟香韵的淡味混合型，在焦油量为 4 mg/支情况下表现出较强的满足感，且白肋烟香与烤烟香融合较好，整体感官质量尚可。

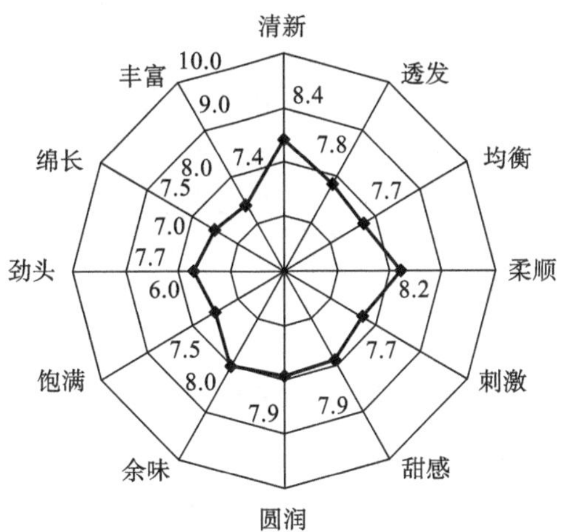

图 8.12　南京(十二钗中式混合型)消费感知评价得分

3. 南京(梦都)产品特色

(1) 产品定位

中式甜香型＋新时代文化，中式细支爆珠卷烟代表产品，零售价 200 元/条。

(2) 特色技术

亮点一：包装设计

南京(梦都)卷烟包装设计在继承南京(炫赫门)传统元素的基础上进行突破创新，主颜色以通透的深蓝色为基调，营造"梦"之蓝色意境。正面图文将龙文化与"梦都"元素有机融合，采用新型猫眼技术提升视觉效果，突出立体感、层次感；正、副版面下方将南京城市形象设计为水波纹剪影，表现城市地域特色，增添图案的灵动感。包装采用冰花印刷工艺增强质感与光亮度，契合追求时尚、潮流与文化内涵的年轻消费者需求(图 8.13)。

亮点二：香甜口味爆珠滤棒应用

香甜口味爆珠滤棒的清甜香口味与叶组较为协调，起到一定增香、补香的作用，延续南京(炫赫门)甜感的基础上创新了表达方式，与南京(炫赫门)甜味接装纸产生一定联系。

细支胶囊滤棒选型试验的重点在于胶囊香味风格的选择。在南京(梦都)细支胶囊卷烟开发中，结合江苏中烟细支卷烟特点以及目标产品的需求确定了筛选原则：①胶囊香味应与江苏中烟卷烟的主流风格协调，主要对烟气起到修饰、丰富、提升作用；②香味浓度适中，胶囊捏破后消费者能够感知，但不能过于浓烈而掩盖烟草本香；③胶囊捏破后至抽吸结束这一时段的香味持续性及前后一致性较好。

图 8.13 南京(梦都)包装设计

最终选择的胶囊香味风格为清甜香口味，能够较为明显的感知，香气高雅且与烟香较为协调，浓度适中，前后一致较好，继承并创新表达了南京(炫赫门)“甜”的口感，能够被消费者普遍接受。

针对胶囊在细支滤棒中的放置位置(即胶囊滤棒卷接成烟支后胶囊中心与抽吸唇端的距离)，制备了四种植入深度的胶囊滤棒，分别为 10 mm、12 mm、18 mm、20 mm。对比评吸表明，胶囊植入深度越浅，香味感知越明显，前两口表现尤为明显。综合考虑其他因素，放置于 10 mm 位置时，由于加工偏差，可能胶囊位置会更加接近嘴端，抽吸时胶囊液体有进入口腔的可能；在 12 mm 位置时，靠近烟支在线打孔位置，可能会导致胶囊破裂。因此，最终选择胶囊在滤棒中放置位置为 18 mm。

结合南京(梦都)细支卷烟产品的设计开发，对胶囊滤棒配合 HP 功能卷烟纸进行了 3 个通风度梯度的试验，目标通风度为 25%、30%、35%，烟气检测结果见表 8.12。从试验结果看，南京(梦都)焦油量设计值为 6 mg/支，通风度为 38%时的实测值最为接近，但从抽吸质量看，30%通风度时抽吸的轻松感、烟气饱满程度更好，因此最终确定滤嘴通风度的设计值为 30%。

表 8.12 南京(梦都)滤嘴通风度试验结果

样品编号	口数 /puff	焦油 /(mg/支)	烟碱 /(mg/支)	CO /(mg/支)	水分 /(mg/支)	通风度 /(%)
1#	4.99	7.29	0.67	5.31	0.96	28.3
2#	5.00	6.96	0.63	5.50	0.80	30.9
3#	5.04	6.27	0.59	4.72	0.47	38.0

亮点三：丝状梗丝的应用

南京(梦都)率先实现梗丝在细支卷烟配方中的应用。丝状梗丝在产品中的合理使用，既保证了产品的感官质量符合设计目标要求，又拓宽了原料适用范围，降低了焦油和危害指数，同时在降本增效上作用明显。

在应用过程中，通过梗丝形态控制技术研究，开发了适合细支卷烟配方使用的丝状梗丝，通过功能性香料开发和应用，进一步提升梗丝感官品质。通过开展丝状梗丝在配方中应用研究，设计了 2.5%、5%、7.5%、10%、12.5% 5 个添加比例的梯度试验，从试验结果看，随着使用比例的增加，感官质量得分呈现递减趋势，但在前三个梯度下降幅度较小，随后下降明显。同时根据前文的研究结果，梗丝添加比例在 5%左右时，其危害性指数下降斜率最大，具有较好的降害效果。最终，围绕南京（梦都）感官质量目标和焦油量设计值 6 mg/支的要求，确定丝状梗丝在配方中的使用比例为 5%。

如表 8.13 所示，丝状梗丝在南京（梦都）产品中使用前后的卷烟感官质量变化情况。结果表明，适量的丝状梗丝使用基本没有改变卷烟的内在感官质量。从原料实用角度考虑，丝状梗丝的使用进一步提高了原料的使用价值，达到了降本降耗的效果。

表 8.13　南京(梦都)感官质量评价表

一级评价指标	二级评价指标(0～10 分)	不掺梗丝	外掺梗丝 5%
轻松感	清新	7.8	7.7
	透发	8.2	8.3
	均衡	8.1	8.1
	柔顺	7.8	7.9
舒适感	刺激	7.5	7.5
	甜感	7.8	7.7
	圆润	7.7	7.7
	余味	7.8	7.8
满足感	饱满	8.3	8.3
	劲头	8.1	8.0
	绵长	7.8	7.9
	丰富	7.6	7.5

4. 南京（炫赫门）产品特色

（1）产品定位

中式甜香型＋新时代文化，中式细支卷烟中端代表产品，零售价 160 元/条。

(2) 特色技术

亮点一:包装设计

南京(炫赫门)继承和发扬"南京"品牌文化内涵,形象雅致,清新而别具风格。采用"中西合璧、复古情怀"的包装设计,简约而不失典雅、古朴而新颖,彰显时尚。图文设计上将南京六朝古都、中国龙与炫赫门字样等文化与历史元素有机融入,较好体现了中西结合的新时代文化(图 8.14)。

图 8.14　南京(炫赫门)包装设计

亮点二:接装纸调味技术的应用

应用基于味觉行为的接装纸调味技术研究成果,在细支卷烟产品中率先应用接装纸调味技术,成为南京(炫赫门)产品的显著特点,取得了较好的应用效果。

8.3　细支卷烟示范基地建设

江苏中烟工业有限责任公司在"十三五"期间确定了建设"全国细支卷烟生产示范基地"的总体战略部署,紧贴细支卷烟"创新驱动、技术领先、示范引领、领跑高端"品牌发展定位,紧紧围绕市场需求,坚持创新驱动,坚持问题导向,坚持质量为先,坚持降本增效,以赋予细支卷烟"更高产品质量、更高技术含量、更高竞争优势"为核心,以制约企业细支卷烟生产运行短板环节、瓶颈问题为着力点,深化"中国制造 2025"和精益管理的深度融合,集成应用项目前期研究成果,初步建成了行业细支卷烟生产示范基地(图 8.15)。

8.3.1　特色工艺技术

在细支卷烟基地建设中,围绕"工艺执行精准化、制造加工柔性化、过程控制智能化、生产组织集约化"目标,在稳定生产过程、强化关键工序控制、降低消耗等领

图 8.15　江苏中烟工业有限责任公司细支卷烟示范基地图

域，开展“五双”工艺特色，“一新”梗丝特色等项目成果应用工作，保障产品风格特征和质量水平，突破了细支卷烟关键制约瓶颈，推动细支卷烟生产制造、降本增效、控焦稳焦上水平。

1. 双模回潮工艺

制丝线叶片松散回潮工序采用独特的双模式串联回潮工艺，即“松散回潮＋真空回潮”，相对于常见的单模式滚筒式松散回潮，增加了在线真空回潮。依托前期的项目研究成果，赋予该工序的工艺任务是“除杂气”而并非“回潮”。在真空回潮工序评价中，发现真空回潮工序对烤烟烟叶杂气、香气质和细腻程度影响较大，对香气量、干燥感、浓度和劲头影响较小。同时对比“真空回潮＋松散回潮”与“松散回潮＋真空回潮”两种加工顺序的差异。在相同叶组、相同工艺条件下，对比了物理指标和感官质量差异。在松散均匀性方面，真空回潮在前，松散率在 94%左右，比先松散再真空回潮松散率低 5%，而且真空回潮后结块较明显，到松散回潮出口才逐步缓解；在感官质量方面，真空回潮在前，烟气杂气显露，烟气透发性不如松散回潮在前。另外，2003 版《卷烟工艺规范》工艺流程图中未提及真空回潮工序，2016 版《卷烟工艺规范》将该工序列为可选工序，可见行业内对真空回潮工序已经开始关注。江苏中烟在“南京”细支卷烟示范基地建设中采用了“双模回潮”工艺，并在两种回潮模式排布顺序上打破了常规，创新了工艺路径。

2. 双元加料工艺

针对细支卷烟每口烟气量少，满足感不足的特点，开展了细支卷烟香味补偿关键技术、加香加料技术、天然香料精细化加工技术等调香技术研究。为丰富香韵，彰显江苏中烟卷烟苔清香主体风格，部分规格细支卷烟新增了一种功能香基，针对新增功能香基与其他香料板块在醇溶剂的溶解性差异，创新设计了两种料液板块，在加料系统设计上进行了创新，个性化定制双元加料设备，在一台加料机上实现了多点加料、功能性分类加料。设备改造完成后，进行多次加水模拟和两次带料验证，结果显示该技术达到了工艺指标的要求。

3. 双位柔切工艺

针对细支卷烟对烟丝结构要求较高，在烟丝形态和切丝宽度研究的基础上，对切丝机进行了二维形态控制改造，可以实现根据需要精准调控不同尺寸烟丝的比例及分布，为细支卷烟适当提高中短丝比例，同时降低碎丝率提供技术支撑。为了满足细支卷烟对烟丝结构特色工艺的需求，就必须降低制丝过程中的碎损，对原料形变较大的两个环节——分片、切丝两个工序进行了精心策划，即分片选用垂直倾斜切片机，切丝采用柔性切丝工艺。

在分片工序采用倾斜切片技术，刀片垂直于输送带，输送带向上倾斜 15°，切后烟块沿导料板滑落，相对传统的垂直切片，倾斜切无倾倒、翻滚动作，加工过程轻柔，因此造碎较小。设备调试阶段的试验数据表明，相对于垂直切，在加料筛分环节，3～6 mm 碎片率降低 0.2%～0.4%，说明倾斜切能降低加工造碎。

在切丝工序采用柔性切丝技术，Garbuio 公司的柔性切丝机具有大直径刀辊和较宽的切丝刀门。大直径刀辊体（刀辊直径 640 mm）设计，切丝角度“接近垂直”，减少在物料切削过程中“往里推”和“往外拉”的切丝分力。在同等转速下，刀片尖端线速度增大，使得切丝更加轻快，为柔性切削创造条件。宽刀门设计（刀门宽度 500 mm），增大了刀门与烟叶的接触面积，增加了摩擦力，采用相对低的刀门压力而不跑片，可以满足大水分、低压力切丝，避免烟叶在高压力下颜色变深和出现并条。

4. 双线气流工艺

叶丝干燥是制丝线上形成卷烟风格特征的关键工序，行业内对叶丝干燥工序选择何种加工模式比较谨慎，低端品牌采用气流干燥者有之，分组加工对填充料模块采用气流干燥者有之，而全配方、全部规格产品采用气流干燥的企业则较少。江苏中烟根据细支卷烟普遍存在的三丝掺配比例低、烟丝填充值低的特点，在细支卷烟上创新应用了全配方气流干燥工艺。梗丝线、叶丝线均采用气流干燥设备，烟丝填充值显著高于行业内细支卷烟的平均水平。根据 2016 年国家烟草专卖局经济运行司组织的细支卷烟加工现状调研数据，南京卷烟厂叶丝干燥后填充值最高，达到 4.4 cm^3/g 左右，而调查的另外两家企业填充值较低，仅在 4 cm^3/g 左右。

根据细支卷烟产品设计时建立的单重模型可知，在相同烟支硬度下，烟丝填充值越高，烟丝用量越少。烟丝填充值低必须通过增加烟丝用量来弥补，以确保烟支不塌陷、不空松。但是，增加烟丝用量不仅会升高卷烟吸阻，也会增加单箱原料消耗。合理的烟支单重可以通过模型进行仿真模拟，当烟丝填充值分别为 4.36 cm^3/g和 4.0 cm^3/g 时，烟支重量设计分别为 0.53 g/支和 0.55 g/支时，后者的单箱原料消耗要高 1.0 kg，这与运行司调查的结果基本吻合（江苏中烟 20.63 kg/箱，另外两家企业分别为 21.75 kg/箱和 21.36 kg/箱）。

5. 双秤掺配工艺

为充分考虑常规烟与细支卷烟生产兼容性，同时为细支卷烟掺配三丝预留发展空间，江苏中烟设计了“双秤掺配”特色工艺，为“三丝”掺配设计了大、小两个电子皮带秤，可以根据配方设计需要灵活选用掺配秤，提高掺配精度。行业内对宽范围掺配三丝问题进行了大量研究，探索出一系列解决方案，如采用变径计量管、多量程电子秤等，但均未妥善解决电子秤在低限运行时的计量精度问题。“双秤掺配”优点是能够确保不同掺配比例下的配比精度，不足之处是需要多占用一定空间。

8.3.2　特色装备技术

江苏中烟在细支卷烟示范基地建设中，注重细支卷烟特色工艺技术的应用，同时形成了“十佳”装备特色。

大滚筒松散，回潮效果佳：在一定范围内，滚筒内物料装填系数越小，筒内料层较薄，被裹在内部的物料更少，加料或水分更均匀。江苏中烟针对细支卷烟对烟丝纯净度以及烟丝结构的要求更严格，在细支卷烟示范基地配置的两条生产线上的松散回潮筒均高于理论设计值，装填系数小于 0.2，松散回潮出口基本无结块现象，松散率在 99%以上，出口水分标偏小于 0.3%，达到较好的松散回潮效果。

大储柜设计，连续生产佳：制丝过程中，批次切换一般存在料头料尾，各工序的料头料尾非稳态因设备控制模式不同略有差异，一般非稳态时间 3～5 min，指标偏离控制限的物料量约有 100 kg，对于 5000 kg 批次投料量，相当于有 2%的物料存在潜在的质量缺陷，尤其是叶丝干燥工序，会形成较多的水分异常烟丝，在后续加工过程中容易造碎，理论上将批次投料量提高一倍，可以将 4 段头尾非稳态时间缩小为 2 段，减少非稳态加工时间 50%。江苏中烟在叶片储存环节配置了 10000 kg 大储柜，并设计了半柜进料模式，兼顾小批量生产，生产连续性明显改善，有效缩短了非稳态时间，提升了产品内在品质。

垂直倾斜切，控制造碎佳：江苏中烟细支卷烟示范基地在设备选型时，基于细支卷烟对烟丝结构的需求，选择采用 Garbuio 斜切切片机，该设备配置前挡板（测距）和后推板（推烟包），以及倾斜导流板，烟包分切后斜向下滑落料，烟块整齐，落料轻柔。不仅造碎小，而且切片均匀，切片厚度偏差小于 10 mm，并且烟块进入下游设备前排布均匀，为后工序的流量精确控制提供了保障。

排潮防冷凝，防范滴漏佳：传统用蒸汽工序，经常遇到排潮管内冷凝水滴漏问题，尤其是冬季，冷凝水量较大，排潮罩下接水盘排水不畅，淋水的烟叶、烟丝水分异常大，影响卷烟感官质量，江苏中烟细支卷烟示范基地在所有排潮设备上加装了电加热防冷暖装置，以技术装备确保产品质量，提升消费感知力。

激光高频扫，除杂效果佳：烟叶中的杂物严重影响卷烟内在品质，高质量的检查剔除装备能够高效降低质量风险。江苏中烟细支卷烟示范基地配置了比利时电子分选技术 BEST(Belgian Electronic Sorting Technology)。常用光谱除杂器一般是 CCD 工业相机，BEST 接收器采用的是光放大器而不是 CCD 工业相机，BEST 具有较高的稳定性、分辨率和剔除率。从现场使用情况看，在生产相同的品牌时(烟叶产地、等级基本一致)，配置 BEST 的新生产线对杂物的剔除量是老生产线的 3～4 倍。

夹层通蒸汽，物料不黏壁：为适应细支卷烟对烟丝结构的个性化需求，江苏中烟对加料前筛分进行了改进，取消了上层筛网，同时针对碎片在加料滚筒内黏附问题，对加料滚筒设计提出个性化需求，增加了防黏附设计，采用筒壁温控技术，将筒壁温度控制在 90～100 ℃，可有效防止因筒内蒸汽冷凝黏附物料。据统计，不采取防黏壁技术，每批次生产结束，加料滚筒内烟片残留量为 15～20 kg，采用筒壁加热技术后，叶片残留量小于 2 kg，每天可减少原料损耗约 150 kg。

传质先传热，吸收效果佳：为提升叶片吸收料液热动力，大小线加料机前均配置增温滚筒；为确保水分能够快速吸收，水洗梗前配置隧道式蒸梗设备；为提升干燥过程传质速率，增强气流干燥膨胀效果，叶丝线回潮配置了蒸汽增温设备 SIROX，梗丝线 CTD 前增配了 HT 设备。

切丝设星辊，叶片松散佳：针对江苏中烟细支卷烟重加料特性，大储柜储叶特性，为防止加料后叶片在存储过程中板结，在切丝前采取星辊松散技术对叶片松散，缓解切丝后松散烟丝压力。

松散用蒸汽，湿团无踪迹：叶丝气流干燥在喂料端采用气锁式脉冲进料，物料难以松散均匀，在快速干燥过程中，松散不开的烟丝容易形成“湿团”，为了控制湿团烟丝量，江苏中烟对设备供应商提出个性化需求，在喂料端增加了蒸汽松散装置。改进前，风选剔除的湿团烟丝量约 80 kg/班次，改进后风选剔除的杂物中未见湿团烟丝，完美解决了叶丝干燥工序烟丝出现的“湿团”问题。

隔离防串香，调度柔性佳：针对施加异香型功能香料的细支卷烟品牌规格，单独设计了加香间，配置一台生产能力 5000 kg/h 的加香滚筒，加香后单独设计输送路线和专用储丝柜，专线专用，防止串香；为方便小规格牌号集中投料，长周期储存烟丝，避免储存过程中与其他品牌串香，设计了可选箱式储丝模式，烟丝箱在输送和存储过程带箱盖运行，既能保证烟丝存储的温湿度环境，又能确保烟丝品质不受环境的污染。

细支卷烟示范基地的建设，实现了细支卷烟产品“高水平、高品质、均质化、低消耗”的加工需求，形成了“南京”品牌卷烟产品的核心加工技术，引领了行业细支卷烟技术升级、产品升级、装备升级，为行业细支卷烟的可持续发展注入了新动力。